Methodik zur strategischen Planung von Fertigungstechnologien

Ein Beitrag zur Identifizierung und Nutzung von Innovationspotentialen

Von der Fakultät für Maschinenwesen der
Rheinisch-Westfälischen Technischen Hochschule Aachen
zur Erlangung des akademischen Grades eines
Doktors der Ingenieurwissenschaften
genehmigte Dissertation

vorgelegt von
Diplom-Ingenieur Diplom-Wirtschaftsingenieur Wolfgang Josef Schmitz
aus Bardenberg jetzt Würselen

Referent: Univ.-Prof. Dr.-Ing. Dipl.-Wirt.Ing. Dr. techn. h.c. (N) Walter Eversheim
Korreferent: Univ.-Prof. Dr.-Ing. Fritz Klocke

Tag der mündlichen Prüfung: 08. Dezember 1995
D 82 (Diss. RWTH Aachen)

Berichte aus der Produktionstechnik

Wolfgang J. Schmitz

Methodik zur strategischen Planung von Fertigungstechnologien

Ein Beitrag zur Identifizierung und Nutzung von Innovationspotentialen

Herausgeber:

Prof. Dr.-Ing. Dr.h.c. Dipl.-Wirt.Ing. W. Eversheim
Prof. Dr.-Ing. F. Klocke
Prof. em. Dr.-Ing. Dr.h.c. mult. W. König
Prof. Dr.-Ing. Dr.h.c. T. Pfeifer
Prof. Dr.-Ing. Dr.-Ing. E.h. M. Weck

Band 1/96
Shaker Verlag
D 82 (Diss. RWTH Aachen)

Die Deutsche Bibliothek - CIP-Einheitsaufnahme

Schmitz, Wolfgang J.:
Methodik zur strategischen Planung von Fertigungstechnologien : Ein Beitrag zur Identifizierung und Nutzung von Innovationspotentialen / Wolfgang J. Schmitz.
- Als Ms. gedr. -
Aachen : Shaker, 1996
   (Berichte aus der Produktionstechnik ; Bd. 96,1)
   Zugl.: Aachen, Techn. Hochsch., Diss., 1995
ISBN 3-8265-1180-8
NE: GT

Copyright Shaker Verlag 1996
Alle Rechte, auch das des auszugsweisen Nachdruckes, der auszugsweisen oder vollständigen Wiedergabe, der Speicherung in Datenverarbeitungsanlagen und der Übersetzung, vorbehalten.

Als Manuskript gedruckt. Printed in Germany.

ISBN 3-8265-1180-8
ISSN 0943-1756

      Shaker Verlag GmbH, Hubertusstr. 40, 52064 Aachen
        Telefon: 0241 / 406351 - Telefax: 0241 / 406354

Vorwort

Die vorliegende Arbeit ist neben meiner Tätigkeit als wissenschaftlicher Mitarbeiter am Fraunhofer-Institut für Produktionstechnologie IPT in Aachen entstanden.

Herrn Professor Walter Eversheim, dem Leiter der Abteilung Planung und Organisation am IPT und Inhaber des Lehrstuhles für Produktionssystematik der RWTH Aachen, bin ich für seine wohlwollende Unterstützung und in jeder Hinsicht großzügige Förderung zu besonderem Dank verpflichtet. Herrn Professor Fritz Klocke danke ich für die Übernahme des Korreferates, die eingehende Durchsicht der Dissertation und die offene, angenehme Diskussion. Die Professoren Klocke und König, langjähriger Leiter des IPT, und insbesondere Professor Eversheim haben durch ihren Führungsstil eine kreative und innovationsfreundliche - aber keineswegs arbeitsextensive - Atmosphäre geschaffen, die auch bei mir maßgeblich zur Motivation und damit zum Gelingen der Arbeit beitrug.

Großer Dank gebührt den Gründungsmitgliedern des Technologiekalender-Teams, Dr. Uwe H. Böhlke und Dr. Claus J. Martini. Gemeinsam haben wir drei seit 1991 unsere Ideen und Ansätze in zahlreichen Projekten "erleiden" müssen, wobei uns hinter den Kulissen der Humor oftmals Flügel verlieh. Danken möchte ich allen meinen Kollegen, insbesondere den Herren Dr. Christoph Ullmann, Walther Pelzer, Thorsten Albrecht sowie Dr. Jürgen Lennartz, die mir aufgrund eigener TK-Erfahrung mit Verbesserungsvorschlägen stets zur Seite standen. Die EDV-Umsetzung wurde durch unsere beiden Utes (Schütt und insbesondere Jentzsch) gemeistert, und Jaqueline Barby ließ mich trotz meiner defizitären EDV-Installations-Kenntnisse nie im Stich. Den Fuzzyexperten Joachim Link und Thomas Derichs danke ich für zahlreiche Tips, ferner Frau Helga Winands, Dr. Roland Schmetz, meinem Freund Tom Breit und "beinahe" Sebastian Dresse für den sicher langwierigen Kampf bei der Korrektur der Materie. Herrn Dr. "Mickel" Wengler, QM-Experte und damit fachfremder Zimmerkollege, gebührt das höchste Lob in Sachen freundschaftliche Motivation und angenehmes, fast rauchfreies Büroleben. Matthias Erb hat mich zwar bei diesem Opus nicht unterstützt, "trotzdem" danke ich ihm für die freundschaftliche Zusammenarbeit in wirklich allen anderen Angelegenheiten.

Meiner mich nach und nach verlassenden Hiwi-Truppe gebührt größtes Lob für die absolut umfassende strategische/operative Hilfe zu jeder Tages- und Nachtzeit: Guido Wey, Jan-"Blondie" Fuhrmann, "Smw-Marc" Thomas, Bernie Rupprecht, Frank Brandenburg, Volker Grüntges und insbesondere "Panama-Jack" Nießen.

Ganz besonderer Dank gilt Martina für ihre langjährige liebevolle und tolerante Unterstützung, eine wesentliche Voraussetzung für das Enstehen dieser Arbeit. Nicht zuletzt gebührt mein Dank jedoch meinen Eltern und Paten, die mich während meiner gesamten Ausbildung stets unterstützten und mir ein sorgenfreies Leben und Arbeiten ermöglichten.

Aachen, im Dezember 1995

Inhaltsverzeichnis

I   Inhaltsverzeichnis I
II   Abkürzungsverzeichnis III
III   Abbildungsverzeichnis VII

1 Einleitung 1
1.1 PROBLEMSITUATION UND ZIELSETZUNG 3
1.2 AUFBAU DER UNTERSUCHUNG 6

2 Kennzeichnung der derzeitigen Situation 8
2.1 ABGRENZUNG DES UNTERSUCHUNGSBEREICHES 8
    2.1.1 Objektbezogene Abgrenzung 8
    2.1.2 Prozeßbezogene Abgrenzung 13
    2.1.3 Subjektbezogene Abgrenzung 18
2.2 ANALYSE UND KRITISCHE WÜRDIGUNG RELEVANTER ANSÄTZE 19
    2.2.1 Beiträge im Untersuchungsbereich 19
    2.2.2 Lebenszyklus-Modelle 21
    2.2.3 Portfolio-Konzepte 23
    2.2.4 Technologiekalender 26
    2.2.5 MTP - Manufacturing Technology Planning 28
    2.2.6 Wertanalyse 29
    2.2.7 Strategische Investitionsplanung 31
2.3 ZWISCHENFAZIT: FORSCHUNGSBEDARF 32

3 Grobkonzeption der Methodik 34
3.1 ANFORDERUNGEN AN DIE PLANUNGSMETHODIK 34
3.2 BAUSTEINE DER METHODIKENTWICKLUNG 38
    3.2.1 Auswahl einer Modellierungsmethode 38
    3.2.2 Instrumente und Planungsgrundsätze 39
3.3 KONZEPTION DES MAKROZYKLUS 42
3.4 ZWISCHENFAZIT: KONZEPTION DER METHODIK 45

4 Detaillierung der Planungsmethodik 47
4.1 SITUATIONSANALYSE 47
    4.1.1 Ziele der Anwendung innovativer Fertigungstechnologien 49
    4.1.2 Bestimmung planungsrelevanter Produkte 53
    4.1.3 Zwischenfazit 57
4.2 PRODUKTANALYSE 57
    4.2.1 Bestimmung planungsrelevanter Produktstrukturelemente 57
    4.2.2 Aufbau eines planungsorientierten Produktmodells 62
    4.2.3 Zwischenfazit 66

4.3 ALTERNATIVENSUCHE 66
   4.3.1 Generierung und Sammlung von Lösungsideen 67
   4.3.2 Ableitung alternativer Technologieansätze 73
   4.3.3 Zwischenfazit 75
4.4 VARIANTENKREATION UND -REDUKTION 75
   4.4.1 Konkretisierung grundlegender Ansätze 76
   4.4.2 Zwischenfazit 79
4.5 BEWERTUNG UND STRATEGIENFINDUNG 80
   4.5.1 Kennzeichnung der Bewertungssituation 80
   4.5.2 Aufbau eines Beurteilungs- und Bewertungssystems 84
   4.5.3 Durchführung der Bewertung 93
   4.5.4 Zwischenfazit 95
4.6 AKTIVITÄTENPROGRAMM 96
   4.6.1 Erstellung des Technologiekalenders 96
   4.6.2 Nutzungsmöglichkeiten des Technologiekalenders 99
   4.6.3 Zwischenfazit 102

5 Methodikanwendung - Fallbeispiel **104**
5.1 EDV-UNTERSTÜTZUNG EINER METHODIKANWENDUNG 104
5.2 FALLBEISPIEL 108
   5.2.1 Methodikanwendung 109
   5.2.2 Ergebnisse praktischer Methodikanwendungen 119

6 Zusammenfassung **120**

IV Literaturverzeichnis .... **IX**

Anhang **A.1**
  A. SADT-Aktivitätenmodell der Planungsmethodik A.3
  B. Vorgehensplan zur Ermittlung von Produktgrundfunktionen A.17
  C. Umsetzung des planungsorientierten Produktmodells A.19
  D. Umsetzung des Technologiemodells A.25
  E. Idealtypische Vorlagen zur Kalibrierung des Bewertungssystems A.37

II ABKÜRZUNGSVERZEICHNIS

{A1}	Ordnungsnummer einer Planungsaktivität im SADT-Modell
a	Jahr
A	Paarvergleichsmatrix
ABC	Klassen einer charakteristischen Verteilung der Lorenzkurve
ADL	Arthur D. Little
AHP	Analytic Hierarchy Process
A_i,	Ansätze
AWK	Aachener Werkzeugmaschinen Kolloquium e.V.
BLZ	Branchenlebenszyklus
c`t	Computer Technik
CAD	Computer Aided Design
CAM	Computer Aided Manufacturing
CH	Schweiz
CHF	Schweizer Franken
D	Deutschland
dabit	Datenbank für innovative Technologien
DBW	Die Betriebswirtschaft
DIN	Deutsches Institut für Normung e.V.
E	Einheitsmatrix
EDEM	Electric Discharge and Electrode Machining
EDV	Elektronische Datenverarbeitung
e.g.	Produkttechnologie "easy glide"
f	fundamental (-es Ziel)
F	Faktor, eingesetzter Produktionsfaktor
F&E	Forschung und Entwicklung
FL	Fürstentum Liechtenstein
FuKA	Funktionskostenanalyse
GN	Gesamtnutzen (definitorische Zwischengröße)
HK	Herstellkosten
HRC	Härtemaß nach Rockwell (cone)
HSG	Hochschule St. Gallen, CH
HWO	Handwörterbuch Organisation
i	instrumental (-es Ziel)
I_1	Eingangsinformation (Input) einer Planungsaktivität im SADT-Modell
ICAM	Integrated Computer Aided Manufacturing
IDEF0	Integrated Definition Language
i.e.S.	im engeren Sinne
IMMS	Integrated Manufacturing Modelling System
i.S.	im Sinne
i.w.S.	im weiteren Sinne
k	kurzfristig

KMU	Klein- und Mittelständische Unternehmungen
KT	Kreativitätstechniken
λ	Eigenvektor
l	langfristig
lfd.	laufend, laufende
LZ	Lebenszyklus
m	mit Prozeßinnovation
m	mittelfristig
mm	Millimeter
MP	Multiplikationspotential (Aktivitätsparameter)
MS	Herstellerspezifische Maschinenbezeichnung
MTP	Manufacturing Technology Planning
μm	Mikrometer
N	Nutzen
o	ohne Prozeßinnovation
o.O.	ohne Ortsangabe
o.S.	ohne Seitenangabe
O_i	Ausgangsinformation (Output) einer Planungsaktivität im SADT-Modell
p	Prüfen
P	Prüfung
P_i	Produkt, Produkttechnologie
PDB	Produktdatenblatt
PLZ	Produktklebenszyklus
PPM	Planungsorientiertes Produktmodell
PS	Produktstruktur
PSE	Produktstrukturelement
PSE A(x)	Produktstrukturelement A des Produktes x
r	relevant, funktionstüchtig
RA	Realisierungsaufwand (Aktivitätsparameter)
R_i	Regel, Entscheidungsregel
RI	Random Index
$r_{I,II,III}$	Ranking, Reihenfolge von Werten (TK-Beschreibungsparameter)
S	Regelschicht
SA	Strukturierte Analyse
SADT	Structure Analysis and Design Technique
SE	Systems Engineering
SEP	Strategische Erfolgsposition
SFB	Sonderforschungsbereich
SGE	Strategische Geschäftseinheit
SGF	Strategisches Geschäftsfeld
S_i	Regelschicht des Entscheidungsmodells
SP	Sofort Prüfen
STEP	Standard for Exchange of Product Model Data

T	Technologie, technologischer Teilprozeß
TDB	Technologiedatenblatt
TE	Technische Eignung (Aktivitätsparameter)
TEK	Technologieeinsatzkriterium
TK	Technologiekalender
TLZ	Technologielebenszyklus
TP	Technolgiepotential (Aktivitätsparameter)
TQM	Total Quality Management
v	verwerfen, funktionsuntüchtig
w	Gewichtungsvektor
WA	Wertanalyse
WBH	Wärmebehandlung
w_j	Werte des Gewichtungsvektors
WV	Wiedervorlage
y_{res}	aggregierte und defuzzifizierte Ausgangsgröße
Z	Branchenlebenszyklus

III Abbildungsverzeichnis

Abb. 1	Zusammenhang zwischen Produkt- und Prozeßinnovationen
Abb. 2	Problemsituation und Zielsetzung der Untersuchung
Abb. 3	Forschungsstrategie und Aufbau der Untersuchung
Abb. 4	Produktionstheoretische Wirkung von Prozeßinnovationen
Abb. 5	Eingrenzung und Abhängigkeiten der Gestaltungsdimensionen des Betrachtungsobjektes
Abb. 6	Phasenstruktur des Planungs- und Managementprozesses
Abb. 7	Managementdimensionen des St. Galler Modells
Abb. 8	Integration von Top-down- und Bottom-up-Planungssichten
Abb. 9	Existierende Beiträge im Untersuchungsbereich
Abb. 10	Lebenszyklusphasen einer Technologie
Abb. 11	Merkmale ausgewählter Technologieportfolio-Konzepte
Abb. 12	Der Technologiekalender
Abb. 13	Vorgehensweise der Methode MTP (Manufacturing Technology Planning)
Abb. 14	Grund- und Teilarbeitsschritte der Wertanalyse
Abb. 15	Anforderungen an eine Methodik zur strategischen Planung innovativer Fertigungstechnologien
Abb. 16	Die Bausteine der Methodikentwicklung
Abb. 17	Konzeption des Makrozyklus
Abb. 18	Knotenhierarchie des entwickelten Aktivitätenmodells
Abb. 19	Ableitung der Fundamental- und Instrumentalziele sowie der Innovationsstrategie
Abb. 20	Kriterien zur Bestimmung planungsrelevanter Produkte und Produktstrukturelemente
Abb. 21	Funktions(kosten)analyse zur Bestimmung relevanter Produktstrukturelemente
Abb. 22	Notwendigkeit des planungsorientierten Produktmodells
Abb. 23	Struktur und Inhalt des planungsorientierten Produktmodells
Abb. 24	Aktivitäten und Ergebnisse der Alternativensuche
Abb. 25	Allgemeines Phasenmodell des Denkprozesses
Abb. 26	Instrumente für die Alternativensuche
Abb. 27	Qualitative Auswahl kreativer Lösungen
Abb. 28	Varianten der Alternativen als Ansätze 2ter Ordnung
Abb. 29	Definition von Aktivitäts- und Beschreibungsparametern zur Komplexitätsreduktion
Abb. 30	Modell des Beurteilungs- und Bewertungssystems für die definierten Aktivitätsparameter

Abb. 31	Interpretation und Gewichtung der Zielkriterien mit Hilfe des Ansatzes von SAATY und HARKER
Abb. 32	Prinzip eines regelbasierten Entscheidungsmodells mit unscharfen Mengen
Abb. 33	Ableitung der Beschreibungsparameter zur Einordnung von Ansätzen 2ter Ordnung in einen Technologiekalender
Abb. 34	Struktur des modifizierten Technologiekalenders
Abb. 35	Ableitung von Aktivitäten auf Basis des Technologiekalenders
Abb. 36	Schematischer Zyklus von Aktivitäten zur unternehmensindividuellen Erschließung fertigungstechnischer Innovationspotentiale
Abb. 37	Erfassung und Strukturierung der Produktinformationen im planungsorientierten Produktmodell
Abb. 38	Aufbereitung der planungsrelevanten Technologieinformationen
Abb. 39	Implementierung des Bewertungssystems
Abb. 40	Ermittlung der planungsrelevanten Produkte
Abb. 41	Ermittlung der planungsrelevanten Produktstrukturelemente
Abb. 42	Bewertung der Ansätze zur Ableitung von Normstrategien
Abb. 43	Ableitung des unternehmensindividuellen Technologiekalenders (Auszug)
Abb. 44	Nutzenpotentiale einer Anwendung der Methodik zur strategischen Planung innovativer Fertigungstechnologien

Einleitung und Zielsetzung

> "Wenn Sie eine Maschine benötigen und sie nicht kaufen,
> bezahlen Sie dafür, ohne sie zu haben."
>
> HENRY FORD

1 EINLEITUNG

Durch gravierende Veränderungen in der globalen Wettbewerbslandschaft sind Hochlohnländer wie Deutschland unter anderem zur Intensivierung TECHNISCHER INNOVATIONEN gezwungen [vgl. SPEC92, PFEI95]. Um im "internationalen Konzert noch mitspielen" zu können, muß von den Unternehmen das Potential der in industriellen und öffentlichen Forschungseinrichtungen weltweit erzielten Steigerungen technologischer Leistungsdaten ausgeschöpft werden [vgl. BENK89].

Technische Innovationen umfassen die technologischen Entwicklungs- und Substitutionsmöglichkeiten von Produkten (PRODUKTINNOVATIONEN) und Produktionsprozessen (PROZEẞINNOVATIONEN). In Unternehmen können sowohl neuartige Leistungsmerkmale bei den offerierten Produkten erzeugt als auch die Fertigungsbedingungen und damit die Kostenstrukturen erheblich geändert werden. Diese Effekte führen zu einer Beeinflussung der Entwicklung ganzer Industriebranchen [vgl. SERV85, SPEC92].

Bei über 65% der in einer Studie[1] befragten Unternehmen wird das Kosteneinsparpotential von Prozeßinnovationen durch INNOVATIVE FERTIGUNGSTECHNOLOGIEN als HOCH bis SEHR HOCH eingeschätzt [vgl. EVER92]. Darüber hinaus ist der Einsatz innovativer Fertigungstechnologien auf eine Verbesserung von Wettbewerbsfaktoren wie Lieferzeit, Reaktionszeit, Produktionsflexibilität, Produktqualität und technologische Differenzierung (Imageverbesserung) gerichtet [vgl. PEIF92, EVER92, EVER94, SCHZ95]. Ferner werden über neue Technologien erweiterte Geschäftsmöglichkeiten gesucht, entwickelt und genutzt (technology push) [vgl. KRAM89]. Es bleibt festzuhalten, daß Prozeßinnovationen durch innovative Fertigungstechnologien eine hohe Bedeutung für die Wettbewerbsfähigkeit produzierender Unternehmen aufweisen.

Die Innovationsaufgaben erfordern einen explizit strategischen Ansatz, denn eine erfolgreiche Umsetzung von Technologiepotentialen in Produkt- und/oder Prozeßinnovationen ist von vielfältigen, miteinander in Beziehung stehenden Zeitkonstanten in der Vorbereitung abhängig [vgl. PFEI95]. Nach einer Erhebung von PÜMPIN dauert es durchschnittlich SECHS JAHRE, bis ein Unternehmen besondere Fähigkeiten im Innovationsbereich (Produkt und Prozeß) entwickelt hat. Diese erlauben es, im Vergleich zur Konkurrenz LANGFRISTIG überdurchschnittliche Ergebnisse zu erzielen [vgl.

---

[1] 1992 wurden 200 Unternehmen der Investitionsgüterindustrie in CH und D, Rücklaufquote 28%, hinsichtlich des Einsatzes innovativer Fertigungstechnologien befragt [Detailergebnisse bei EVER92].

PÜMP92]. Für die Amortisation der investitions- und entwicklungsintensiven neuen Fertigungstechnologien stehen aber auf der Ebene existierender Produkte oft keine ausreichenden Zeitspannen zur Verfügung. Es kann daher in den meisten Fällen nur auf der Ebene des Entstehens neuer Produkte agiert werden [vgl. GEMÜ93]. Dazu müssen Aussagen über die wahrscheinlichen Richtungsverläufe unternehmensextern entwickelter Fertigungstechnologien gemacht werden, an denen die eigene Unternehmensposition kontinuierlich ausgerichtet werden kann [vgl. PFEI95].

Produkte und die zu deren Herstellung eingesetzten Fertigungstechnologien beeinflussen sich in hohem Maße gegenseitig. Neben der offensichtlichen Wechselbeziehung aus technologischer Sicht (Gestalt <-> Formerzeugung) besteht ein charakteristischer Zusammenhang von Produkt- und Prozeßinnovationsraten im Wettbewerbsverlauf einer Branche. Im empirisch belegten Innovationsmodell von ABERNATHY und UTTERBACK wird dieser Zusammenhang idealtypisch abgebildet (Bild 1).

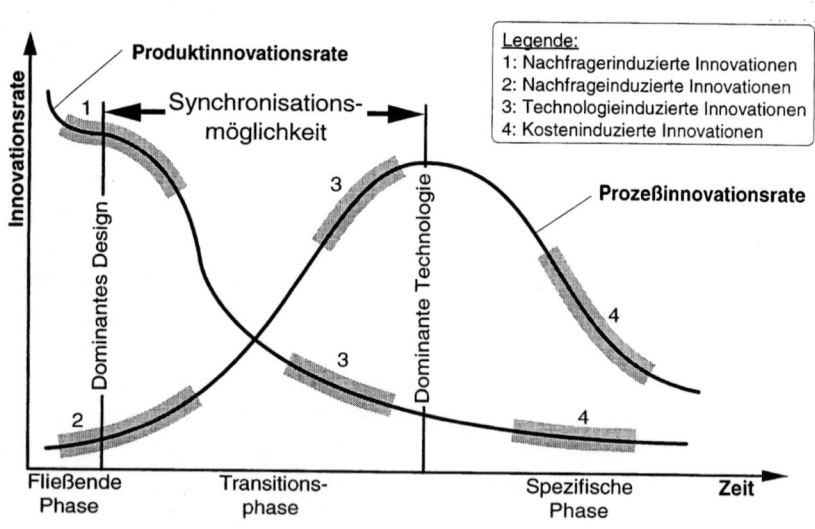

BILD 1   ZUSAMMENHANG ZWISCHEN PRODUKT- UND PROZEßINNOVATIONEN
          [QUELLE: ABEN78]

In einer FLIEßENDEN PHASE werden vorwiegend Produktkonfigurationen vorgenommen, um den Abnehmerwünschen Rechnung zu tragen; prozeßseitig werden höhere Stückzahlen angestrebt. Ist das Produktdesign stabil, konzentrieren sich die Aktivitäten in der TRANSITIONSPHASE auf Verbesserungen in der Produktion, was sich in einer steigenden Prozeßinnovationsrate manifestiert. In der SPEZIFISCHEN PHASE sind Veränderungen nur noch selten. Innovationen sind infolge eines hohen Wettbewerbsdrucks primär auf Kostenminimierung ausgerichtet [vgl. ABER78, ELBL94, GEMÜ93]. In der betrieblichen Praxis sind die Anlässe für Prozeßinnovationen vielfältig. Sie leiten sich einerseits aus der Veränderung des Produktionsprogrammes, der Einführung neuer Produktmerkmale sowie aus produktionsbezogenen Zielen wie Kapazitätserhöhung bzw. Kostenersparnis ab. Andererseits sind sie Voraussetzungen dafür, daß neue Produkte überhaupt technisch und wirtschaftlich hergestellt werden können.

1.1 PROBLEMSITUATION UND ZIELSETZUNG

Entscheidend für den Innovationserfolg eines Unternehmens ist es, die Produkt- und Prozeßinnovationen optimal zu synchronisieren (Bild 1). Analog zur *KOSTENREMANENZ*[1] nach der Durchführung von Investitionen lassen sich auch bestehende Fertigungstechnologien, nachdem sie für ein Produkt festgelegt und Anlagen beschafft sind, nur schwer substituieren [vgl. MART95]. Um Austrittsbarrieren zu umgehen, muß von vornherein die "richtige" Technologie für die Erstellung der Produkte bekannt sein bzw. eingesetzt werden. Im Zentrum diesbezüglicher Planungen stehen damit folgende Aspekte [vgl. GEMÜ93]:

- *TECHNISCHE MERKMALE*: Angestrebte Produkteigenschaften erfordern ganz bestimmte Leistungsfähigkeiten und Zuverlässigkeitsmerkmale fertigungstechnologischer Prozesse.
- *ZEITLICHE MERKMALE*: Die Markteinführungstermine neuer Produkte und der Produktlebenszyklus definieren die Einführungszeitpunkte neuer Fertigungstechnologien und ihre potentielle Amortisations- bzw. Nutzungsdauer.
- *WIRTSCHAFTLICHE MERKMALE*: Realisierbare Preise auf dem Markt und die angestrebten Gewinne bestimmen das mit der Fertigungstechnologie zu erreichende Zielkostenniveau (*TARGET COSTING*).
- *QUANTITATIVE MERKMALE*: Die sich aus der Marktsituation ergebenden Stückzahlbedarfe bestimmen die erforderliche Kapazität und Flexibilität der Fertigung.

Die Anzahl und die Entwicklungsdynamik dieser Einflußgrößen verursachen eine hohe *KOMPLEXITÄT* der Technologie- und Innovationsplanung. Hinzu kommen vielfältige mit einem Technologieeinsatz verbundene *UMWELTBEZIEHUNGEN*, bspw. zu öffentlichen Institutionen und Fördereinrichtungen, Zulieferern, Beratern, Kunden, Forschungseinrichtungen etc. Wie einleitend ausgeführt, bieten sich ferner aufgrund der *VERVIELFA-CHUNG NATURWISSENSCHAFTLICHER WISSENSPOTENTIALE* für die Erfüllung einer Produktionsaufgabe eine immer höhere Anzahl von Fertigungsverfahren bzw. deren Kombinationen an [vgl. EVER94]. Dieses "Mehr" an Produktionsmöglichkeiten erfordert einen

---

[1] Der Begriff Kostenremanenz beschreibt den Sachverhalt, daß Investitionen in Anlagevermögen Kosten fixieren, die nicht durch Desinvestition kurzfristig wieder liquidiert werden können.

hohen und aktuellen Wissensstand der planenden Mitarbeiter und erschwert damit die Identifikation der für die Unternehmen OPTIMALEN Technologiekombinationen erheblich. Zudem resultieren aus der Erstmaligkeit, die sich entweder auf die der Innovation zugrundliegenden einzelnen Technologien oder auf die zu schaffenden neuen Rahmenbedingungen beziehen kann, UNSICHERE SITUATIONEN bezüglich der Problemlösung.

Vor diesem Hintergrund sind auch die weiteren Erkenntnisse aus o.g. Studie [vgl. EVER92] zu interpretieren: Innovationsprojekte zur Erschließung fertigungstechnischer Potentiale offenbaren in 80% der Fälle Probleme, die in 8% sogar zum Abbruch der Projekte führen. Häufig genannte Probleme und Hemmnisse sind in diesem Zusammenhang [vgl. EVER92, EVER93a, EVER93b]:

- ORGANISATORISCHE DEFIZITE: Erstens sind Planungsgruppen einseitig zusammengesetzt und stark technisch orientiert; zweitens werden Konstruktionsabteilungen unzureichend und zu spät in die Planungen einbezogen, was zur Vernachlässigung der Produkt/Technologie-Wechselwirkung beiträgt; drittens wird die Risikoaversion der Mitarbeiter stark erhöht, indem Entscheidungsträger nicht für unterlassene profitable Prozeßinnovationen zur Rechenschaft gezogen werden, sondern nur für durchgeführte unrentable Projekte [vgl. HERT92].
- INFORMATORISCHE DEFIZITE: Aktuelle Technologietrends sind den Entscheidungsträgern zwar bekannt, aber das Wissen ist häufig zu gering, um bei konkreten Produkten abschätzen zu können, ob eine Technologieanwendung technisch und wirtschaftlich sinnvoll ist [vgl. SCHZ95]. In der Folge wird die Einführung neuer Fertigungstechnologien in den Unternehmen erst dann vorangetrieben, wenn mit steigender Marktdurchdringung ein potentieller Wettbewerbsvorsprung schon weitgehend egalisiert ist [vgl. PERI87].
- METHODISCHE DEFIZITE insbesondere bei der operativen Umsetzung strategischer Innovationsvorgaben: Eine praktikable, ganzheitliche und durchgängige Methodik fehlt, welche die Verbindung operativer und strategischer Planungsinhalte sowie eine Vernetzung von Produkt- und Prozeßinnovationen schafft.

In Ergänzung zu den offensichtlichen Hemmnissen laufender und abgeschlossener Innovationsprojekte darf ferner das erhebliche Potential nicht unberücksichtigt bleiben, welches sich in Unternehmen durch die Initiierung bislang NICHT durchgeführter Prozeßinnovationen erschließen ließe.

Daher wird mit der vorliegenden Untersuchung die ZIELSETZUNG verfolgt, den möglichen Beitrag innovativer Fertigungstechnologien zur Erfüllung der Unternehmensziele (Qualität, Kosten, Zeit, Ökologie) systematisch und strategiekonform durch Prozeßinnovationen zu erschließen (Bild 2). Unter Berücksichtigung bestehender Ansätze ist

Einleitung und Zielsetzung   Seite 5

eine Planungsmethodik zu entwickeln, deren Anwendung für ein Unternehmen folgende Ergebnisse erwarten läßt

- *VERBESSERUNG* des technischen Machbarkeitsstandards, um das Kostenniveau durch Einsatz innovativer Fertigungstechnologien zu senken,
- *ANSTOß* zu fertigungstechnologie-induzierten Inkremental- und Radikalinnovationen hinsichtlich der Produktgestaltung,
- *IDENTIFIKATION* von Kerntechnologien zum langfristigen Aufbau technologischer Erfolgspositionen,
- *INITIIERUNG* einer frühzeitigen Produkt- und Prozeßtechnologieentwicklung,
- *SYNCHRONISATION* der Produkt- und Prozeßgestaltung im langfristigen Planungshorizont.

Potentiale innovativer Fertigungstechnologien
- Senkung der Herstellkosten
- Reduktion der Reaktions- und Lieferzeit
- Verbesserung der Produktqualität
- Einführung neuartiger Produktmerkmale
- → hohe Bedeutung für die Wettbewerbsfähigkeit des Unternehmens

Hemmnisse bei der Erschließung fertigungstechnischer Potentiale
- Vielfalt und Dynamik technologischer Entwicklungen
- Wechselwirkungen zwischen Produkt- und Prozeßinnovation
- Komplexität einer unternehmensweiten Technologie- und Investitionsplanung
- mangelnde Verknüpfung strategischer und operativer Planungsinhalte

Zielsetzung der Arbeit

Entwicklung einer Methodik zur Erschließung der Potentiale innovativer Fertigungstechnologien

Ziele der Methodikanwendung:
- Verbesserung des Kostenniveaus
- Anstöße zu fertigungstechnologie-induzierten Produktinnovationen
- Identifikation unternehmensspezifischer Kerntechnologien
- Initiierung frühzeitiger F&E
- Synchronisation der Produkt- und Prozeßgestaltung

Ergebnis der Methodikanwendung:
- Technologiekalender als langfristiger Leitfaden für den Technologieeinsatz

BILD 2   PROBLEMSITUATION UND ZIELSETZUNG DER UNTERSUCHUNG

Die Planungsmethodik muß in der Praxis für den Problemlösungsprozeß bei der Anwendungsplanung neuer Fertigungstechnologien eine durchgängige und effiziente Unterstützung bieten. Den *WECHSELBEZIEHUNGEN* von Produkt- und Prozeßinnovation bzw. -gestaltung ist Rechnung zu tragen. Zukünftige unternehmensneutrale *ENTWICKLUNGSTENDENZEN* der Fertigungstechnologie sind unternehmensspezifisch zu antizipieren und entsprechende Handlungsoptionen fallweise abzuleiten.

Zur Zielrealisierung einer Methodikanwendung ist ein nachvollziehbarer, langfristig orientierter Technologieleitfaden (Technologiekalender) aufzustellen. Dieser TECHNOLOGIEKALENDER soll den Zusammenhang zwischen zukünftigen Produkten und den zur Herstellung einsetzbaren Fertigungstechnologien im Zeitverlauf abbilden sowie die Beantwortung der folgenden Fragen erlauben:

- WELCHE FERTIGUNGSTECHNOLOGIEN WERDEN ZUKÜNFTIG FÜR WELCHE PRODUKTE DIE RICHTIGEN SEIN?
- WELCHE AKTIVITÄTEN MÜSSEN ZUM AUFBAU UND ZUR ERSCHLIEßUNG DER INNOVATIONSPOTENTIALE ZUKÜNFTIG DURCHGEFÜHRT WERDEN?

1.2 AUFBAU DER ARBEIT

Aus wissenschaftstheoretischer Sicht ist der Praxisbezug der zu entwickelnden Planungsmethodik das konstitutive Kriterium für eine Zuordnung dieser Untersuchung zur ANGEWANDTEN WISSENSCHAFT. Diese verfolgt den Zweck, den Menschen ein wissenschaftlich fundiertes Handeln in der Praxis zu ermöglichen [vgl. ULRI81]. Explizit wird mit der vorliegenden Arbeit die Unterstützung eines Problemlösungsprozesses entwikkelt. Der Schwerpunkt liegt auf der Konzeption und Detaillierung einer Methodik zum effektiven, effizienten und zeitlich optimierten Aufbau fertigungsinduzierter Erfolgspositionen.

Die hier für die Methodikentwicklung verfolgte FORSCHUNGSSTRATEGIE ist eng an die von ULRICH erarbeiteten Phasen für die angewandte Wissenschaft angelehnt (Bild 3, links). Der Forschungsprozeß beginnt und endet im Anwendungszusammenhang der Praxis und bildet unmittelbar die Grundlage für die Vorgehensweise sowie den resultierenden Aufbau der Arbeit (Bild 3, rechts).

Ausgangspunkt der vorliegenden Untersuchung ist die Erfassung der Problembereiche bei der unternehmensspezifischen Planung innovativer Fertigungstechnologien. Dazu werden in Kapitel 2.1 zunächst die einleitend angesprochenen Charakteristika des Planungsprozesses innovativer Fertigungstechnologien vertieft und der Untersuchungsbereich exakt abgegrenzt. In Kapitel 2.2 werden existierende Methoden und Modelle hinsichtlich ihres Beitrages zur Problemlösung beurteilt und relevante Ansätze eingehend analysiert. Eine kritische Würdigung im Anwendungszusammenhang führt abschließend auf einen theoretisch und empirisch begründeten Forschungsbedarf.

Diesem wird in Kapitel 3 durch die Konzeption einer Planungsmethodik für den Einsatz innovativer Technologien Rechnung getragen. Gestützt auf die Erkenntnisse des vorherigen Kapitels wird dazu ein forschungsleitendes Anforderungsprofil abgeleitet.

Einleitung und Zielsetzung

Der durch die Methodik unterstützte Problemlösungsprozeß wird in verschiedene Planungsphasen strukturiert, die von der Ziel- und Strategiefestlegung bis hin zur Ergebnisdokumentation in Form des Leitfadens "Technologiekalender" alle notwendigen Planungsschritte umfassen.

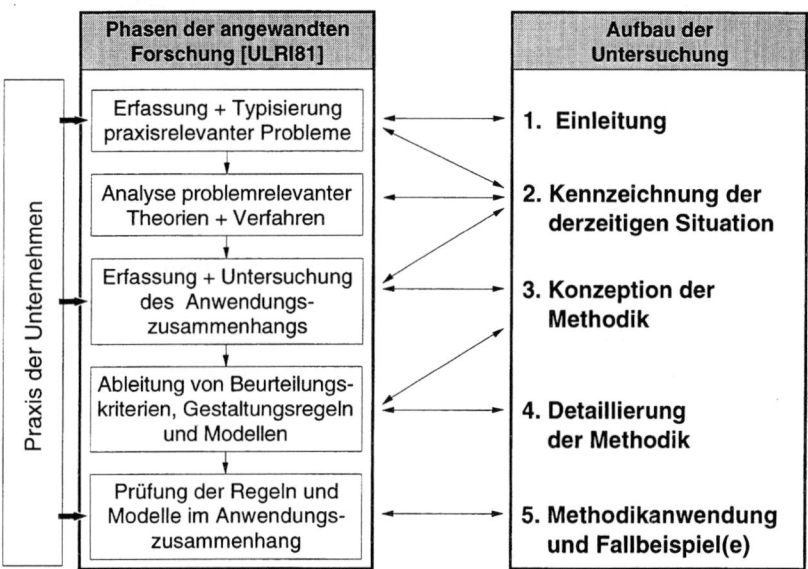

BILD 3 FORSCHUNGSSTRATEGIE UND AUFBAU DER UNTERSUCHUNG

Für jede Planungsphase werden entsprechend der Zielsetzung der Untersuchung und den deduzierten Anforderungen Teillösungen entwickelt und zu einer durchgängigen Gesamtmethodik verbunden (Kapitel 4). Als Methodikbausteine werden ein idealtypisches Vorgehensmodell (Aktivitäten und Informationen) sowie Planungsgrundsätze und Instrumente zur Effizienzsteigerung entwickelt und detailliert.

Eine Prüfung der prinzipiellen Funktionsfähigkeit des entwickelten Methodikmodells - wiederum im Anwendungszusammenhang - schließt die Untersuchung ab (Kap. 5). Zu diesem Zweck werden eine EDV-Unterstützung konzipiert und das Zusammenspiel der wesentlichen Methodikbausteine an einem Fallbeispiel demonstriert. Um die Nutzenpotentiale einer Methodikanwendung qualitativ und quantitativ bestimmen zu können, werden Fallstudien ausgewertet.

2 Kennzeichnung der derzeitigen Situation

Ausgehend von einer terminologisch-deskriptiven Eingrenzung des Untersuchungsbereiches werden in diesem Kapitel existierende Methoden, Modelle und Instrumente diskutiert, die für die Problemstellung dieser Arbeit relevant sind. Die Defizite ausgewählter Ansätze werden erörtert. Abschließend wird der Forschungsbedarf abgeleitet.

2.1 Abgrenzung des Untersuchungsbereiches

Die begriffliche Einordnung und Abgrenzung des Untersuchungsbereiches erfolgt durch:
- die Analyse der Spezifika des Untersuchungsobjektes (*OBJEKTBEZOGEN*),
- die Betrachtung der Planungsprozesse und deren Bedeutung aus Unternehmenssicht *(PROZEßBEZOGEN)*,
- die Beschreibung des potentiellen Methodikanwenders *(SUBJEKTBEZOGEN)*.

2.1.1 Objektbezogene Abgrenzung

Hinsichtlich des Untersuchungsobjektes *INNOVATIVE (FERTIGUNGS-)TECHNOLOGIEN* existieren zahlreiche Beiträge, die sich mit dem Begriffsverständnis befassen. Innerhalb der objektbezogenen Abgrenzung des Untersuchungsbereiches dienen daher die nachfolgenden Ausführungen sowohl dem Zweck der Schaffung eines einheitlichen Verständnisses als auch der Erfassung der objektspezifischen Problemsituation.

Der Begriff *INNOVATION* bzw. *INNOVATIV* wird im Schrifttum nicht mit einem streng einheitlichen Verständnis verwendet [vgl. BROS82, STAU86, MICH87, SCHM92, HAUS93]. Eine umfassende Analyse der existierenden definitorischen Ansätze ist von HAUSCHILDT durchgeführt worden [vgl. HAUS93]. Den Aspekt der *NEUHEIT* leitet er als konstitutives Merkmal von Innovationen ab. Schwerpunkt für diese Arbeit ist das Begriffsverständnis der *TECHNISCHEN INNOVATION*. Während sich unter der Kategorie "technische Innovation" die *PRODUKTINNOVATIONEN* auf das absatzfähige Ergebnis des betrieblichen Leistungserstellungsprozesses beziehen, wird mit *PROZEßINNOVATION*[1] eben dieser Prozeß der Leistungserstellung zu verbessern gesucht. Das konstitutive Kriterium der technischen Innovation stellt somit die erstmalige wirtschaftliche Ver-

---
[1] In dieser Untersuchung werden die Begriffe Prozeß(technologie)-, Fertigungs- und Verfahrensinnovation synonym verwendet.

wertung neuen technischen Wissens dar [vgl. THOM80]:
- in Gestalt neuer oder verbesserter Erzeugnisse,
- in Gestalt neuer oder verbesserter Prozesse.

Zur Eingrenzung des relativen Begriffes *INNOVATIV* wird in der Literatur die Durchführung einer Dimensionsbetrachtung vorgeschlagen [vgl. MÜLL93, ZÄPF89, HAUS93]. Dazu stellt ZÄPFEL eine als praktikabel einzustufende Dimensionsbetrachtung gemäß folgender Kriterien vor [vgl. ZÄPF89]:

- Die Analyse der *SUBJEKTDIMENSION* stellt sicher, daß der Neuheitsgrad eines Objektes jeweils aus der Sicht der innovierenden Einheit beurteilt wird ("Für wen neu?"). Demzufolge ist für die Einschätzung des Nutzens, der Schwierigkeiten und der Risiken einer Innovation der *SUBJEKTIVE WISSENSSTAND* eines Unternehmens ausschlaggebend.
- Die *INTENSITÄTSDIMENSION* bildet den Ordnungsrahmen zur Beurteilung der Abweichung der Neuerung vom bisherigen Vergleichsobjekt ("Wie sehr neu?").
- Schließlich dient die *ADAPTIONSDIMENSION* der Kennzeichnung, inwieweit eine Übernahme der Neuheit bereits durch den Wettbewerber erfolgt ist ("Wie lange neu?"), womit die ökonomische Vorteilhaftigkeit i.allg. relativiert wird.

Es läßt sich folgern, daß Aussagen über den Innovationsgrad und den Zeitaspekt einer Innovation nur *SITUATIONSSPEZIFISCH* abgeleitet werden können. Im Verständnis dieser Untersuchung liegt daher eine Prozeßinnovation auch dann vor, wenn der durch die Fertigungstechnologie induzierte Veränderungs- oder Neuheitsaspekt im wesentlichen für das betrachtete Unternehmen neu ist. So zählen prinzipiell auch Technologien zum Betrachtungsraum, die grundsätzlich am Markt verfügbar, aber noch nicht im Unternehmen adaptiert sind.

Die Bezeichnung *TECHNOLOGIE* wird im Verständnis von LITTOW verwendet. Der Begriff umfaßt die zielgerichtete Anwendung technischen Wissens, das in seinen verschiedenen immateriellen (Prozeßparameter) und materiellen Ausprägungen (Maschinen, Werkzeuge) zur Lösung einer Herstellaufgabe im industriellen Produktionsprozeß erforderlich ist [vgl. LITT78]. Dies entspricht insbesondere dem Know-how-Verständnis [vgl. BULL94].

In enger Abgrenzung dazu wird *TECHNIK* als Teilbereich der Technologie, nämlich als konkrete, materielle Anwendung derselben, verstanden [vgl. PERI87, OSTE89]. Der verwendete Begriff *FERTIGUNGSTECHNOLOGIE* zeigt einschränkend an, daß der Untersuchungsbereich auf solche Technologien fokussiert ist, die zur physikalischen oder chemischen, der eigentlichen betriebszweckbedingten Objektveränderung eingesetzt werden [vgl. DYCK92, DIN8580].

Die im Zentrum der Untersuchung stehenden Prozeßinnovationen durch innovative Fertigungstechnologien werden produktionstheoretisch als eine aus Unternehmenssicht geplante oder vollzogene Änderung der Kombination der Produktionsfaktoren interpretiert [vgl. THOM80]. Angestrebt wird eine Verringerung der Faktoreinsatzmengen (Betriebsmittel, Personal, Material etc.) mit dem Ziel, gleiche oder gesteigerte Erträge zu erzielen. Damit wird eine Verschiebung der Produktionsfunktion zum Ursprung hin beabsichtigt, d.h. eine gegebene Ausgangsmenge (Output) kann mit einem verminderten Faktoreinsatz hergestellt werden [vgl. GUTE83]. Bild 4 zeigt diesen Zusammenhang am Beispiel eines Zwei-Faktoren-Modells.

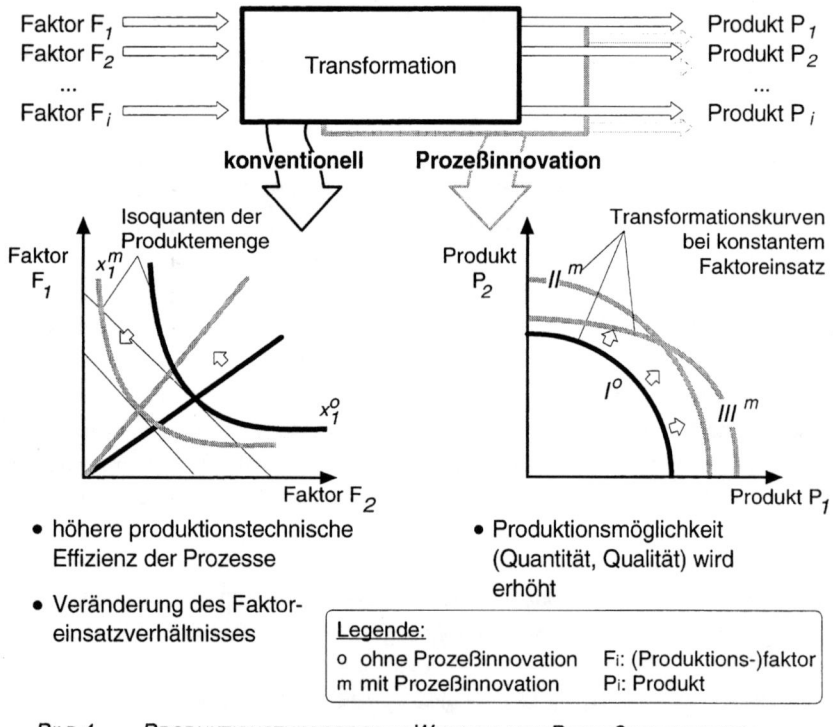

BILD 4   PRODUKTIONSTHEORETISCHE WIRKUNG VON PROZEßINNOVATIONEN
         [VGL. FRIT91]

Die durch den Ursprung gehende Gerade definiert das optimale Verhältnis der eingesetzten Produktionsfaktoren zur Herstellung einer Menge x_1 (Bild 4, links). Durch die Prozeßinnovation (^{m}) sinkt die Menge der eingesetzten Produktionsfaktoren, und das Verhältnis von F_2 (Personal) zu F_1 (Betriebsmittel) verringert sich. Mit definierten Ressourcen können also im Innovationsfall mehr Produkte (P_1 und/oder P_2) erzeugt werden, was modellmäßig im rechten Teil von Bild 4 durch eine Verschiebung der

Grundlagen

TRANSFORMATIONSKURVE (Produktionsmöglichkeiten) vom Ursprung weg erfaßt wird [vgl. FRIT91]. Im Fall der Substitution einer Zerspanoperation durch einen Umformschritt können bspw. bei gleichem Personaleinsatz mehr Produkte ausgestoßen werden (geringere Hauptzeit). Ferner ändert sich der Betriebsmitteleinsatz im Verhältnis zum Personaleinsatz, was u.a. anhand der Kostenstruktur deutlich wird.

Einerseits ist bei Prozeßinnovationen die Variation der Einsatzmenge (bewertet mit Faktorpreisen) sämtlicher Produktionsfaktoren nicht proportional, bspw. der Kapitalbedarf für Umformwerkzeuge ist sprungfix in Abhängigkeit der herzustellenden Einheiten. Andererseits werden die Produkte von der Innovation nicht gleichermaßen, proportional zu ihren Mengen begünstigt, d.h. die Output-Struktur ist nicht konstant. FRITSCH folgt daraus, daß Prozeßinnovationen ohne Wandel der Wirtschaftsstruktur (Einsatz weniger, qualifizierter Mitarbeiter anstatt einer Vielzahl von Hilfskräften) nicht möglich sind [vgl. FRIT91][1]. Nach MARTINI ändern sich bei technologischen Innovationen im Gegensatz zur Wirkung konventioneller Technologien nicht nur die Leistungsdaten und der Ressourcenverzehr von Teilprozessen, sondern die gesamte Prozeßstruktur [vgl. MART95]. Dies hat sowohl *UNTERNEHMENSEXTERNE* als auch *-INTERNE* Wirkungen zur Folge [vgl. MART95]: Die internen Wirkungen sind *DIREKTE* Kosteneinsparungen (Material-, Fertigungskosten) bzw. Leistungssteigerungen auf der einen und *INDIREKTE* Nutzenpotentiale mit zeitlicher und räumlicher Distanz zur innovativen Veränderung (Gemeinkosten) auf der anderen Seite. Unter externen Wirkungen sind marktgerichtet die Veränderungen durch den Technologieeinsatz (Imagewirkung der Technologie oder des Produktes, Produktqualität, geringes/höheres Produktgewicht) zu erfassen oder zu antizipieren. Ein rentabler Einsatz verschiedener Produktionsfaktoren in einem Unternehmen ist einmal von der Beschaffenheit der Faktoren selbst und zum anderen von ihrer Kombination abhängig. Eine strukturelle Änderung des Faktoreinsatzes kann dabei technologiebezogen grundsätzlich durch Substitution, Elimination, Differenzierung, Integration und Kombination sowie durch Hinzufügen oder Vertauschen von Teilprozessen innerhalb der Leistungserstellung erfolgen [vgl. EVER90, SCHM92]. Diese Differenzierung zeigt die vielschichtigen Ausprägungen des Untersuchungsobjektes und der mit der Planung des Objektes verbundenen Prozesse.

Die Ausführungen belegen, daß die Gestaltung des Technologieeinsatzes nicht ausschließlich auf eine reine Optimierung der technologischen Teilprozesse bezogen werden darf. Wie einleitend erörtert, impliziert die technische Innovation eine Wechselbeziehung zwischen Fertigungs- und Produkttechnologie (Bild 5). Diese Wechselbeziehung ist unmittelbar durch die Schnittstelle *PRODUKT* charakterisiert. Ein Produkt wird i. allg. in einzelne Elemente wie Baugruppen/Unterbaugruppen, Bauteile gegliedert.

---

[1] FRITSCH leitet detailliert auf Grundlage produktionstheoretischer Überlegungen die Wirkungen von Prozeßinnovationen auf Unternehmen ab [FRIT91].

Die Gliederung bzw. der Aufbau des Produktes werden in dieser Ausarbeitung als PRODUKTSTRUKTUR (PS) und die Elemente als PRODUKTSTRUKTURELEMENTE (PSE) bezeichnet. PS und PSE sind damit einerseits als Umsetzung der Produkttechnologie zu interpretieren. Andererseits sind die Aufgaben der Leistungserstellung definiert, unter Einsatz von Fertigungstechnologie die PSE herzustellen und gemäß vorgegebener PS zu verbinden.

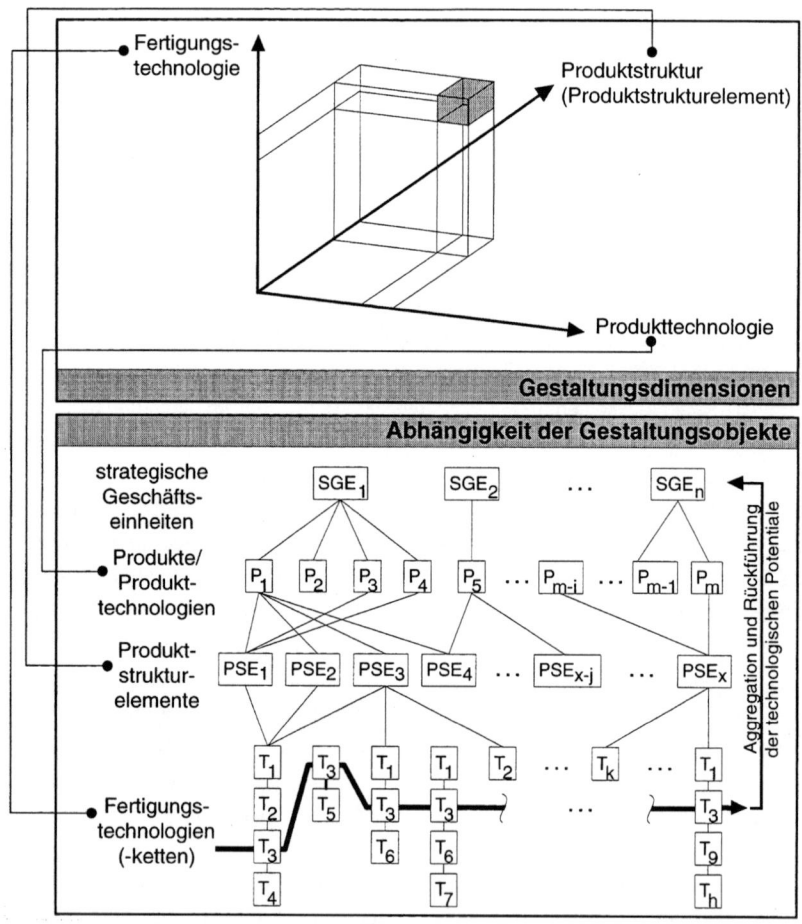

BILD 5   EINGRENZUNG UND ABHÄNGIGKEITEN DER GESTALTUNGSDIMENSIONEN DES BETRACHTUNGSOBJEKTES

In diesem Verständnis sind bei der Gestaltung des Fertigungstechnologie-Einsatzes die Reziprozitäten der Dimensionen Produkttechnologie und PS/PSE zwingend mitzubetrachten (Bild 5, oben). Innovationen entlang der Dimension Produkttechnologie führen zu neuen Möglichkeiten in der Dimension PS/PSE, die wiederum mehrere Zustände in der Dimension Fertigungstechnologie zulassen können. Im Verständnis dieser Ausarbeitung sind für die verschiedenen Zustände in diesem Gestaltungsraum ferner die möglichen Zustände der zeitlichen Dimension zu berücksichtigen. Diese kann als das Gestaltungsfeld des Ressourceneinsatzes (Höhe und Struktur) zur Erlangung eines unternehmensindividuellen Optimums verstanden werden. Folglich besteht die Aufgabe darin, in dem beschriebenen Gestaltungsraum ein Optimum zu ermitteln, das den Unternehmenszielen gerecht wird. Konkretisiert man diese Aufgabe durch Betrachtung der Gestaltungsobjekte, so zeigt sich eine durch die Unternehmensstruktur und das Produktprogramm determinierte, hierarchische Abhängigkeit (Bild 5, unten). Bei einer ausschließlichen Bottom-up-Vorgehensweise mit partiellen Optima durch überlegene Einzellösungen auf der Ebene der Fertigungstechnologien sind unternehmensweite Innovationspotentiale und damit die Synergieeffekte des Untersuchungsobjektes nur schwierig zu identifizieren. Zwingend erfordlich ist eine Aggregation und Rückführung der technologischen Potentiale auf ein geeignetes Abstraktionsniveau, um ein Optimum in dem vorangestellt erörterten Gestaltungsraum anstreben zu können.

Zusammenfassend kann festgehalten werden, daß Prozeßinnovationen durch Fertigungstechnologien im Zentrum der Untersuchung stehen. Deren Innovationsgrad ist situativ zu interpretieren. Durch innovative Fertigungstechnologien können die zur Produktion eingesetzten Faktoren in ihrer Effektivität und Effizienz beeinflußt werden. Die Zusammenhänge solcher Prozeßinnovationen in einem Unternehmen sind komplex. Sowohl die Zahl der einzelnen Zustände (Varietät [vgl. ASBY74]) der möglichen Gestaltungsdimensionen (Fertigungstechnologie, Produkttechnologie sowie Produktstruktur und -gestalt) als auch die Zahl ihrer Beziehungen und Abhängigkeiten untereinander sind hoch. Unternehmensextern und -intern ist aufgrund der relativen Neuheit innovativer Fertigungstechnologien die Informationsverfügbarkeit gering bzw. die Unsicherheit der Informationen hoch [vgl. EVER94].

2.1.2 PROZEßBEZOGENE ABGRENZUNG

Im Anschluß an die Analyse der Charakteristika des Untersuchungsobjektes werden nachfolgend die im Zentrum der Untersuchung stehenden Planungs- bzw. Managementprozesse betrachtet.

Unter dem Begriff *PLANUNG* wird allgemein der Prozeß einer systematischen Informationsverarbeitung und Willensbildung zur Eingrenzung und Strukturierung zukünftiger Handlungsspielräume verstanden [vgl. KOSI75, WEIS75, ZAHN81]. In der Literatur existieren zahlreiche Planungsdefinitionen, die z.T. darin widersprüchlich sind, welche Phasen konkret der Planung zugerechnet werden. Da der Prozeß der Ableitung fertigungstechnologischer Handlungsalternativen der zentrale Inhalt dieser Untersuchung ist, erscheint eine Präzisierung der PLANUNG in Abgrenzung zum allgemeinen Managementprozeß erforderlich.

Die Ausführungen dieser Arbeit basieren auf dem Begriffsverständnis[1] von WILD, der sich auf die Phasen Zielbildung, Problemanalyse, Alternativensuche, Prognose und Bewertung beschränkt [vgl. KOSI75, WILD81]. Das entsprechende Phasenmodell wird nachfolgend vorgestellt und erörtert (vgl. Bild 6).

Aus den Zielen eines Unternehmens wird ein System gebildet, auf das die gesamten Aktivitäten auszurichten sind. Anhand der Zielerreichung wird das Unternehmen dann als wirtschaftliche Einheit beurteilt [vgl. SCHI93]. Damit muß die ZIELBILDUNG im Rahmen eines Zielsystems erfolgen, das Anforderungen wie Realisierbarkeit, Operationalität, Ordnung, Konsistenz, Aktualität etc. zu genügen hat[2]. Eine frühzeitige und umfassende Problemerkenntnis ist der eigentliche Ausgangspunkt der Planung und damit als selbständige Planungsphase zu verstehen. Die PROBLEMANALYSE kann hinsichtlich der Teilaktivitäten "Diagnose des Ist-Zustandes" (Lageanalyse), "Prognose der wichtigsten Faktoren der Lageanalyse" (Lageprognose), "Auflösung der Probleme in Teilprobleme und Problemelemente" (Problemfeldanalyse) sowie "Problemstrukturierung" differenziert werden [vgl. WILD81].

Im Anschluß an diese Planungsphase erfolgt die ALTERNATIVENSUCHE. Darunter ist die Generierung von Handlungsmöglichkeiten zu verstehen, die geeignet erscheinen, das erkannte Problem zu lösen. SCHIERENBECK zeigt auf, daß Alternativen sowohl unabhängig voneinander als auch im Paket, zeitlich nachgeordnet oder sachlogisch untergeordnet realisierbar sind [vgl. SCHI93]. Entstehende komplexe Alternativenhierarchien beschreiben ein Möglichkeitsfeld, das sich zudem im Zeitablauf ändern kann. Insofern erlangt die KREATIVITÄT für die Alternativengenerierung und für die gesamte Planung eine starke Bedeutung [vgl. KOSI75]. WILD schlägt für die Alternativensuche eine Reihe von Arbeitsschritten vor. Beginnend mit einer Ideensammlung, -strukturierung und -verdichtung ist die Ableitung und Konkretisierung der Alternativen vorzunehmen. Weitere Prüfungen der ermittelten Alternativen hinsichtlich Abhängigkeit, Bedingtheit und Problemdeckung schließen die Phase der Alternativensuche ab [vgl. WILD81].

---

[1] In der Literatur existiert eine Vielzahl weiterer allgemeiner Management-Phasenmodelle, die z.T. auch als Regelkreise ausgeführt sind [vgl. hierzu ULRI92].

[2] Detaillierte Ausführungen zum Prozeß der Zielplanung finden sich u.a. bei [BROS82, WAND84, SCHI93].

Grundlagen   Seite 15

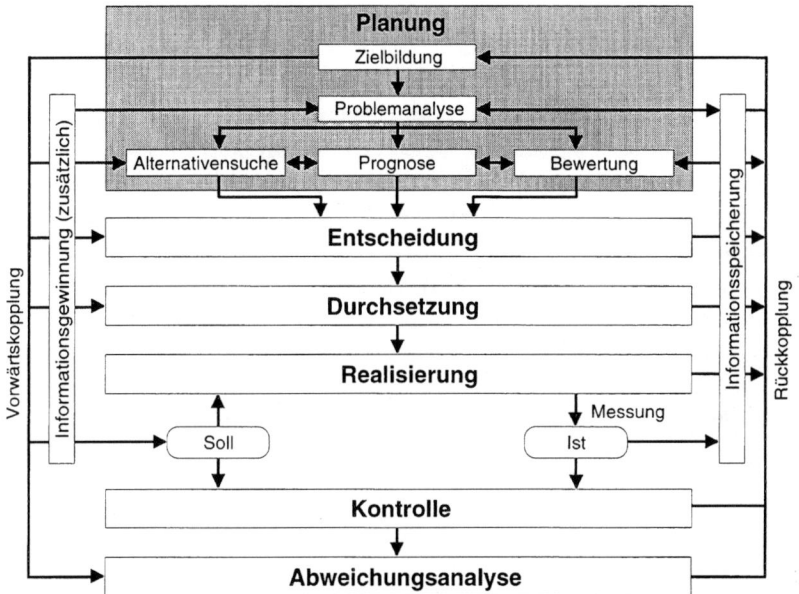

BILD 6   PHASENSTRUKTUR DES PLANUNGS- UND MANAGEMENTPROZESSES
          [VGL. WILD82]

Die PROGNOSE der Wirkungen von Alternativen als Aktivität der nächsten Planungsphase liefert Erkenntnisse darüber, welche Konsequenzen bei der Verwirklichung von Handlungsalternativen zu erwarten sind. Die nur bedingt überprüfbaren, subjektiven Erwartungen des Planers[1] sind im Rahmen der BEWERTUNGSPHASE auf ihre Zielwirksamkeit hin zu beurteilen. Eine ENTSCHEIDUNG i.e.S. als endgültige Auswahl eines Problemlösungsvorschlages erfolgt erst im Anschluß an die Planung. Diese Sichtweise schließt natürlich nicht aus, daß zahlreiche Vorentscheidungen schon im Zuge einzelner Planungsphasen getroffen werden müssen. Die letztgenannte Phase leitet bereits den MANAGEMENTPROZEß ein, der nach WILD eine Erweiterung der Planung um die Phasen "Durchsetzung" und "Kontrolle" im Sinne eines Soll/Ist-Vergleiches erfordert (vgl. Bild 6).

In ihrer unternehmensweiten Bedeutung und zeitlichen Wirkung können sich Planungs- und Managementprozesse fundamental unterscheiden. Eine Hierarchisierung und

---

[1] Die Aspekte der Unsicherheit der Planungsobjekte, der zukünftigen Zustände, der prozeduralen Rationalität des Entscheidungsprozesses und der subjektiven Erwartungen finden insbesondere in der Disziplin der präskriptiven Entscheidungstheorie Berücksichtigung [vgl. EISE93] und werden nachfolgend noch in die Untersuchung einbezogen (Kap 4.5).

Einordnung der Aktivitäten[1] wird in der vorliegenden Arbeit nach BLEICHER vorgenommen [vgl. BLEI91]: Das NORMATIVE MANAGEMENT hat die Aufgabe, die Lebens- und Entwicklungsfähigkeit des Unternehmens sicherzustellen, und wirkt somit LEGITIMIEREND für die strategische und operative Grundausrichtung des Unternehmens (vgl. Bild 7). Die in der Unternehmenspolitik, -verfassung und -kultur zu definierenden Normen sind auf den Interessensausgleich externer Anspruchsgruppen (Aktionäre, Gesellschaft) und unternehmensinterner Zielsetzungen ausgerichtet. Die Missionen als Aktivitäten des normativen Management sind im STRATEGISCHEN MANAGEMENT durch strategische Programme zu konkretisieren (Produkt-, Prozeß-, Ressourcenstrategien). Deren zentrales Ziel ist der Aufbau, Erhalt und Ausbau strategischer Erfolgspositionen. Die Umsetzung der normativen und strategischen Vorgaben (Produktionsaufträge, Inselfertigung) wird auf der Ebene des OPERATIVEN MANAGEMENT vollzogen [vgl. BLEI91]. Mit diesem Verständnis fokussiert der Inhalt der vorliegenden Untersuchung auschließlich Planungsprozesse der strategischen und operativen Ebenen.

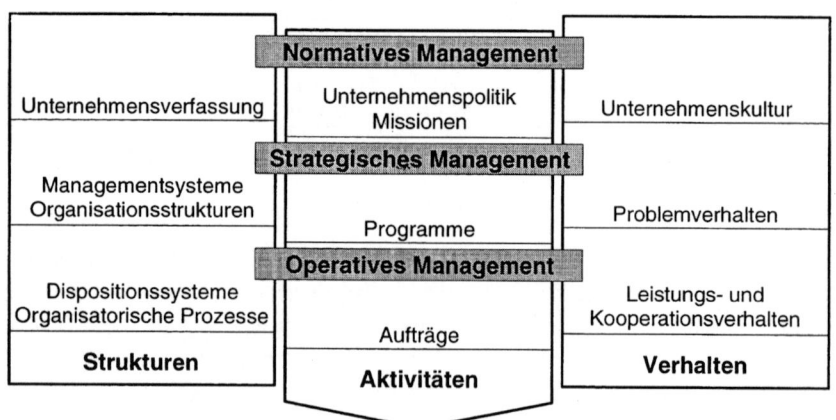

BILD 7   MANAGEMENTDIMENSIONEN DES ST. GALLER MODELLS [VGL. BLEI91]

Theoretische Grundlagen, Einordnungen und Erklärungsansätze derjenigen Planungs- und Managementprozesse, die sich auf das Objekt TECHNOLOGIE i.w.S. beziehen, werden im wirtschafts- und ingenieurwissenschaftlichen Schrifttum ausführlich diskutiert [u.a. PERI87, BROK89, EWAL89, MICH87, PFEI90, BOOZ91]. SPECHT definiert den Begriff Technologiemangement im Sinne der Gewinnung und Weiterentwicklung von Wissen und Fähigkeiten, die der Lösung praktischer Probleme dienen sollen. Bezogen auf produkt- und prozeßorientierte Aktivitäten zielt das Technologiemanagement nicht primär auf naturwissenschaftliche Gesetze und Theorien, sondern auf

---

[1] Zur Einordnung spezieller Technologiemanagement- und -planungsaufgaben in das St. Galler Management Konzept [vgl. TSIK90, TSIK91].

Grundlagen   Seite 17

"produkt- und prozeßorientiertes Know-how und entsprechende Fähigkeiten" [vgl. SPEC92]. SERVATIUS erachtet als die Hauptaufgabe des strategischen Technologiemanagement einerseits, unter den definierten Randbedingungen der Industriestruktur Wege zur Erreichung einer verteidigungsfähigen Wettbewerbsposition aufzuzeigen. Andererseits ist seitens der Unternehmen durch technische Innovationen Einfluß auf die Industriestruktur zu nehmen [vgl. SERV85]. Die strategische Technologieplanung hat sich in Anlehnung an PORTER demnach an folgenden wesentlichen Einflußfaktoren zu orientieren [vgl. PORT92, SERV85]:

- technische Entwicklungs- und Substitutionsmöglichkeiten von Produkten und Produktionsprozessen,
- Kostensenkungsmöglichkeiten bei Produkten und Prozessen,
- Art der Verbindung zwischen Produktprogramm und Produktionstechnik sowie Entwicklung der Nachfrage, z.B. in bezug auf definierte Produktmerkmale.

Es bleibt festzuhalten, daß sich der Inhalt der vorliegenden Untersuchung auf die Gestaltung von Aktivitäten bezieht, die der *PLANUNG* zuzuordnen sind. Die Planung ist dabei als Teil eines Managementprozesses zu verstehen, der zusätzliche Aktivitäten beinhaltet. Die eigentliche Entscheidung, deren Durchsetzung etc. werden in der Methodikentwicklung berücksichtigt, inhaltlich jedoch nicht ausgearbeitet.

Das Ergebnis des betrachteten Planungsprozesses ist ein strategisches Aktivitäten-Programm (Technologiekalender), dessen Inhalte unternehmensweite Bedeutung haben und mit einem langfristigen Planungshorizont abgeleitet werden [vgl. WILD87a, SERV85, BLEI91]. Eine rein *STRATEGISCHE* Planungssicht kann jedoch den erörterten Charakteristika des Untersuchungsobjektes nicht gerecht werden (vgl. Kap. 3.1). Daher ist es unabdingbar, auch operative Planungsprozesse [vgl. BLEI91], die Detailaspekte betreffen, zum Gegenstand der Untersuchung zu machen. Dies sind bspw. die Analyse der Produktstrukturelemente auf der Ebene technischer Konstruktions- und Bearbeitungselemente, praktische Versuche etc.

Die Verzahnung der Planungsprozesse mit strategischem und operativem Bezug erfolgt durch eine Planung im *GEGENSTROMVERFAHREN* (Verknüpfung von Bottom-up- und Top-down-Vorgehen [vgl. WILD81]) im Kontext der Technologieplanung. Bei ausschließlich betriebswirtschaftlicher Sichtweise bliebe das (umfassende) produktionstechnische Gestaltungspotential weitgehend ungenutzt, da von falschen Realitäten ausgegangen würde (Bild 8). Auf der anderen Seite führte eine rein technische Sichtweise nur zu einer partiellen Optimierung. Zudem besteht in der praktischen Anwendung des Gegenstromverfahrens die Möglichkeit, Effekte wie eine höhere Motivation, fundierte Strategiefindung, verbesserte Kommunikation etc. zu erzielen [vgl. SERV85]. In diesem Sinn wird mit der Zielmethodik ebenfalls eine *UNTERSTÜTZUNG DES*

OPERATIVEN WILLENSBILDUNGSPROZESSES erarbeitet, wobei es "Probleme bei der Zielrealisierung zu erkennen, zu analysieren, Handlungsalternativen zu eruieren und eine zielführende Lösung auszuwählen" gilt [vgl. BLEI91].

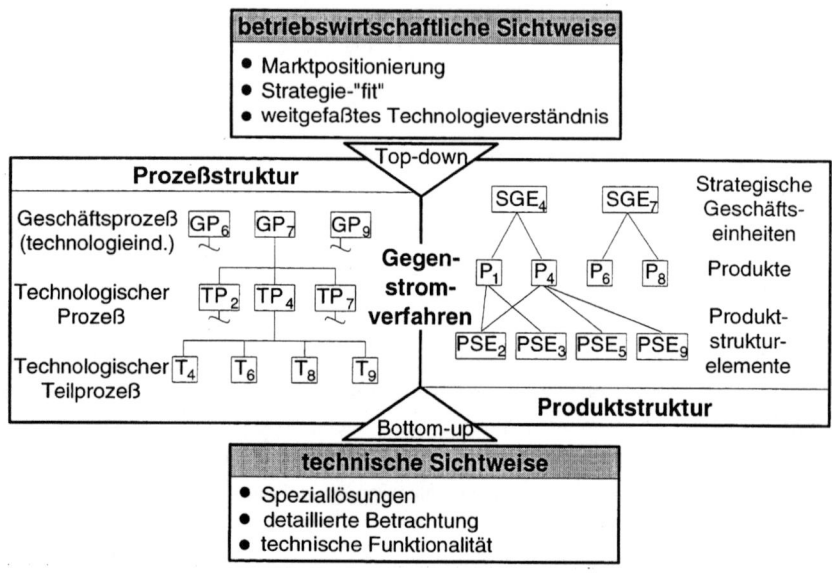

BILD 8   INTEGRATION VON TOP-DOWN- UND BOTTOM-UP-PLANUNGSSICHTEN [VGL. MART95]

Da sich die Planungen nicht einschränkend auf INVESTITIONEN in neue Fertigungstechnologien beziehen, ist nicht die strategische INVESTITIONSPLANUNG innovativer Fertigungstechnologien [vgl. WILD87a], sondern im umfassenden Sinn die LANGFRISTIG ORIENTIERTE TECHNOLOGIEPLANUNG Inhalt der Untersuchung.

2.1.3 SUBJEKTBEZOGENE ABGRENZUNG

Die Technologieplanungsprozesse können in Abhängigkeit von unternehmensindividuellen Randbedingungen (z.B. Größe, Produktspektrum, Fertigungstiefe, Organisation, Investitionsbudget) sehr unterschiedliche Ausprägungen annehmen. Neben einer Fokussierung der Untersuchung auf innovative Fertigungstechnologien und die langfristig orientierte Planung im Gegenstromverfahren ist auch eine Charakterisierung des möglichen Methodikanwenders notwendig. Dies ermöglicht eine anwendungsspezifische Ausrichtung der nachfolgenden Methodikentwicklung, ohne jedoch den Anspruch auf ein ALLGEMEINGÜLTIGES VORGEHEN für diese Problemklasse aufgeben zu

Grundlagen								Seite 19

wollen. Die Anwendung der zu entwickelnden Methodik soll den komplexen Planungsfall von Unternehmen abdecken, die eine VIELZAHL VON PRODUKTEN mit jeweils unterschiedlichen Positionen im Produktlebenszyklus produzieren. Die Produkte der Konsum- oder Investitionsgüterindustrie weisen dabei einen hohen Anteil an MECHANISCHEN PRODUKTKOMPONENTEN bei beliebiger Komplexität der Produktstruktur auf. Der Fertigungstechnologieeinsatz zur Herstellung der Produkte ist HETEROGEN, wobei die Produktstrukturelemente typischerweise in mittleren oder großen Serien gefertigt, montiert oder zugekauft werden.

2.2 ANALYSE UND KRITISCHE WÜRDIGUNG RELEVANTER ANSÄTZE

Seit Mitte der 80er Jahre beschäftigen sich schwerpunktmäßig ingenieur- und wirtschaftswissenschaftliche Arbeiten mit der TECHNOLOGIEPLANUNG. Weiterhin haben von namhaften Beratungsunternehmen entwickelte Konzepte Bedeutung erlangt, deren Grundideen originär auf der strategischen UNTERNEHMENSPLANUNG basieren. Ferner weisen amerikanische Arbeiten mit ihrer statistisch-modellhaften Behandlung des "technology forecast" Relevanz für die Untersuchung auf.

2.2.1 BEITRÄGE IM UNTERSUCHUNGSBEREICH

Aufgrund des hohen Umfangs und der Interdisziplinarität von Beiträgen zur Technologieplanung ist im ersten Schritt eine Grobeinordnung zweckmäßig. In der Übersicht der angrenzenden Arbeiten (Bild 9) wird schwerpunktmäßig zwischen in der Praxis genutzten Konzepten und Modellen sowie theoretisch-wissenschaftlichen Ansätzen differenziert. Die Beurteilung der Beiträge erfolgt erstens anhand der tangierten Planungsdimensionen (strategisch, operativ) [vgl. TSIK91, BLEI91]. Zweitens wird berücksichtigt, inwieweit die Lösungen die gegenseitige Beeinflussung von Produkt- und Prozeßtechnologie in ihren Problemlösungsprozeß integrieren. Das dritte Kriterium der Grobeinordnung betrifft die für die Planung innovativer Fertigungstechnologien notwendige Vernetzung der Planungssichten (Top-down, Bottom-up) [vgl. WILD81].

Die im Bild dargestellte Übersicht ist als Ausschnitt für den Stand der Forschung im Bereich TECHNOLOGIEPLANUNG zu interpretieren, da bei der Vielzahl der Beiträge der Anspruch auf Vollständigkeit nicht erhoben werden kann. Es kann jedoch festgehalten werden, daß für den konkret abgegrenzten Untersuchungsbereich im betriebswirtschafts- und ingenieurwissenschaftlichen Schrifttum keine Beiträge mit einer zu dieser Ausarbeitung analogen Zielsetzung existieren.

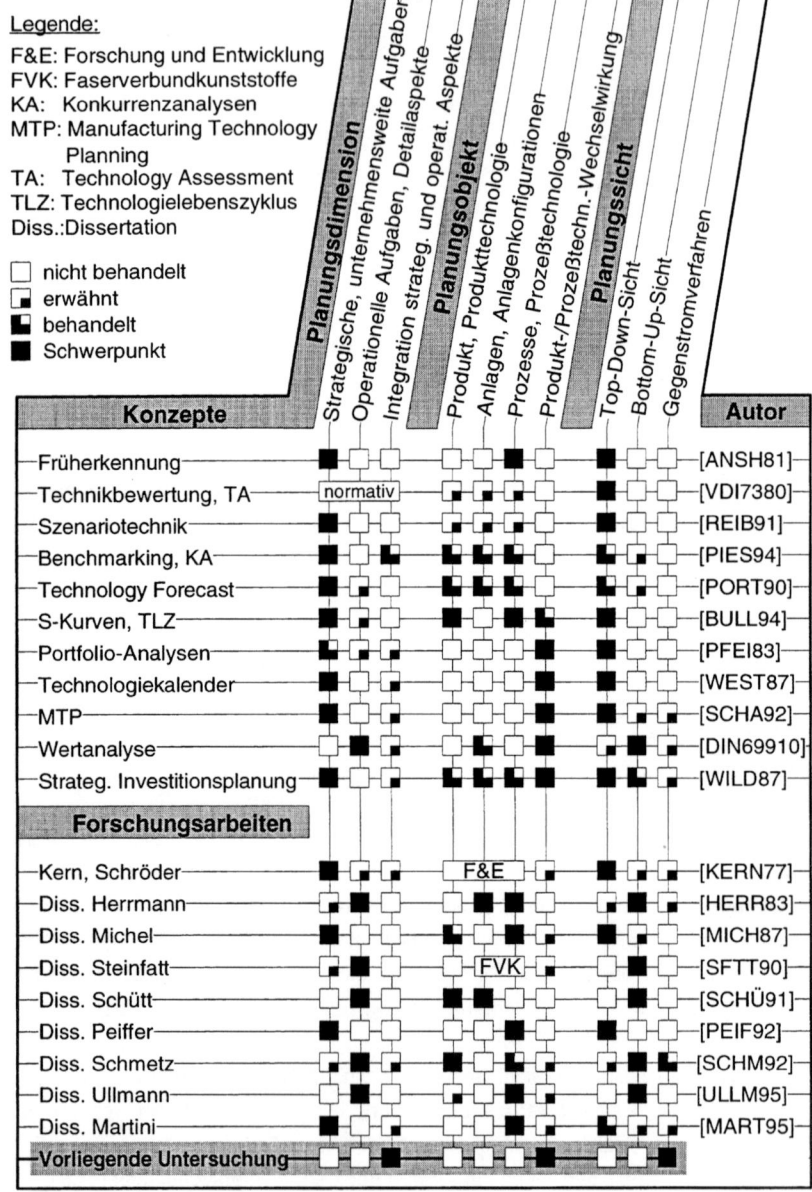

BILD 9   EXISTIERENDE BEITRÄGE IM UNTERSUCHUNGSBEREICH

Mit den bekannten Methoden und Modellen stehen sowohl allgemeine methodische Grundlagen (Portfolio-, Wertanalysen) als auch sehr spezielle Erkenntnisse

Grundlagen   Seite 21

(Lebenszyklus-Modelle) zur Verfügung, die jeweils für einzelne Ausschnitte der zu entwickelnden Planungsmethodik Relevanz aufweisen. Aus wissenschaftstheoretischer Sicht besteht die Notwendigkeit, die relevanten Ansätze zu untersuchen [ULRI81], wobei zwei Ziele verfolgt werden. Einerseits ist eine kritische Würdigung der Ansätze im Anwendungszusammenhang vorzunehmen. Andererseits sind - da die Planungsmethodik als "offene" Methodik entwickelt werden soll - Schnittstellen für die Integration existierender Instrumente zu schaffen bzw. Erkenntnisse der angrenzenden Arbeiten auf die vorliegende Problemstellung zu übertragen. Vor diesem Hintergrund werden gemäß der Beurteilung in der Übersicht die folgenden Ansätze diskutiert:

- Lebenszyklus-Modelle,
- Portfolio-Analysen,
- Technologiekalender (TK),
- MTP - Manufacturing Technology Planning,
- Wertanalyse (WA),
- Strategische Investitionsplanung.

2.2.2 LEBENSZYKLUS-MODELLE

Der Grundgedanke aller Lebenszyklus-Modelle (LZ) und der darauf aufbauenden Konzepte basiert auf allgemein beobachtbaren biologischen Vorgängen: Dinge haben eine begrenzte Lebensdauer; sie entstehen und vergehen. In Analogie sind Modelle für Markt-, Branchen-, Unternehmens-, Produkt- und Technologiezyklen entwickelt und z.T. integriert worden [vgl. PFEI81, PFEI83, SERV85, KREI89, PÜMP92, BULL94]. Im traditionellen Lebenszyklus-Modell wird die Verweildauer des Produktes am Markt abgebildet (*MARKTZYKLUS-MODELL*). In der Literatur ist eine Unterscheidung von vier Phasen verbreitet, welche als Abschnitte eines idealtypischen Polygonzuges verstanden werden [vgl. PFEI81]: Einführungs-, Durchdringungs-, Sättigungs- und Degenerationsphase.

Um weiterhin die wichtigen Aktivitäten vor der Markteinführung, wie Beobachtung oder Produktentstehung, planerisch erfassen zu können, wurde ein erweitertes *PRODUKTLEBENSZYKLUS-MODELL* (PLZ) entwickelt [vgl. PFEI83]. Da der Phasenverlauf eines einzelnen Produktes nicht unbeeinflußbar von außen (exogen) vorgegeben ist, sondern durch marktrelevante Unternehmensaktivitäten gesteuert werden kann (bspw. Produktsubstitution oder Prolongation[1]), empfiehlt MICHELS eher die Nutzung von *BRANCHENZYKLUS-MODELLEN*. In diesen werden die Lebenszyklen mehrerer Produkte einer gemeinsamen Produkttechnologie aggregiert, um die Nachfrageentwicklung innerhalb einer Produktgattung im Zusammenhang abzubilden [vgl. MICH87]. Mit der

---
[1] Verlängerung des PLZ durch Werbung, etc.

Annahme, daß sich die zur Herstellung der Produkte verwendeten Technologien ebenfalls im Zeitverlauf ändern, lassen sich diese durch Zykluskurven abbilden und in ein Gesamtmodell integrieren. Bei der Aufstellung von Technologielebenszyklen (TLZ) ist jedoch zu beachten, daß aufgrund unterschiedlicher Einsatzpotentiale dieselben Technologien in verschiedenen Branchen zeitlich verschobene Diffusionskurven aufweisen. Daher wird in der Literatur einheitlich die Meinung vertreten, daß ein Technologielebenszyklus (TLZ) nur *INTERINDUSTRIELL* anhand aller in Frage kommender Anwendungsarten und deren zeitlicher Verteilung zu ermitteln ist [vgl. MICH87, KREI89, BULL94].

ARTHUR D. LITTLE hat das Wettbewerbspotential neuer Technologien untersucht, das sich, wie einleitend erörtert, aus den Möglichkeiten zur Beeinflussung von Kostenstrukturen und Leistungsmerkmalen der Produkte und Produktionsprozesse ergibt (vgl. Bild 10). Gemäß den Phasen des TLZ werden vier Technologieklassen mit unterschiedlichem Wettbewerbspotential unterschieden [vgl. ADL81, SOMM83, SERV85]:

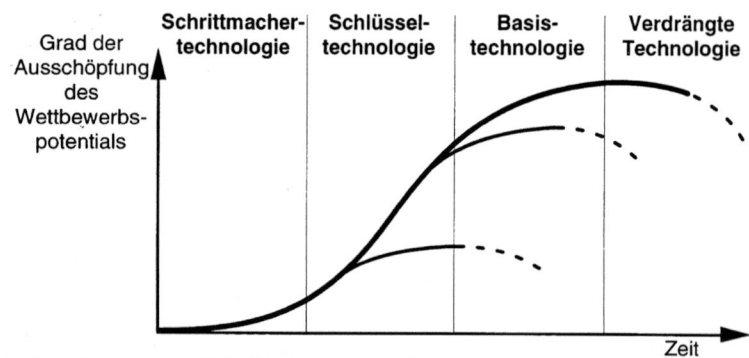

Indikatoren	Entstehung	Wachstum	Reife	Alter
Unsicherheit über technische Leistungsfähigkeit	hoch	mittel	niedrig	sehr niedrig
Investitionen in Technologieentwicklung	mittel (Grundlage)	maximal (Anwendung)	niedrig (Rationalisierung)	sehr niedrig (Anpassung)
Typ der Entwicklungsanforderung	wissenschaftlich	anwendungsorientiert		kostenorientiert
Eintrittsbarrieren	F&E-Potential	Personal	Know-how, Lizenzen	Anwendungs-Know-how

BILD 10 LEBENSZYKLUSPHASEN EINER TECHNOLOGIE [QUELLE: ADL81]

Grundlagen

- *SCHRITTMACHERTECHNOLOGIEN* lassen Auswirkungen auf zukünftige Marktpotentiale und Wettbewerbsdynamik erkennen,
- *SCHLÜSSELTECHNOLOGIEN* weisen gegenwärtig eine signifikante Beeinflussung der Wettbewerbsfähigkeit auf,
- *BASISTECHNOLOGIEN* werden von den Wettbewerbern in gleichem Maße beherrscht,
- *VERDRÄNGTE TECHNOLOGIEN* werden durch andere substituiert.

Anhand von Indikatoren und Merkmalen wird in diesem Konzept eine Einordnung der Technologien vorgenommen, auf deren Basis Handlungsempfehlungen für eine möglichst umfangreiche Technologienutzung abgeleitet werden [vgl. ADL81].

In der praktischen Anwendung ist bei allen Lebenszyklus-Konzepten die Ermittlung des Kurvenverlaufs problematisch. Insbesondere bei TLZ-Kurven ist die Annahme eines idealtypischen Verlaufs sehr kritisch zu betrachten, da offensichtlich nicht alle Technologien den gesamten Zyklus durchlaufen [vgl. WOLF91]. So weisen empirisch ermittelte Verläufe erhebliche Abweichungen von der idealtypischen Gestalt auf [vgl. u.a. BULL94]. PERILLIEUX sieht den Wert der Lebenszyklus-Ansätze im Erkenntnisgewinn bezüglich grundlegender Entwicklungsverläufe und einer resultierenden Verbesserung des Entscheidungsverhaltens [vgl. PERI87].

Eine Weiterentwicklung des TLZ-Modells ist das *S-KURVEN-KONZEPT* von MCKINSEY [vgl. FOST86]. Im S-Kurven-Modell wird die F&E-Produktivität als Verhältnis von F&E-Input (z.B. kumulierte Forschungsmittel) zu F&E-Output bezogen auf ein technisches Leistungskriterium (z.B. Schnittdicke bei Laserstrahlschneiden) aufgezeichnet [vgl. FOST86, SERV85, PEIF92]. Die Annahme eines idealtypischen Verlaufs der S-Kurven ist bei diesem Konzept jedoch gleichermaßen problematisch[1], was WILDEMANN anhand empirischer Erhebungen für innovative Fertigungstechnologien zeigt [vgl. WILD87b]. Exakte Anhaltspunkte für einen optimalen Zeitpunkt des Wechsels zu neuen Technologien lassen sich nur sehr bedingt ableiten. Es läßt sich jedoch festhalten, daß Technologien im Zuge ihrer Weiterentwicklung bestimmte Effizienzmerkmale aufweisen und für ein konkretes Anwendungsgebiet an ihre Leistungsgrenzen stoßen.

2.2.3 PORTFOLIO - KONZEPTE

Portfolio-Methoden zählen zu den wichtigsten und in der Praxis am häufigsten angewendeten strategischen Analyse- und Planungsmethoden. In Anlehnung an das finanzwirtschaftliche Instrument der Wertpapier-Portefeuille-Analyse [vgl. MARK59] zur

---

[1] Ausführungen zur generellen Problematik und den Anwendungsgrenzen von Technologieprognosen finden sich bei [vgl. AYRE71, BENK89, MATE93].

Beurteilung und Einordnung von Investitionsobjekten unter Ertrags- und Risikokriterien ist die "Portfolio Selection" auf zahlreiche Bereiche der Unternehmensplanung übertragen worden (bspw. Geschäftsfeldportfolio, Marktportfolio, Produktportfolio) [vgl. PETE71, TRUX84, TRUX85, WÖHE90].

Den reinen Marktportfolios lagen die Annahmen zugrunde, daß sich Produkt- und Prozeßtechnologien relativ konstant entwickeln und daher nicht explizit zu berücksichtigen sind [vgl. BULL94]. In Studien wurde jedoch gezeigt, daß davon heute i.d.R. nicht mehr auszugehen ist. Infolge dieser Erkenntnis wurden zahlreiche Varianten von speziellen TECHNOLOGIEPORTFOLIOS als Entscheidungshilfen im Bereich des strategischen Technologiemanagement und der Technologieplanung entwickelt [vgl. PFEI83, SOMM85, SERV85, WILD87a, ZÄPF89, BULL94].

In Technologieportfolios werden EXTERNE (technologische Chancen und Risiken) und INTERNE Erfassungsgrößen (Know-how, Beherrschungsgrad) zu zwei Dimensionen verdichtet (Bild 11). Durch Anwendung von Punktbewertungsverfahren wird somit die Bedeutung einer Technologie im Wettbewerb und die technologiespezifische Unternehmensposition prospektiv erfaßt. Die punktemäßige Beurteilung erlaubt die Einordnung in eine zweidimensionale Matrix, wobei jeder Position der Technologien im Portfolio eine Normstrategie (Investieren, Selektieren, Desinvestieren) zugeordnet ist[1]. Neben der analytischen Komponente des Planungsinstrumentes "Technologieportfolio" resultiert aus der handlungsorientierten Komponente "Normstrategie" eine Empfehlung für F&E- Prioritäten, Ressourcenallokation etc. [vgl. WOLF91].

WOLFRUM unterscheidet zwei grundsätzliche Varianten von Technologieportfolios [vgl. WOLF92]: zum einen reine Technologieportfolios, in denen ausschließlich technologische Aspekte erfaßt und verarbeitet werden; zum anderen solche Portfolios, in denen ein Bezug markt- und technologiestrategischer Aspekte hergestellt wird.

Die analysierten Dimensionen und die abgrenzenden Merkmale der Portfolios beider Kategorien sind in Bild 11 gegenübergestellt, wobei insbesondere das Konzept von Pfeiffer in die erste Kategorie und die Ansätze der Beratungsgesellschaften in die zweite Kategorie einzuordnen sind. Über die in den Merkmalen der Ansätze zusammengefaßten Kritikpunkte hinaus lassen sich folgende grundsätzlichen Schwachstellen der Technologieportfolio-Methode ableiten.

---

[1] Der konkrete Aufbau und die Schilderung einer detaillierten Vorgehensweise zur Erstellung von Technolgieportfolios beschreibt PFEIFFER [vgl. PFEI83].

Grundlagen

- Ermittlung von Punktwerten je Dimension und Technologie
- Einordnen der Technologien
- Ableiten von Normstrategien

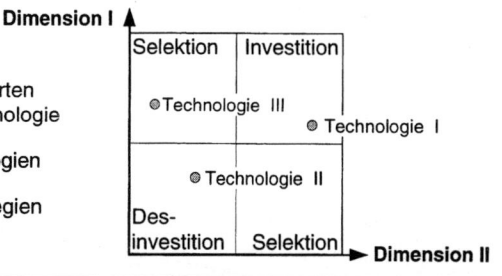

```
                    Dimension I ▲
                    ┌─────────┬──────────┐
                    │Selektion│Investition│
                    │         │          │
                    │⊚Technologie III    │
                    │         │          │
                    │         │ ⊚ Technologie I
                    │         │          │
                    │     ⊚ Technologie II
                    │         │          │
                    │Des-     │          │
                    │investition│Selektion│
                    └─────────┴──────────┘──► Dimension II
```

Autor	Dimensionen	Charakteristische Merkmale
Mc Kinsey [KRUB82]	- relative Technologieposition - Technologieattraktivität	- S-Kurven-Modell als Basis - Gesamtportfolio durch Verknüpfung von Markt- und Technologieportfolio
Pfeiffer et. al. [PFEI83]	- Ressourcenstärke - Technologieattraktivität	- "reines" Technologieportfolio - Ableitung von FuE-Prioritäten für Projekte der angewandten Forschung - keine Anhaltspunkte für Integration in Unternehmensplanung
Booz, Allen &Hamilton [PAPP84]	- relative Technologieposition - Bedeutung der Technologie	- isolierte Technologiebetrachtung - keine Abstimmung mit der Marktplanung
A. D. Little [SERV85]	- relative Technologieposition - Technologiereifegrad	- Technologielebenszyklus als Basis - Ableitung von Technologiestrategien in Abhängigkeit von PLZ-und TLZ-Positionen - Einstufung in die Lebenszyklen
Wildemann [WILD87a]	- Technologieprioritäten - Marktpriorität	- explizites Produktionstechnologieportfolio - Orientierung an der aktuellen Marktlage
Michel [MICH87]	- relative Innovationsstärke - Innovationsattraktivität	- komplexer dynamischer Ansatz - Positionierung von Technologien in Innovationsportfolios - hohe Komplexität in der Anwendung
Möhrle [MÖHR88]	- technology push - market pull	- Steuerung der Gesamtheit aller FuE-Maßnahmen - keine Berücksichtigung unternehmensexterner Technologieentwicklungen
Osterloh [OSTE94]	- Ressourcenstärke - Kompetenzattraktivität	- Positionierung von Kernkompetenzen - Technologieportfolio [PFEI83] als Basis - Anwendung nicht detailliert

BILD 11   MERKMALE AUSGEWÄHLTER TECHNOLOGIEPORTFOLIO-KONZEPTE [VGL. WOLF92]

Erstens ist in der konkreten Anwendung der Technologieportfolios bei Unternehmen mit breitem, heterogenem Technologiespektrum der Aufwand zur Datenakquisition im Vergleich zur erzielbaren Güte der Aussage zu hoch. Zweitens werden bedingt durch die reine Top-down-Sichtweise des Portfolioansatzes die operative Gestaltung und Anpassung des Technologie/Produkt-Systems ebenso wie die konkreten Randbedingungen der unternehmensindividuellen Technologieanwendung nur unzureichend berücksichtigt. Die Reduktion der Zustände dieses Möglichkeitsraumes hoher Varietät (vgl. Kap. 2.1.2) auf trivial-geometrische Lösungsmuster erscheint daher problematisch. Der Einsatz der Technologieportfolios ist demnach weniger in der konkreten Entscheidungsvorbereitung zu sehen. Vielmehr liefert der analytische Planungsprozeß erste Ansatzpunkte für eine gründliche, einzelfallspezifische Hinterfragung der Portfoliopositionen [vgl. HOIT89] und ist damit den zu konzipierenden Aktiviäten im abgegrenzten Untersuchungsbereich vorgelagert.

2.2.4 TECHNOLOGIEKALENDER

Von WESTKÄMPER wurde die Notwendigkeit erkannt, neue Produktionskonzepte langfristig und mit einer Strategie zu planen, in der vorausschauend die Produkt- und Prozeßentwicklung harmonisiert werden. Er entwickelte als Hilfsmittel einen TECHNOLOGIEKALENDER (vgl. Bild 12), um unter langfristigem Planungshorizont die Unternehmensressourcen wie Personal, Entwicklungsaufwendungen und Investitionen aufeinander abzustimmen [vgl. WEST87, WILD87a].

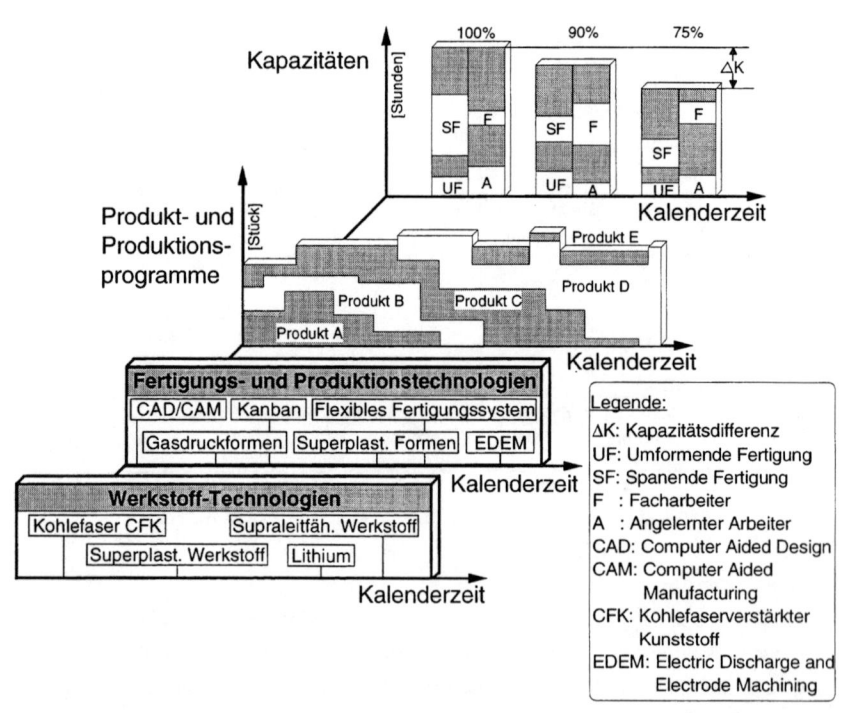

BILD 12   DER TECHNOLOGIEKALENDER [QUELLE: WILD87B]

Anhand eines Technologiekalenders wird versucht, "den zeitlichen Zusammenhang zwischen der Einführung neuer Produkte und neuer Produktionskonzepte herzustellen" [vgl. AWK87]. Einbezogen in die Darstellung des Technologiekalenders sind daher die unternehmensspezifischen Prämissen und Prognosen zukünftiger Produkt- und Produktionsprogramme. Diese werden mit den zu ihrer Herstellung erforderlichen, neuen Technologien i.w.S. in Beziehung gesetzt [vgl. AWK87]. Zu diesem Zweck werden Prognosen erstellt, ab welchem Zeitpunkt diese Technologien den notwendigen Reifegrad erlangt haben werden. In der Literatur wird als Fallbeispiel eine industrielle Umsetzung des Hilfsmittels "Technologiekalender" im Bereich der Flugzeugindustrie [in WEST87] vorgestellt. Die dort aufgezeigte prinzipielle Vorgehensweise zum Aufbau eines Technologiekalenders basiert sowohl im Produkt- als auch im Technologiebereich auf einer Top-down-Analyse ohne Rückführung operativ fundierter Erkenntnisse. Bedingt durch das weitgefaßte Technologieverständnis und unter Berücksichtigung von Fertigungs- und Produktionstechnologien sowie EDV-Produktionskonzepten [vgl. AWK87], ist ohnehin nur ein hohes Abstraktionsniveau der Untersuchungsobjekte planerisch handhabbar. Aus diesen Gründen können die Einsatzzeitpunkte nicht konkret unternehmensspezifisch bestimmt und abgeleitet werden; eine situationsspezifische Beziehung zwischen Produkt und Fertigungstechnologie wird nicht NACHVOLLZIEHBAR abgebildet.

Von WILDEMANN ist der Einsatz des Technologiekalenders im Rahmen einer integrierten Produkt-, Markt-, und Investitionsplanung formuliert worden [vgl. WILD87b, WILD93, Kap. 2.2.7]. Darauf basierend hat EMMERT die Nutzung dieses Hilfsmittels zur Planung von Investitionsprogrammen untersucht [vgl. EMME94]. Die Einsatzzeitpunkte von Technologien werden dazu auf theoretischer Grundlage des einleitend vorgestellten Modells von ABARNATHY/UTTERBACK mit Hilfe von Ansätzen der Szenariotechnik (Cross-Impact-Analyse, Deskriptorenmodelle) bestimmt. Ferner wird ein EDV-Programm zur kapazitätsbedarfsorientierten Detailabstimmung von Investitionsprogrammen vorgestellt [vgl EMME94]. Die von EMMERT verfolgte Erweiterung des Technologiekalender-Konzeptes erscheint im langfristigen Planungshorizont für den eingegrenzten Untersuchungsbereich der vorliegenden Ausarbeitung nicht praktikabel. Im Zentrum der von ihm entwickelten Problemlösung steht primär ein bereichsübergreifendes Optimum der Struktur des Investitionsprogrammes und weniger die Identifikation grundlegend wichtiger Technologieanwendungen (Bedarfs- und Wettbewerbsrelevanz der Technologie).

Vor diesem Hintergrund kann das Technologiekalender-Konzept nach WESTKÄMPER als strategischer Leitfaden für einen Technologieeinsatz nur mittelbar dazu genutzt werden, effektive fertigungstechnologiebezogene Aktivitäten abzuleiten. Der Ansatz ist eher als Instrument zur Beschreibung und Abstimmung des Möglichkeitsraumes von (allgemeinen) Technologieanwendungen zu verstehen. Darauf basierend sind weitere Planungsschritte durchzuführen, um konkrete Aktivitäten zu identifizieren und zu formulieren sowie unternehmensspezifisch zu bewerten. Die mit dem Ansatz TECHNOLOGIEKALENDER vorgenommene Antizipation zukünftiger Entwicklungen auf der Produkt- und Technologieseite erscheint grundlegend notwendig, um eine Synchronisation der Bereiche i.S. eines Optimums im Gestaltungsraum (vgl. Kapitel 2.1) langfristig erzielen zu können. Darüber hinaus ist das transparente und integrierende Darstellungskonzept sehr gut als Basis für die Definition eines Aktivitätenprogrammes nutzbar, wenn eine primär handlungsorientierte Sicht bei der Erstellung desselben verfolgt wird.

2.2.5 MTP - MANUFACTURING TECHNOLOGY PLANNING

Von ARTHUR D. LITTLE wurde die Methode "Manufacturing Technology Planning" (MTP) entwickelt (Bild 13). Diese ist auf die Zusammenstellung eines unternehmensstrategie-konformen Portefeuilles von Fertigungstechnologien gerichtet. Die mit der Anwendung der Methode verfolgten Ziele sind [vgl. SCHA92]:
- Kostensenkung im Produktionsprozeß,
- Produktqualitätssteigerung und
- Verbesserung der Wettbewerbsposition.

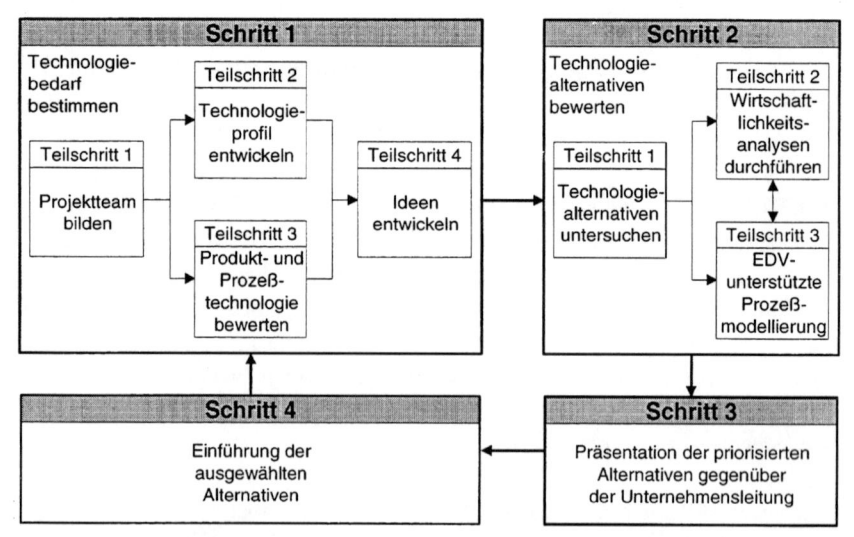

BILD 13   VORGEHENSWEISE DER METHODE MTP (MANUFACTURING TECHNOLOGY PLANNING) [QUELLE: SCHA92]

Grundlagen											Seite 29

Die Ziele sollen durch Implementierung neuer bzw. alternativer Fertigungstechnologien operationalisiert werden. Im Fokus der Anwendung können einzelne Bauteile, Baugruppen und technologische Prozesse bis hin zu strategisch determinierten Technologieakquisitionen stehen. Im Ablaufmodell der MTP-Methode nach SCHARLACKEN ist die Bearbeitung von vier Hauptarbeitsschritten vorgesehen.

Eine Integration von Top-down- und Bottom-up-Sicht und die Betrachtungsgrenze des MTP-Ansatzes stellen sicher, daß solche Technologien favorisiert werden, die sowohl konform zur Unternehmensstrategie sind als auch den bestehenden Produkt- und Prozeßspezifikationen Rechnung tragen. Das ÜBERDENKEN des bisherigen Prozeß- und Produktdesigns, die SUCHE nach alternativen, neuen technologischen Anwendungen und die ZEITLICHE DIMENSIONIERUNG des Suchfeldes zeigen, daß dieser Ansatz einen Beitrag zur ausgeführten Aufgabenstellung leisten kann. In bezug auf eine praktische Methodenanwendung sind jedoch gravierende Defizite im Detaillierungsgrad des Modells und den in der Literatur [vgl. SCHA92] angebotenen Hilfsmitteln und Instrumenten zu sehen. Ferner fehlt die Behandlung des Aspektes der Informationsverfügbarkeit, -unsicherheit und -verarbeitung in den einzelnen Planungsphasen.

Die MTP-Methode ist hinsichtlich der Zielsetzung dieser Ausarbeitung eher als Grobkonzept für ein praxiserprobtes Projektmanagement zu interpretieren, ohne fundierte handlungsorientierte Hilfestellungen zu geben.

2.2.6 WERTANALYSE

Die WERTANALYSE (WA) bezeichnet einen, in einem Vorgehensmodell (WA-Arbeitsplan) integrierten Methodenmix. Das auf MILES zurückgehende Grundkonzept der Wertanalyse sieht vor, daß der Anwender aus einer Menge zur Verfügung stehender Instrumente die zweckmäßigen auswählt, diese in "eine sinnvolle Reihenfolge versetzt und vielfältig anwendet" [MILE64].

Hinsichtlich der Vorgehensweise zur Wertanalyse sind seit der ersten Vorstellung der Methode vielfältige Weiterentwicklungen vorgenommen worden, so daß sowohl diverse Verfahrensvarianten der WA als auch der WA-Ablaufplan nach DIN 69910 zum Stand der Technik zu zählen sind [vgl. EG91]. Die Grund- und Teilarbeitsschritte des WA-Arbeitsplanes nach DIN 69910 (Bild 14) entsprechen dem Phasenmodell des logischen Arbeitsplanes für alle einzyklischen, komplexen Probleme. Dieses Phasenmodell besteht aus sechs Phasen, welche in der Gesamtheit einmal durchlaufen werden [vgl. BRON89, REFA91]: Initialphase, Informationsphase und Definitionsphase sowie Kreationsphase, Bewertungsphase und Realisierungsphase. Innerhalb der einzelnen

Phasen sind Iterationen möglich, die insbesondere dann angetreten werden müssen, wenn phaseninterne Zielsetzungen nicht erreicht werden.

Projekt vorbereiten	1. Moderator benennen 2. Auftrag übernehmen, Grobziel mit Bedingungen festlegen 3. Einzelziele setzen	4. Untersuchungsrahmen abgrenzen 5. Projektorganisation festlegen 6. Projektablauf planen
Objektsituation analysieren	1. Objekt- und Umfeldinformationen beschaffen 2. Kosteninformationen beschaffen 3. Funktionen ermitteln	4. Lösungsbedingende Vorgaben ermitteln 5. Kosten den Funktionen zuordnen
Soll-Zustand beschreiben	1. Informationen auswerten 2. Soll-Funktionen festlegen 3. Lösungsbedingende Vorgaben festlegen 4. Kostenziele den Funktionen zuordnen	
Lösungsideen suchen	1. Vorhandene Ideen sammeln 2. Neue Ideen entwickeln	
Lösungen festlegen	1. Bewertungskriterien festlegen 2. Lösungsideen bewerten 3. Ideen zu Lösungsansätzen verdichten und darstellen 4. Ansätze bewerten	5. Lösungen ausarbeiten 6. Lösungen bewerten 7. Entscheidungsvorlage erstellen 8. Entscheidungen herbeiführen

BILD 14   GRUND- UND TEILARBEITSSCHRITTE DER WERTANALYSE [VGL. DIN 69910]

Die Methode der Wertanalyse - im engeren Sinne der Wertgestaltung - entspricht der klassischen Sicht von MILES. Resultierende Änderungskosten aus der Umsetzung von Wertanalyse-Projektergebnissen können nur bei langzyklischen Produkten amortisiert werden, so daß die WERTGESTALTUNG eine wertanalytische Behandlung von Objekten in einem frühen Zeitpunkt der Lebenskurve vorsieht [vgl. DIN69910, ZWA91]. Unter WERTVERBESSERUNG versteht man demnach die WA an einem WA-Objekt [vgl. BRON92], womit allgemein ein geplanter oder bestehender Funktionenträger[1] bezeichnet wird [vgl. DIN69910]. Ferner sind im Rahmen der WERTPLANUNG Hilfsmittel für solche WA-Objekte konzipiert worden, die weder bestehen noch bislang geplant sind [vgl. REFA91, BRON92].

Eine darüberhinausgehende Erweiterung des WA-Ansatzes zum VALUE MANAGEMENT wird in der Literatur durch Integration von Problemlösungsmethoden (SE etc.) sowie durch Integration des Managementinstrumentariums (TQM etc.) vollzogen [vgl. BUCK89, GÖTZ91, SHWA91]. Mit einer solchen Erweiterung wird die Zielsetzung

---

[1] WA-Objekte können bspw. Erzeugnisse, Dienstleistungen, Produktionsmittel, Fertigungsverfahren, Organisationsabläufe, Verwaltungsabläufe sein.

verfolgt, einen ganzheitlichen Ansatz der permanenten Unternehmensentwicklung zu gestalten, welcher das Management und die Umsetzung der Erfolgsfaktoren Qualität, Kosten und Zeit erlaubt [vgl. AMMA93].

Das wertanalytische Phasenmodell ist als Ordnungs- und Bezugsrahmen für die Technologieplanung allgemein anwendbar. Den speziellen Charakteristika innovativer Fertigungstechnologien wird der Ablaufplan nicht gerecht. Insbesondere strategische Aspekte des Technologieeinsatzes bzw. die Antizipation von Entwicklungstendenzen und die Handhabbarkeit der Planungsunsicherheiten werden nicht oder nur am Rande betrachtet. Der klassische Ansatz sieht ferner keine Synthese der Ergebnisse auf Unternehmensebene vor, sondern hat vielmehr die konkrete, einzelheitsbezogene Problemlösung als zentrale Betrachtungsweise. Die hohe Verbreitung der Wertanalyse i.S. eines Methodenbaukastens und das Denken in Funktionen (wertanalytische Sicht) sind hingegen bei der Methodikentwicklung in der vorliegenden Untersuchung von Relevanz.

2.2.7 STRATEGISCHE INVESTITIONSPLANUNG

Das von WILDEMANN ausgearbeitete Konzept einer *STRATEGISCHEN INVESTITIONS-PLANUNG* beinhaltet ebenfalls die Bereitstellung eines Methodenmixes, der auch für die Investitionsplanung innovativer Fertigungstechnologien angewendet werden kann. Auf der Basis empirischer Auswertungen der praktischen Anwendung von Ansätzen des Technologiemanagement bzw. der Technologieplanung werden Handlungsempfehlungen für eine situative Methodenanwendung abgeleitet [vgl. WILD87a, WILD87b].

Mit der "Strategischen Investitionsplanung" steht ein *LEITFADEN* zur Verfügung, um die:
- Anwendung von Marktmodellen und Portfolios,
- Ermittlung von Normstrategien,
- strategische Planung von Fertigungsstrukturen,
- quantitative und qualitative Wirtschaftlichkeitsbetrachtung sowie
- Auswahl geeigneter Einführungsstrategien

durchzuführen und zu koordinieren [vgl. WILD87a].

Ein konkreter Beitrag der "Strategischen Investitionsplanung" hinsichtlich der Planung *INNOVATIVER* Fertigungstechnologien ist in der empirischen Analyse der Diskontinuitäten in der Technologieentwicklung zu sehen. WILDEMANN leitet die Notwendigkeit ab, innovative Fertigungstechnologien einerseits stark antizipierend zu planen, um ohne Zeitdruck auf Diskontinuitäten reagieren zu können bzw. sie selbst zu initiieren (agieren). Andererseits sollte der Ansatz "down to earth" [Quelle: WILD 87b] im Vordergrund der Technologieplanung stehen, da es wenig effizient ist, losgelöst von den betrieblichen Strukturen und Anforderungen zu planen. Als wesentliche Hilfsmittel werden in Analogie zum S-Kurven-Konzept (vgl. Kap. 2.2.2) PRODUKTIONS- und FERTIGUNGSANLAGEN-PORTFOLIOS entwickelt, die in einen strategisch ausgerichteten Planungsablauf eingebunden werden.

Mit der Konzentration auf die übergeordneten Planungschritte im Gesamtzusammenhang der "Strategischen Investitionsplanung" werden in diesem Ansatz Erkenntnisse erarbeitet, die Ausschnitte der hier zu entwickelnden Planungsmethodik betreffen. Darüber hinaus kann die "Strategische Investitionsplanung" als Ordnungsrahmen gesehen werden, in den sich auch die Ansätze dieser Untersuchung integrieren lassen. Im Blickwinkel des Einsatzes innovativer Fertigungstechnologien werden Detailfragen der Synchronisation von Produkt- und Prozeßentwicklung jedoch nicht behandelt. Die konkrete Ausgestaltung bleibt in diesem Beitrag weitgehend dem Anwender überlassen.

2.3 ZWISCHENFAZIT: FORSCHUNGSBEDARF

Der Untersuchungsbereich dieser Ausarbeitung bezieht sich auf die Planung des Einsatzes innovativer Fertigungstechnologien. Dazu wird die Anwendung des Gegenstromverfahrens zur Synchronisation von Produkt- und Prozeßtechnologie in einem langfristigen Planungshorizont betrachtet. Im Mittelpunkt stehen die Planungsprozesse produzierender Unternehmen, bei denen mit einem heterogenen Spektrum von Fertigungstechnologien gefertigt wird.

In der ingenieur- und betriebswirtschaftswissenschaftlichen Literatur existiert eine große Anzahl von Modellen, Konzepten und Ansätzen, welche Erkenntnisse und Problemlösungen in diesem Untersuchungsbereich liefern: Die Diskussion dieser Beiträge hat jedoch gezeigt, daß bei allen Ansätzen einerseits nur ein begrenzter Ausschnitt des Untersuchungsbereiches tangiert wird. Andererseits werden Sichtweisen verfolgt, welche den relevanten Detailaspekten und spezifischen Charakteristika des Planungsobjektes *INNOVATIVE FERTIGUNGSTECHNOLOGIE* nicht ausreichend Rechnung tragen.

Ein durchgängiges, detailliertes und praxisorientiertes Planungsmodell, das eine Operationalisierung der strategischen Vorgabe "Wettbewerbsvorteile durch Nutzung innovativer Fertigungstechnologien" ermöglicht, ist bislang nicht existent. Daher läßt sich feststellen, daß ein *FORSCHUNGSBEDARF* für die Entwicklung eines solchen Planungsinstrumentes besteht. Die Analyse hat ferner gezeigt, daß in diesem Planungs-

Grundlagen

instrument sowohl bestehende Ansätze und Erkenntnisse (Technologiekalender, PLZ-Modelle, wertanalytische Sicht) zu integrieren als auch neue Modelle (Bewertungssystem) zu entwickeln sind.

Damit wurden in diesem Kapitel die Problembereiche der Planung innovativer Fertigungstechnologien im Anwendungszusammenhang beleuchtet. Dazu wurden bekannte Ansätze analysiert und kritisch gewürdigt. Aus den gewonnenen Erkenntnissen können im nächsten Kapitel Anforderungen an eine Planungsmethodik deduziert werden (Kap. 3.1). Darauf aufbauend wird ein übergeordnetes Planungskonzept entwickelt (Kap. 3.3), und die Planungsphasen werden eingehend erörtert (Kap. 4).

3 GROBKONZEPTION DER METHODIK

Nachdem der Untersuchungsbereich dieser Ausarbeitung analysiert und abgegrenzt wurde, erfolgte eine kritische Diskussion relevanter Ansätze. So konnte im zweiten Kapitel der Forschungsbedarf für die Entwicklung einer *METHODIK ZUR STRATEGISCHEN PLANUNG INNOVATIVER FERTIGUNGSTECHNOLOGIEN* formuliert werden.

Dem Forschungsbedarf entsprechend, wird in diesem Kapitel auf grober Detaillierungsstufe die Planungsmethodik[1] konzipiert. In einem vorbereitenden Schritt werden auf Basis der gewonnenen Erkenntnisse die Anforderungen an die Methodik deduziert sowie die Bausteine der Methodikentwicklung bzw. die Modellierungsmethode bestimmt.

3.1 ANFORDERUNGEN AN DIE PLANUNGSMETHODIK

Zur Konzeption der Planungsmethodik ist es zwingend erforderlich, zunächst ein forschungsleitendes Anforderungsprofil zu formulieren. Zu diesem Zweck werden nachfolgend Anforderungen abgeleitet, die terminologisch-deskriptiv aus den Spezifika des *PLANUNGSOBJEKTES* (vgl. Kap. 2.1) und empirisch-induktiv aus den Defiziten der industriellen *PLANUNGSPRAXIS* (vgl. Kap. 2.2) resultieren. Im Vordergrund steht dabei die einleitend formulierte Zielsetzung der Methodik, eine Unterstützung für die strategische Planung innovativer Fertigungstechnologien zu bieten (vgl. Kap. 1).

Umfragen, Berichte und Projekterfahrungen [vgl. u.a. EVER92, EVER94, BULL94, HEDR95] zeigen, daß eine erfolgreiche innovative Technologieanwendung häufig durch Ideen einzelner, motivierter Mitarbeiter entsteht und damit primär dem Zufall unterliegt. Die industriellen Randbedingungen stehen dabei der Suche und Umsetzung einer innovativen, potentialträchtigen Lösung eher entgegen (Bild 15): Einerseits sind die Investitionen in innovative Fertigungstechnologien typischerweise hoch und damit schwierig durchzusetzen. Andererseits wird der verantwortliche Planer durch eine hohe *PLANUNGSKOMPLEXITÄT* infolge der mit der neuen Anwendung untrennbar verbundenen *UNSICHERHEITEN* (vgl. Kap. 1.2) abgeschreckt [vgl. u.a. EVER92]. Die Möglichkeit, relevante Einflußfaktoren zu übersehen oder Entwicklungen falsch einzuschätzen, wächst. Beharrt der Entscheidungsträger auf konventionellen Lösungen, so sind diese

---

[1] Eine Methode bezeichnet allgemein ein planmäßiges, zielgerichtetes Vorgehen zur Lösung einer Aufgabe oder zur Erschließung von Erkenntnissen. Als Methodik wird hier das Zusammenspiel mehrerer Methoden i.S. einer Sammlung verstanden [vgl. BRUN91].

aus planerischer Sicht besser handhabbar. Das Umsetzungsrisiko kann besser kalkuliert werden.

Darüber hinaus wird die Verantwortung für eine unterlassene, aber strategisch notwendige Investition in eine neue Fertigungstechnologie kurzfristig niemandem zugewiesen. Eine Fehlinvestition hingegen wird relativ schnell "entdeckt" [vgl. EVER93b].

Diese Ausführungen belegen, warum in der Unternehmenspraxis technologisch mögliche und wirtschaftlich notwendige Innovationen oft zurückgestellt werden: "Aus kurzfristiger Sicht vermeidet man so Kosten und erhöht damit die Gewinne. Langfristig verliert man allerdings Erfolgspotentiale" [vgl. FORS89]. Ein schleichender Verlust der technologischen Wettbewerbsfähigkeit ist häufig die Folge [vgl. SCHZ95].

Ist eine Reaktion auf Marktsignale[1] unumgänglich, befindet sich das Unternehmen bereits in einer DEFENSIVEN AUSGANGSSITUATION. Merkmale hierfür sind ein hoher Zeitdruck und erhebliche Austrittsbarrieren durch die Kostenremanenz bereits aufgebauter Produktionskapazitäten in unzeitgemäßen Technologien. Zudem kann das für einen erfolgreichen Einsatz neuer Fertigungstechnologien erforderliche Optimum im erörterten Gestaltungsraum (vgl. Bild 5) aufgrund mangelnder produktseitiger Flexibilität nicht erreicht werden. Hemmnisse stellen hier bspw. der Zeitbedarf für Umkonstruktion, Produktentwicklung und Prototypenbau, Testreihen sowie aufwendige Genehmigungsprozeduren oder Logistikprobleme im Ersatzteilwesen dar.

Aus diesen Merkmalen resultieren Anforderungen[2], die sowohl an die Inhalte der Planungsmethodik als auch an die Anwendung derselben gerichtet sind (Bild 15, rechts). Die wesentliche inhaltliche Forderung bezieht sich darauf, daß in einem langfristigen Planungshorizont die UNTERNEHMENSNEUTRALEN Technologieentwicklungen an den UNTERNEHMENSSPEZIFISCHEN Produktentwicklungen gespiegelt werden müssen. Daher sind konkrete Technologieeinsatzkriterien als Indikatoren für einen möglichen Technologiewechsel zu definieren.

Unter dieser Voraussetzung wird ein strategiebestimmtes Agieren möglich, das auf die Synchronisation und unternehmensindividuelle Entwicklung von Produkt- und Prozeßtechnologien abzielt. Dies bedarf eines langfristigen Planungshorizontes, einer frühzeitigen Planung und einer Antizipation von Entwicklungstendenzen bei Produkt- und

---

[1] Der Einsatz neuer Fertigungstechnologien wird im Vergleich zu neuen Produkttechnologien nur im Einzelfall direkt vom Markt gefordert (technology-pull), z.B. laserstrahlgeschnittene Messerklingen. Häufig liegt jedoch mittelbar eine Forderung des Marktes nach Anwendung neuer Fertigungstechnologien vor, bspw. in Form spezieller Materialanforderungen, minimalen Produktgewichts, Kosten-/Preissenkung.

[2] KRÜGER beschreibt darüber hinaus generelle Anforderungen [vgl. KRÜG92], die im Folgenden implizit berücksichtigt werden.

Prozeßtechnologien. Es ist zwingend erforderlich, die vielfältigen Unsicherheiten bewußt wahrzunehmen, abzubilden und zu verarbeiten[1].

Merkmale der Planungspraxis	Anforderungen
Zufall Innovationsereignisse durch Ideen einzelner Mitarbeiter	**Plan** langfristige Synchronisation und Entwicklung von Produkt-/Prozeßtechnologien
Reagieren Abwarten von Marktsignalen, Zeitdruck, Austrittsbarriere durch bereits getätigte Investition	**Agieren** strategiebestimmtes Handeln mit Technologiegrenzen als Indikatoren
Fallspezifische Dokumentation Intransparenz, Führungsgrößen für Technologieeinsatz werden nicht definiert	**Dokumentation der Planungshistorie** geprüfte Technologieeinsätze, K.O.-Kriterien, definierte Technologieeinsatzkriterien
Isolierte Anwendung ingenieur- und betriebswirtschaftlicher Ansätze	**Gegenstromverfahren** strategischer und operativer Bezug

Anforderungen an Methodikentwicklung und -anwendung

Komplexität viele relevante Faktoren mit gegenseitiger Beeinflussung, große Datenmengen, hohe Entwicklungsdynamik	**Transparenz, Effizienz** durchgängige Informationsstrukturierung EDV-gestützte Planungsbasis, Verarbeitung von unsicheren Informationen
Unsicherheit geringe Verfügbarkeit von Erfahrungswissen, wenige Technologiequellen, eingeschränkte Kenntnisse über das Leistungspotential	**Handhabbarkeit** modularer Aufbau für eine situative Methodenanpassung und -anwendung, Offenheit für Ergänzungen durch bestehende Methoden
langfristiger Planungshorizont anwendungsspezifische Entwicklungen und hoher Ressourceneinsatz (Kapital, Personal, Information)	**kreative Lösungsfindung** Frühzeitigkeit, Antizipation von Entwicklungstendenzen, minimale Präjudizierung
Merkmale des Planungsobjektes	**Anforderungen**

BILD 15 ANFORDERUNGEN AN EINE METHODIK ZUR STRATEGISCHEN PLANUNG INNOVATIVER FERTIGUNGSTECHNOLOGIEN

Eine innovative Technologieanwendung ist aus Unternehmenssicht i.allg. mit einem so bedeutsamen Ressourceneinsatz verbunden [vgl. WILD87a], daß eine Fundierung strategischer, aus Top-down-Sicht abgeleiteter Handlungsalternativen anhand kon-

---

[1] Eine Analyse von Tätigkeitskomplexen und Hauptprozeduren hat gezeigt, daß darin auftretende prozedurale Unsicherheiten auf allen Unternehmensebenen vorliegen. ABUOSA unterscheidet demnach: Strategie-, Methoden-, Prozeßunsicherheit sowie kausale und temporale Unsicherheit. Diese Ausprägungsformen sind eng miteinander verzahnt und beeinflussen sich gegenseitig [vgl. ABUO94].

kreter Erkenntnisse auf Bauteilebene erforderlich ist. Aus diesem Grund müssen im Methodenablauf Detailuntersuchungen integriert werden wie bspw. die Erkenntnisse prototypenhafter Umsetzungen. Eine Planung im Gegenstromverfahren trägt dazu bei, strategische und operative Aspekte zu vernetzen und die identifizierten Schwachstellen betriebswirtschaftlicher Ansätze (vgl. Kap. 2.2.3) zu mindern.

Die Ergebnisse aus bestehenden Ansätzen und Instrumenten müssen im Sinne einer "offenen" Methode nutzbar sein und über Schnittstellen eingebunden werden. Insbesondere ist der Spielraum für eine kreative, minimal präjudizierende Lösungsfindung zu schaffen, da sich innovative Ansätze kaum mit einem rein logisch-deduktiven Vorgehen entwickeln lassen.

Mit dem Ziel, die Methodikanwendung effizient und effektiv zu gestalten, sind aufgrund der hohen zu verarbeitenden Datenvolumina die Konzeption und der Einsatz von EDV-Hilfsmitteln zweckmäßig. Darüber hinaus ist die Datenstrukturierung derart zu unterstützen, daß die Transparenz und Nachvollziehbarkeit der Ergebnisse erhöht wird. Da in der Praxis keine generelle Methodengültigkeit angenommen werden kann und die Technologieplanungsaktivitäten dem Problemlösungsfall angemessen sein müssen, ist die Möglichkeit einer situativen Modifikation des idealtypischen Methodenmodells vorzusehen.

Es läßt sich festhalten, daß der erarbeitete Anforderungskatalog (Bild 15, rechts) Aspekte beinhaltet, die sowohl die Inhalte als auch die formalen Randbedingungen einer Methodikanwendung betreffen. Die Kriterien weisen z.T. gegenläufige Effekte auf, so daß sie bei der Konzeption der Planungsmethodik in ausgewogener Wichtigkeit zu berücksichtigen sind. In diesem Sinne ist die Methodik nicht als mechanisch zu befolgendes "Rezept" zu verstehen, sondern als ein Leitfaden zur strukturierten anwendungsfallspezifischen Problemlösung. Dieser ist kreativ und intelligent anzuwenden. Die Ressourcen dazu sind auf den zu erwartenden Nutzeneffekt der Methodikanwendung auszurichten, der sich wie bei allen Methoden im wesentlichen aus dem eingebrachten geistigen Potential ergibt.

Vor diesem Hintergrund werden im weiteren geeignete Bausteine einer Methodik-ENTWICKLUNG mit dem Ziel ausgewählt, eine erfolgversprechende praktische Methodik-ANWENDUNG zu unterstützen. Die Methodikanwendung umfaßt die Nutzung der Bausteine für die langfristige Planung innovativer Fertigungstechnolgien - also die Problemlösung selbst.

3.2 BAUSTEINE DER METHODIKENTWICKLUNG

Die Methodikentwicklung im Rahmen dieser Untersuchung basiert auf den Bausteinen: Modelle, Instrumente und Planungsgrundsätze. Nachfolgend werden daher die Aufgaben, die Gestaltung und das Zusammenspiel dieser Komponenten erläutert.

3.2.1 AUSWAHL EINER MODELLIERUNGSMETHODE

Allgemein eröffnen *MODELLE* die Möglichkeit, Ausschnitte eines realen Systems abzubilden [vgl. STAC73]. Um die Komplexität der Wirklichkeit zu reduzieren, sind eine Reihe von Arbeitstechniken entwickelt worden: Abstraktion, Aggregation, Reduzierung der Anzahl der Variablen und Linearisierung der Beziehungen zwischen diesen, vereinfachte Hypothesen und Randbedingungen etc. [vgl. ADAM71, WÖHE90]. Im besonderen vermitteln *IDEALE VORGEHENSMODELLE* in verbaler und/oder graphischer Form Informationen über die Struktur eines Ablaufs. Die einwirkenden Randbedingungen und Faktoren des Untersuchungsbereiches werden dabei vereinfachend als idealtypisch angenommen. Mit Hilfe dieser Beschreibung können an eine praktische Planungsaufgabe angepaßte Vorgehenspläne aufgestellt werden [vgl. HUBK80].

Um die Struktur der Planungsmethodik als ideales Vorgehensmodell darzustellen, sind primär die zur Anwendung der Methodik durchzuführenden *AKTIVITÄTEN* und *TEILAKTIVITÄTEN* mit Schnittstellen zu den einzusetzenden Instrumenten abzubilden. Ebenso müssen die im Methodikablauf erzeugten und verarbeiteten *INFORMATIONEN* sowie deren Relationen modelliert werden (vgl. Bild 16).

Zur Analyse und Abbildung von Aktivitäten und Informationsbeziehungen existieren verschiedene Methoden. Im Fokus der hier angestellten Betrachtungen stehen Ansätze, die im wesentlichen funktionsorientiert[1] sind und den Aspekt des Informationsflusses betonen. Etablierte Methoden sind IDEF0 und IDEF1 [vgl. YEOM84], SADT [vgl. ROSS77] sowie die Methode der Strukturierten Analyse (SA) [vgl. MÜLL93, RAAS93]. Beispielsweise finden IDEF0 und IDEF1 ihre Anwendung in der Entwicklung von Produktionssystemen [vgl. ERKE88].

SADT (Structured Analysis and Design Technique) basiert originär auf der Methode der Strukturierten Analyse [vgl. ROSS77, ROSC77, SOMM87] und dient der Ableitung und Darstellung von Systemen mittlerer Komplexität [vgl. MARC88]. Diese Modellie-

---

[1] Zur Darstellung von dynamischen Prozeßabläufen werden u.a. Petri-Netze [vgl. PETR62] und die GRAI-Methode [vgl. GRAI85] verwandt; Materialflüsse und Fertigungsprozesse werden häufig mittels IMMS dargestellt [vgl. TRÄN90]. Ferner finden prozeßorientiert Modellierungsmethoden bspw. nach DIN 66001 und Tränckner [vgl. TRÄN90] Anwendung in der Informationsverarbeitung bzw. der Abbildung der Auftragsabwicklung.

Grobkonzeption der Methodik — Seite 39

rungsmethode ermöglicht eine übersichtliche und verständliche, aber statische Modellierung von Aktivitäten (Aktivitätenmodell) und Informationsflüssen (Informationsmodell) [vgl. APPL76]. Gleichermaßen können Methoden integriert werden, die einen Beitrag zur Durchführung der Planungsaktivitäten leisten. Der Dekompositionsgrad kann durch den hierarchischen Aufbau der SADT-Modelle im Rahmen der Methodikanwendung fallspezifisch an die Problematik und die Bedeutung der einzelnen Aktivitäten angepaßt werden. Der modulare Aufbau und die Dekomposition der Aktivitäten bilden ferner die Basis für die Konzeptionierung einer EDV-technischen Unterstützung einzelner Aktivitäten. Aus diesen Gründen erscheint die Nutzung der SADT-Methode[1] zweckmäßig, um mit den Bausteinen *AKTIVITÄTENMODELL* und *INFORMATIONSMODELL* das idealtypische Vorgehensmodell für eine Methodikanwendung zu beschreiben.

Aktivitätenmodell
- Planungsphasen
- Makro-/ Mikrozyklen

Informationsmodell
- Eingangs-/ Ausgangsinformationen
- Informationsbeziehungen

Instrumente
- Schnittstellen zu exist. Methoden und Modellen
- Planungshilfsmittel

Legende:
- ▭ Ablauf
- ⇨ Instrumente
- ➡ Grundsätze
- → Informationen
- ▱ Aktivitäten
- ▱ Ebenen

Planungsgrundsätze
- Sichtweisen
- Leitsätze

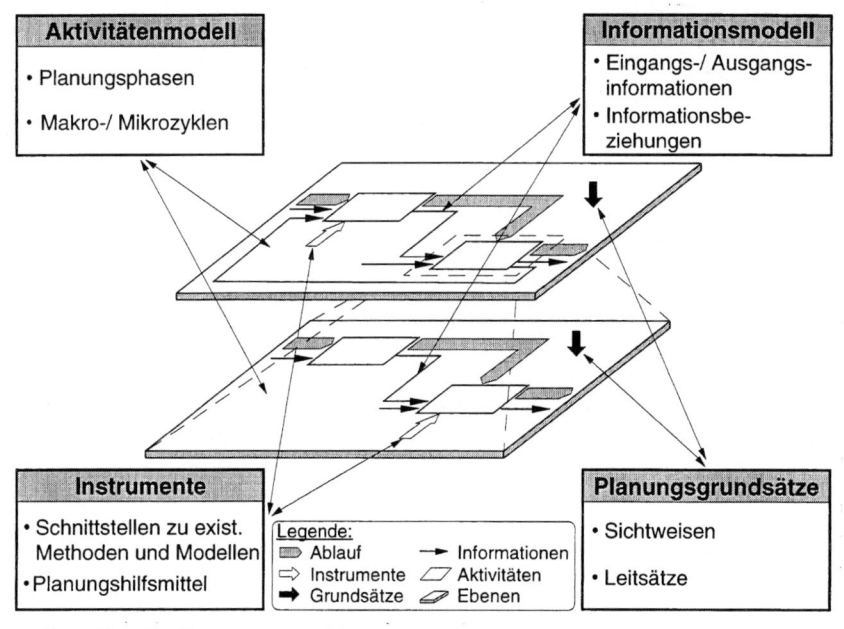

BILD 16   DIE BAUSTEINE DER METHODIKENTWICKLUNG

3.2.2 INSTRUMENTE UND PLANUNGSGRUNDSÄTZE

Den abgeleiteten Anforderungen entsprechend, ist neben den sachlogischen Zusammenhängen der Aktivitäten, Teilaktivitäten und Informationen weiterhin festzuschreiben, *WANN WELCHE* Instrumente *WIE* zu nutzen sind. Daher werden die *INSTRUMENTE* als eigener Methodikbaustein verstanden, dem für die Methodikanwendung

---

[1] IDEF0 entspricht weitestgehend dem Aktivitätenmodell der SADT-Methode [vgl. ICAM81].

grundlegende Bedeutung zukommt. Einerseits werden bekannte problemneutrale Methoden und Instrumente (Paretoanalyse, Lebenszyklusanalyse etc.) modifiziert und mittels geeigneter Schnittstellen im SADT-Modell eingebunden ("offene Methodik"). Andererseits werden methodikspezifische Hilfsmittel zur Informationsstrukturierung und unmittelbaren Entscheidungsvorbereitung neu entwickelt, wobei das Ziel einer effizienten Durchführung einzelner Aktivitäten verfolgt wird. Die Anwendung von Instrumenten sowie die Einbindung der durch sie erzeugten Informationen im Problemlösungsprozeß werden bei der Detaillierung der Methodik (Kap. 4) präzisiert.

Die der Planungsmethodik zugrundeliegende Denkweise orientiert sich an der Philosophie des Systems Engineering, wobei nicht auf Allgemeingültigkeit Wert gelegt wird, sondern der abgegrenzte Untersuchungsbereich fokussiert wird. SYSTEMS ENGINEERING wird als eine "auf bestimmten Denkmodellen und Grundprinzipien beruhende Wegleitung zur zweckmäßigen und zielgerichteten Gestaltung komplexer Systeme[1]" [vgl. HABE94] verstanden. Der konstitutive Systemansatz im Sinne eines ganzheitlichen Denkens in Wirkzusammenhängen kommt in der Bezeichnung dieser Methodik zum Ausdruck. Das Systems Engineering stellt das zu gestaltende Objekt, seinen Aufbau und seine Verflechtung mit der Umwelt in den Vordergrund [vgl. HABE94]. Diese Anwendung der Systemtheorie erscheint für den Bezugsrahmen der Planungsmethodik zweckmäßiger als das SYSTEMISCH-EVOLUTIONÄRE DENKEN. Dabei steht eher die Gestaltung von Systemen, in denen soziale Komponenten, subjektive Wertvorstellungen und personenbezogene Prozesse zentrale Bedeutung haben, im Zentrum der Betrachtung [vgl. ROPO79, MALI92].

Aus der Theorie des Systems Engineering werden drei PLANUNGSGRUNDSÄTZE abgeleitet, die wie das ideale Vorgehensmodell und die Instrumente gleichermaßen als Baustein der Planungsmethodik zu verstehen sind. Diese Planungsgrundsätze weisen für die Durchführung von Aktivitäten im Methodikablauf generelle Gültigkeit auf [vgl. HABE94]:

- VOM GROBEN ZUM DETAIL UND WIEDER ZURÜCK: Die Anwendung des systemhierarchischen Denkens mindert das Riskio, Sachverhalte zu eng abzugrenzen oder eine nicht mehr überblickbare Anzahl von Elementen und Beziehungen zu bearbeiten. Mit Hilfe des wirkungsorientierten BLACK-BOX-Prinzips sind im Sinne der jeweils durchzuführenden Planungsaktivität die Sachverhalte zu strukturieren, wobei zunächst nicht das Innere der Black-box interessiert. Relevante Einflußfaktoren und Abhängigkeiten können so erkannt und dem situativen Bedarf entsprechend weiter aufgelöst werden (GREY-BOXES). Erkenntnisse oder Überlegungen auf Detailebene

---

[1]Unter Systemen werden Gebilde aus Elementen und Beziehungen innerhalb bestimmter Systemgrenzen verstanden. Diese werden unter verschiedenen Gesichtspunkten ("Filter") betrachtet, beschrieben und genutzt [vgl. u.a ROPO74, HÄND74, ROPO79, CHEC85, BALCK90, BRUN91, EDWI92].

müssen in einem weiteren Schritt hinsichtlich ihrer Beziehungen zum Gesamtsystem bewertet werden - "Was bedeutet diese Lösung für das Unternehmen? (Nutzen, Multiplikatoren)". Damit sind die Denkrichtung umzukehren und Verbesserungen in Teilbereichen auf das Ganze zu übertragen. Das Gegenstromverfahren ist folgerichtig die konsequente Übertragung dieses Vorgehensprinzips auf die gesamte Planungsmethodik als Summe aller Aktivitäten und Teilaktivitäten.

- *PRINZIP DER VARIANTENBILDUNG:* Für jedes Problem sind grundsätzlich mehrere Möglichkeiten der Lösung denkbar. Erfolgreiche innovative Technologieanwendungen entsprechen i.d.R. nicht der erstbesten Lösung, so daß zunächst ein umfassender Überblick auf der jeweiligen Betrachtungsstufe zu schaffen ist. Unter Beachtung des ersten Planungsgrundsatzes ist die Variantenbildung jedoch schwerpunktmäßig auf detaillierteren *GREY-BOX*-Systemstufen durchzuführen, da sonst die Varietät praktisch nicht mehr bewältigt werden kann. Damit der Aufwand bei der Methodikanwendung nicht unangemessen ansteigt, wird die Anwendung dieses Prinzips durch stufenweise Reduktion der Variantenvielfalt (Bewertungs- und Selektionsaktivitäten) unterstützt.

- *MÖGLICHKEIT, MACHBARKEIT UND UNSICHERHEIT:* Die Lösungen werden im Methodikablauf zunächst nur durch das Kriterium der theoretischen Möglichkeit (IDEALS Concept [vgl. NADL69]) eingeschränkt. Erst nachdem Varianten für die Möglichkeiten entwickelt worden sind, erfolgt eine Fokussierung auf das Machbare, d.h. die Berücksichtigung unternehmensspezifischer Randbedingungen. Dazu sind Selektionsaktivitäten erforderlich, die im Bewußtsein der faktischen Informationsunsicherheit durchgeführt werden. Die Entscheidungen basieren auf dem subjektiven Wissensstand jenes Zeitpunktes und unterliegen damit prinzipiell dem Risiko einer Veralterung (u.a. durch erweiterte Informationsakquisition, Erkenntnisfortschritt in Detailuntersuchungen, prototypenhafte Umsetzung). Eine planungsbegleitende Dokumentation der sinnvollen möglichen Lösungen und der Ausschlußgründe stellt sicher, daß bei Änderungen der Informationslage eine Planungsfortsetzung oder die endgültige Verwerfung der Lösung erfolgen kann.

Mit diesen Ausführungen sind die vier Bausteine der Methodikentwicklung ausreichend konkretisiert: Anhand der Bausteine *AKTIVITÄTENMODELL* und *INFORMATIONSMODELL* wird ein ideales Vorgehensmodell beschrieben, das in der praktischen Anwendung der Methodik eine situative Betonung einzelner Planungsaktivitäten ermöglicht. Die ausgewählte Modellierungsmethode (SADT) kann genutzt werden, um *INSTRUMENTE* als weiteren Baustein zu integrieren. Instrumente umfassen bekannte, modifizierte oder neuentwickelte Hilfsmittel, um die Planungsschritte effektiv und effizient zu gestalten. Die dabei verfolgte Sicht ist in drei generellen *PLANUNGSGRUNDSÄTZEN* festgeschrieben. Nachfolgend werden die übergeordneten Planungsschritte der Methodik konzipiert.

3.3 KONZEPTION DES MAKROZYKLUS

Die Aufgabe der Produktion liegt in der zielgerichteten, wertschaffenden Transformation von Inputobjekten in Outputobjekte [vgl. DYCK92]. Die oben dargestellten Untersuchungen haben gezeigt, daß in der Unternehmenspraxis die Menge der zur Transformation genutzten Prozeßtechnologien nur eine geringe Teilmenge der theoretisch nutzbaren Fertigungstechnologien umfaßt. Die in dieser Arbeit entwickelte Methodik soll fallspezifisch die Planung des Transformationsprozesses unterstützen, indem in einem ersten Schritt die theoretisch nutzbare Technologiemenge möglichst umfassend und zukunftsgerichtet erfaßt wird. In aufbauenden Schritten sollen dann die unternehmensbezogenen Randbedingungen Eingang finden.

Als anwendungsfallspezifische Gestaltung allgemeiner Planungsmodelle (Kap. 2.2) werden hier SECHS PLANUNGSPHASEN unterschieden. Diese akzentuieren logisch voneinander abgrenzbare Planungseinheiten. Innerhalb jeder Planungsphase sind bestimmte Planungsaktivitäten durchzuführen. Da das Planungsergebnis aufgrund der Dynamik von Technologie- und Unternehmensentwicklung nicht statisch festgeschrieben sein kann, sind die Hauptaktivitäten der Planungsphasen im Abstand von drei bis fünf Jahren zu wiederholen. Daraus resultiert ein Zyklus von übergeordneten Planungsaktivitäten, der in der Ausarbeitung als MAKROZYKLUS bezeichnet wird (Bild 17).

Die Dekomposition auf der Ebene jeder Planungsphase ergibt weitere Zyklen von Teilaktivitäten, die nicht zeit-, sondern objektabhängig (je Produkt, je PSE etc.) durchlaufen werden (Mikrozyklus). Jede Planungsaktivität kann gestartet werden, sobald die notwendigen Eingangsinformationen mit ausreichender Informationsreife vorliegen. Unter dieser Annahme ist lediglich eine grundsätzliche Richtung zur Nutzung der Planungsmodule vorgegeben. Dieses Prinzip wird in Analogie zum Aktivitäten-Referenzmodell des SFB: "Integrierte Produkt- und Prozeßgestaltung" als eine informationsbezogene Parallelisierung von Planungsaktivitäten verstanden. Bei konsequenter Anwendung ergeben sich zeitoptimale Planungszyklen [vgl. SFB361]. Im realen Problemlösungsprozeß werden die Teilaktivitäten durch Feed-forward/Feed-back-Informationen sowie Rücksprünge und Iterationen aufgrund reiferer oder neuer Informationen integriert (Wiederholzyklen); eine teilparallele, vernetzte Bearbeitung ist anzustreben.

Der Makrozyklus gehorcht den abgeleiteten Anforderungen: Im Gegenstromverfahren werden ausgehend von strategischen Vorgaben (i.allg. auf Erfolgspotentiale gerichtete Ziele) sukzessive Detaillösungen und Optimierungsansätze erarbeitet, die auf der Ebene technologischer Grundlagen situiert sind. Diese konkret und unternehmensspezifisch ermittelten Erkenntnisse werden in den folgenden Planungsschritten hinsichtlich ihrer ganzheitlichen, unternehmensbezogenen Bedeutung beurteilt und in einem langfristigen Aktivitätenprogramm synthetisiert. Im Verständnis einer "offenen"

Grobkonzeption der Methodik   Seite 43

Methodik werden dazu Erkenntnisse problemneutraler Ansätze integriert (vgl. Kap. 2.2.2 ff.). Dazu können die in der vorliegenden Untersuchung gestalteten Planungsphasen des Makrozyklus nach Zweck, Gegenstand und Informationsbeziehung wie folgt unterschieden werden (vgl. Bild 17):

```
Strategischer                Situations-         Aktivitäten-            Top-down
Bezug              [1]       analyse             programm      [6]

                             Produkt-            Bewertung/              Gegen-
                   [2]       analyse             Strategien-             strom-
                                                 findung      [5]        verfahren

Operativer                   Alternativen-       Varianten-
Bezug              [3]       suche               kreation/
                                                 -reduktion   [4]
                                                                         Bottom-up
```

Zu integrierende Modelle, Methoden und Instrumente
–Lebenszyklus-Modelle——[1]–   –Morphologie——————————[3]–
–Prognosemodelle—————[1]–   –Suchstrategien—————————[4]–
–Pareto-Analysen——————[2]–   –Entscheidungstheoretische Modelle–[5]–
–Funktions(kosten)-Analysen–[2]– –Fuzzy-Set-Theory————————[5]–
–Kreativitätstechniken————[3]– –Technologiekalender———————[6]–
–Synektik————————[3]–

Legende: → Eingangs-/ Ausgangsinformationen   ▷ Instrumente
          Informationsbeziehungen

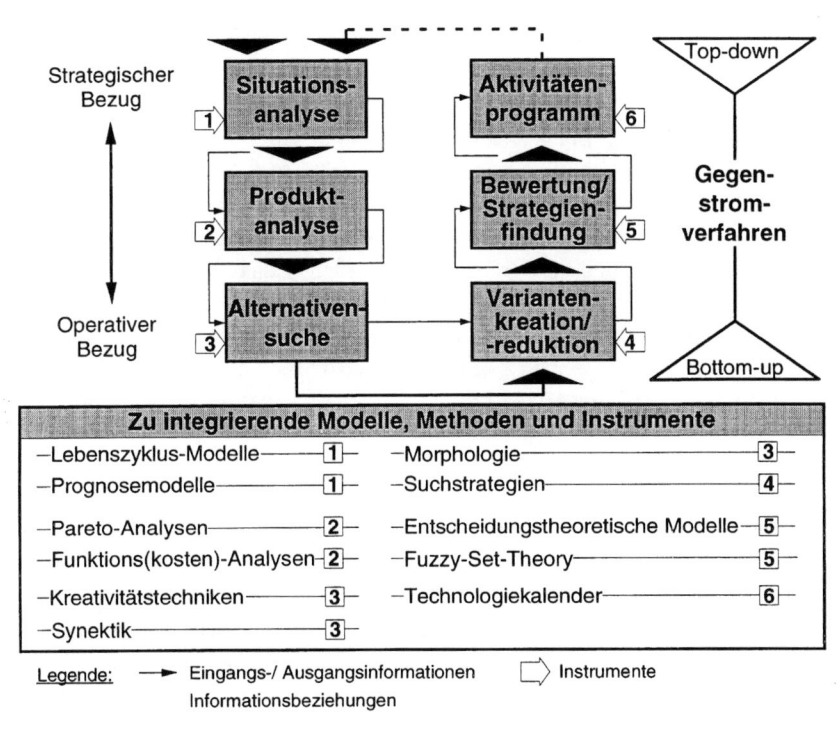

BILD 17   KONZEPTION DES MAKROZYKLUS

- *SITUATIONSANALYSE:* Das Ziel in der ersten Planungsphase ist es, die Produkt- und Produktionsbereiche zu identifizieren, in denen der Einsatz neuer Fertigungstechnologien den größten Beitrag zur Erreichung der Unternehmensziele bewirken kann (Top-down). Durch Prozeßtechnologie beeinflußbare Fundamentalziele geben dazu die Suchfelder vor. In diesen gilt es, die derzeitigen und zukünftigen Produkte zu ermitteln, die als planerische Basis eine repräsentative Bedeutung besitzen. Die Eingangsinformationen der Aktivitäten sind in der ersten Planungsphase unternehmensbezogene externe und interne Daten. Die beschreibenden Daten (Kundenanforderungen etc.) der ausgewählten Produkte stellen die Ausgangsinformationen dar.

- *PRODUKTANALYSE:* Die Aktivitäten haben eine umfassende, strukturierte Informationsanalyse und den Aufbau einer hinsichtlich nachfolgender Planungsaktivitäten "vollständigen" Datenbasis zum Ziel. Dazu sind sowohl Erkenntnisse diverser, nicht technischer Unternehmensbereiche zu aggregieren als auch elementare Analysen auf der Ebene der Produktstrukturelemente durchzuführen. Aus der Vielzahl externer und interner Daten werden die Ausgangsinformationen in einer Planungsbasis aufbereitet, die eine systematische und intuitive Lösungsfindung unterstützt.

- *ALTERNATIVENSUCHE:* Der Zweck der Aktivitäten in dieser Planungsphase ist es, Ideen für einen alternativen Technologieeinsatz zu formulieren, d.h. innovative Zustände im Produkt-/Fertigungstechnologie-Möglichkeitsraum (Bild 5) zu "erfinden". Dazu sind entsprechende Suchrichtungen abzuleiten und kreative Lösungen hinsichtlich Produktfunktion, -struktur und -elementgestalt sowie einzusetzender Prozeßtechnologien zu entwickeln. Die Ideen werden auf die theoretisch möglichen und zielführenden Ansätze reduziert. Externe Daten (technische Analogien, Technologiepotentiale etc.) werden gleichermaßen wie die bis dato erarbeitete Planungsbasis als Eingangsinformationen benötigt. Die um die Ansätze erweiterte Planungsbasis stellt die zentrale Ausgangsinformation dieser Phase dar.

- *VARIANTENKREATION UND -REDUKTION:* Im Vergleich zur "Breite" der Lösungssuche in der vorherigen Planungsphase gilt es, aus den Grundideen entsprechende Varianten höheren Konkretisierungsniveaus zu entwickeln, an den Ideen zu "feilen". Dazu sind insbesondere zeitaufwendige Prüfungen zu starten, ob und wann eine Prozeßtechnologie die erforderlichen Leistungsmerkmale für eine Anwendung aufweist. Die Eingangsinformationen dieses Schrittes umfassen somit schwerpunktmäßig externe Informationen. Erzeugt wird eine Vielzahl konkreter produkt- und prozeßtechnologiebezogener Handlungsoptionen, die hinsichtlich ihrer Umsetzbarkeit, des Aufwandes und des Nutzens jedoch durch *unsichere* Informationen beschrieben sind.

- *BEWERTUNG UND STRATEGIENFINDUNG:* Zweck der Planungsaktivitäten ist es, die aus Unternehmenssicht optimalen Technologieanwendungen zu bestimmen und Aussagen zum Innovationstiming abzuleiten. Dazu werden je Ansatz Normstrategien definiert, die abschließend den Aufbau des Aktivitätenprogrammes erlauben. Der Beitrag eines Ansatzes zur Erfüllung der Unternehmensziele muß ebenso wie die Innovationsstrategie des Unternehmens berücksichtigt werden.

In einem mehrstufigen Vorgehen werden eine situative Anpassung des Bewertungssystems, eine Kennzahlbildung sowie eine Interpretation der Kennzahlausprägungen mittels Entscheidungsregeln vorgesehen. Dabei sind schwerpunktmäßig die bis dato erzeugten, unsicheren Informationen zu verarbeiten. Als Ausgangsinformationen dieser Phase liegen Beschreibungsparameter vor, welche die sachlogische und zeitliche Bedeutung der innovativen Technologieanwendungen charakterisieren.

- *AKTIVITÄTENPROGRAMM:* Die Zielsetzung in dieser Planungsphase ist es, die unternehmensindividuellen Aktivitäten für Produkt- und Prozeßinnovationen in einem Programm zusammenzustellen. Das Programm wird als eine Menge von Vorhaben verstanden, die in einem längerfristigen Zeitraum auf den Aufbau, die Nutzung und die Pflege technologischer Erfolgspotentiale ausgerichtet sind. Dazu erfolgt die Aggregation der in den vorausgegangenen Schritten erarbeiteten Einzelergebnisse anhand der vorher bestimmten TK-Beschreibungsparameter in einem *TECHNOLOGIEKALENDER.*

Dieser wird genutzt, um die Wechselbeziehungen zwischen Produkten, innovativen Fertigungstechnologien sowie deren Entwicklungen darzustellen. Die Ausgangsinformation "Technologiekalender" ist als *ERGEBNIS* in Form einer Festschreibung des Status quo der strategischen Technologieplanung und gleichzeitig als *HILFSMITTEL* für weitere Entscheidungen bzw. Planungen zu verstehen.

3.4 ZWISCHENFAZIT: KONZEPTION DER METHODIK

Aus den Merkmalen des Untersuchungsobjektes und den Defiziten bestehender Ansätze im Anwendungszusammenhang lassen sich Anforderungen an die zu konzipierende Methodik deduzieren (Bild 15). Für die Methodikentwicklung finden in Anlehnung an das Systems Engineering vier Bausteine Verwendung. Mit den Bausteinen *AKTIVITÄTEN-* und *INFORMATIONSMODELL* wird ein idealtypisches Vorgehensmodell für die Planungsmethodik abgebildet. Die Modellierungsmethode SADT kann genutzt werden, um *INSTRUMENTE* (z.B. bekannte Methoden, modifizierte und neuentwickelte Ansätze) zu integrieren.

Die verfolgte Planungssicht ist in drei generellen *PLANUNGSGRUNDSÄTZEN* festgeschrieben: "Vom Groben zum Detail und wieder zurück", "Prinzip der Variantenbildung", "Möglichkeit, Machbarkeit und Unsicherheit". Als anwendungsfallspezifische Gestaltung allgemeiner Planungsmodelle wird ein Makrozyklus von sechs übergeordneten Planungsaktivitäten entwickelt, welche jeweils eine Planungsphase umfassen (Bild 17).

Das konzipierte Methodikmodell beinhaltet die Analyse und Synthese sowohl strategischer als auch operativer Aspekte im Gegenstromverfahren. So ist es im Ablauf des Makrozyklus vorgesehen, ausgehend von den auf Erfolgspotentiale gerichteten Unternehmenszielen in mehreren Schritten Detaillösungen und Optimierungsansätze zu erarbeiten (Bottom-up). Die konkret und unternehmensspezifisch gewonnenen Erkenntnisse werden in weiteren Planungsschritten hinsichtlich ihrer ganzheitlichen, unternehmensbezogenen Bedeutung beurteilt und in einem langfristigen Aktivitätenprogramm synthetisiert (Top-down).

Die Planungsphasen des in dieser Arbeit konzipierten Makrozyklus sind damit hinsichtlich Zweck, Gegenstand und Informationsbeziehung bestimmt. Inhalt des nächsten Kapitels ist es, die konzipierte Methodik durch Dekomposition der Hauptaktivitäten und Integration geeigneter Instrumente zu detaillieren.

4 DETAILLIERUNG DER PLANUNGSMETHODIK

Im Rahmen einer Diskussion existierender Ansätze wurde der Forschungsbedarf für die Entwicklung einer Planungsmethodik zur langfristigen Planung innovativer Fertigungstechnologien hergeleitet. Auf Basis der gewonnenen Erkenntnisse ist ein MAKRO-ZYKLUS entwickelt worden, welcher aus sechs Planungsphasen besteht: Situationsanalyse, Produktanalyse, Alternativensuche, Variantenkreation/-reduktion, Bewertung/Strategienfindung sowie Aktivitätenprogramm.

Inhalt dieses Kapitels ist es, das Phasenmodell zu detaillieren, so daß die Planungsmethodik im praktischen Problemlösungsprozeß angewendet werden kann. Daraus resultiert die Aufgabe, konkrete PLANUNGSAKTIVITÄTEN, deren INFORMATIONSBEZIEHUNGEN sowie INSTRUMENTE zu gestalten.

Zunächst werden alle Planungsaktivitäten des Makrozyklus zwecks Detaillierung in Teilaktivitäten gegliedert. Die Gliederungstiefe wird so gewählt, daß aus Sicht der Praxis handhabbare Planungseinheiten entstehen. In diesem Sinne wird der Methodikbaustein AKTIVITÄTENMODELL als Summe aller Teilaktivitäten verstanden, deren Durchführung im Methodikablauf notwendig werden kann. Zur transparenten Abbildung der Aktivitäten wird die SADT-Methode genutzt (vgl. Kap. 3.2). Eine Knotenhierarchie der entwickelten Teilaktivitäten der Planungsmethodik ist in Bild 18 dargestellt. Die erste Gliederungsebene {A1-A6} umfaßt die Hauptaktivitäten des Makrozyklus. Das durchgängige und vollständig spezifizierte SADT-Aktivitätenmodell ist im Anhang A wiedergegeben. In den Ausführungen der folgenden Kapitel zum Methodikablauf wird jeweils auf dieses SADT-Modell Bezug genommen. Dazu wird die Ordnungsnummer der Planungsaktivitäten mit geschwungenen Klammern { } gekennzeichnet.

4.1 SITUATIONSANALYSE

Inhalt der ersten Planungsphase der Methodik ist es, die allgemeinen Randbedingungen für die Technologieplanung festzulegen. Da es sich bei einer Planung um eine zielgerichtete Tätigkeit handelt, ist zu Beginn der Planungsaktivitäten von Zielen und Strategien auszugehen. Die ZIELE, die mit der Nutzung innovativer Fertigungsverfahren verfolgt werden, sind von Unternehmen zu Unternehmen verschieden. Sie resultieren bspw. aus der übergeordneten Unternehmensstrategie, den Nachfragegewohnheiten des zu bedienenden Marktes bzw. der Positionierung gegenüber dem Wettbewerb.

{A0} Strategische Technologieplanung

- **{A1} Situationsanalyse**
  - {A11} Ableitung technologiebezogener Fundamental- und Instrumentalziele
  - {A12} Eingrenzung des Suchfeldes für den innovativen Technologieeinsatz
    - {A121} Datenerhebung und -auswertung
    - {A122} Positionierung im Produktlebenszyklus
    - {A123} Ermittlung des Nachfragerwachstums (qualitativ)
    - {A124} Vorselektion der relevanten Produkte
    - {A125} Ermittlung der Produktionszahlen (quantitativ)
    - {A126} Ermittlung der Multiplikationsmöglichkeiten
  - {A13} Auswahl der relevanten Produkte

- **{A2} Produktanalyse**
  - {A21} Informationsanalyse: relevante Produkte
  - {A22} Auswahl der relevanten Produktstrukturelemente
  - {A23} Informationsanalyse und -strukturierung: Produktstrukturelemente

- **{A3} Alternativensuche**
  - {A31} Festlegen der Suchrichtung
  - {A32} Lösungsfindung für Funktions-, Gestalt- und Technologiealternativen
  - {A33} Ideenordnung und -verdichtung (Ansätze 1ter Ordnung)

- **{A4} Variantenkreation und -reduktion**
  - {A41} Variantenkreation
  - {A42} variantenbezogene Informationsakquisition
  - {A43} Variantenreduktion (Ansätze 2ter Ordnung)

- **{A5} Bewertung und Strategienfindung**
  - {A51} Aufbau des Beurteilungs- und Bewertungssystems
    - {A511} Bestimmung der Zielkriterien
    - {A512} Gewichtung der Zielkriterien
    - {A513} Linguistische Skalierung der Zielkriterien
    - {A514} Modifikation der Regelschichten S1-S4
    - {A515} Definition linguistischer Variablen
  - {A52} Bewertung der Ansätze, Ableitung von Handlungsempfehlungen
    - {A521} Beurteilung je Zielkriterium
    - {A522} Aggregation und Normierung
    - {A523} Bewertung im Fuzzy-Tool "straTECH"
    - {A524-A526} Ableitung: Empfehlung für Priorität, F&E-Einsatz etc.

- **{A6} Aktivitätenprogramm**
  - {A61} Einordnung produktbezogener Daten
  - {A62} Einordnung und Verknüpfung fertigungstechnologiebez. Daten
  - {A63} Ableitung unternehmungsspezifischer Aktivitäten

BILD 18   KNOTENHIERARCHIE DES ENTWICKELTEN AKTIVITÄTENMODELLS
(VGL. ANHANG A)

Ferner ist für die Anwendung der Methodik die von dem Unternehmen verfolgte *INNOVATIONSSTRATEGIE* von Bedeutung. Aus Effizienz- und Praktikabilitätsgründen kann die Bilanzgrenze der Planung verständlicherweise nicht um alle Produkt- und Produktionsbereiche gelegt werden. Daher ist eine Fokussierung auf die "Bereiche" erforderlich, in denen durch neue Fertigungstechnologien ein wesentlicher Beitrag zur Erreichung der Unternehmensziele realisiert werden kann. Die letzte Aktivität der Situationsanalyse dient daher der Suche und Auswahl von *PRODUKTEN*, deren Produktionsanforderungen repräsentativ für die (zukünftigen) Anforderungen des gesamten Unternehmens sind. Vor diesem Hintergrund wird die Hauptaktivität "Situation analysieren" in drei Teilaktivitäten {A11-A13} gegliedert (Bild 18, Anhang A).

4.1.1 ZIELE DER ANWENDUNG INNOVATIVER FERTIGUNGSTECHNOLOGIEN

Um die Strategie-Kongruenz ("Fit") aller nachfolgenden Planungsaktivitäten sicherzustellen, werden die *ZIELE* und die *INNOVATIONSSTRATEGIE* für den Einsatz neuer Prozeßtechnologien aus den übergeordneten Unternehmenszielen bzw. -strategien abgeleitet (Top-down Planungssicht).

Existenzbedingungen sind als die determinierenden Randbedingungen eines Unternehmens anzusehen (vgl. Bild 19). Hierzu zählen in erster Linie *LIQUIDITÄT*, *RENTABILITÄT* und ein zumindest durchschnittliches *WACHSTUM* [vgl. SCHI93]. Um diesen Randbedingungen Rechnung zu tragen, sind Ziele im Sinne von Steuergrößen abzuleiten und in einem System zu vernetzen. Ohne auf mögliche grundlegende Vorgehensweisen und Bedingungen für die Aufstellung von Zielsystemen einzugehen[1], wird in dieser Ausarbeitung vorausgesetzt, daß im Unternehmen eindeutig formulierte *KOSTEN-*, *ZEIT-*, *QUALITÄTS-* und *ÖKOLOGIEZIELE* vorliegen. Diese werden als Fundamentalziele im Kontext des Unternehmens verstanden. *FUNDAMENTALZIELE* werden um ihrer selbst Willen angestrebt und bedürfen keiner weiteren Begründung[2]. Sie sind jedoch immer nur in einem gegebenen Kontext fundamental (Bild 19, links).

Von Bedeutung für den Unternehmenserfolg ist neben der richtigen Festlegung des Zielsystems eine mit diesem Zielsystem harmonisierende Unternehmensstrategie. In Abhängigkeit von der Branchenstruktur, der Positionierung eines Unternehmens im Wettbewerb, der Unternehmensentwicklung etc. können nach PORTER verschiedene *WETTBEWERBSSTRATEGIEN* verfolgt werden. Zu den klassischen Wettbewerbsstrategien

---

[1] Übliche Zielekategorien für Unternehmensziele sind Leistungs-, Erfolgs- und Finanzziele [vgl. SCHM77, SCHI93]. Je nach Rang der Ziele werden Ober-, Zwischen-, Basis-, Unterziele etc. differenziert [vgl. ANDR75, WÖHE90]. Entsprechend den tangierten Ebenen können normative, strategische oder operative Zielsetzungen unterschieden werden [vgl. BLEI92].

[2] Das Begriffsverständnis von Fundamental- und Instrumentalzielen entspricht weitgehend den Forderungen aus der präskriptiven Entscheidungstheorie [vgl. EISE93].

zählen [vgl. PORT92]:

- KOSTENFÜHRERSCHAFT (kostengünstigster Hersteller der Branche),
- DIFFERENZIERUNG (Umsetzung überlegener Leistungsmerkmale) und
- KONZENTRATION (Schwerpunkte innerhalb eines begrenzten Wettbewerbsfeldes).

Ferner werden Mischstrategien dieser Grundtypen angewendet, um bspw. durch einen phasenweisen Wechsel von Differenzierung und Kostenführerschaft in einen neuen Markt einzudringen und somit einen Wettbewerber zu überholen (OUTPACING) [vgl. MART95]. Die Wettbewerbsstrategie gibt den Rahmen der strategischen Planung vor, in deren Mittelpunkt der Aufbau zukünftiger sowie die Pflege und Ausnutzung vorhandener ERFOLGSPOTENTIALE steht. Darunter werden Fähigkeiten eines Unternehmens verstanden, die es erlauben, langfristig überdurchschnittlich erfolgreich zu sein und die Wettbewerbsfähigkeit zu sichern [vgl. PÜMP92]. Die Erfolgspotentiale sind eng mit den Nachfragebedürfnissen des Marktes verbunden. Daher können in größeren Unternehmen die Markteinheiten erfolgspotentialorientiert in Form STRATEGISCHER GESCHÄFTSFELDER (SGF) abgegrenzt und durch STRATEGISCHE GESCHÄFTSEINHEITEN (SGE)[1] bedient werden.

Vor diesem Hintergrund bietet sich zur Bestimmung der Innovationsstrategie und -ziele die Checkliste im unteren Teil von Bild 19 als Instrument an. Die aufgeführten Ziele sind empirisch-induktiv aus Projekterfahrungen und Umfragen[2] abgeleitet, womit nicht der Anspruch auf Vollständigkeit erhoben werden kann. Die Checkliste hat einen "Kann-"Charakter mit dem Zweck, Denkprozesse und Intuition anzuregen. Im ersten Schritt ist die für die Planung maßgebliche INNOVATIONSSTRATEGIE, Technologieführer oder Technologiefolger, zu bestimmen.

In dieser Arbeit wird für die frühe Phase der Planung die Konzentration auf eine eindeutige Innovationsstrategie[3] gefordert. Die Vorgabe einer situativen Mischstrategie birgt das Risiko, daß Handlungsoptionen abgeleitet werden, deren Realisierung aufgrund fehlender unternehmensindividueller Randbedingungen von vorneherein hätte ausgeschlossen werden können (bspw. geringe Bereitschaft zu anwendungsbezogenen Technologieentwicklungen).

---

[1] Zu grundlegenden Aspekten der Strategieermittlung [vgl. SERV85, EWAL89, PÜMP91, PRAH91, PORT92, PÜMP92, BULL94].

[2] Die Ergebnisse der einleitend erwähnten Studien zeigen, daß primär eine Kostenreduktion, die Herstellung definierter, überlegener Produktmerkmale sowie die Identifikation von Kerntechnologien angestrebt werden [vgl. EVER92].

[3] Differenziertere Typologien von Innovationsstrategien finden sich bei [ZÖRG83, COOP85].

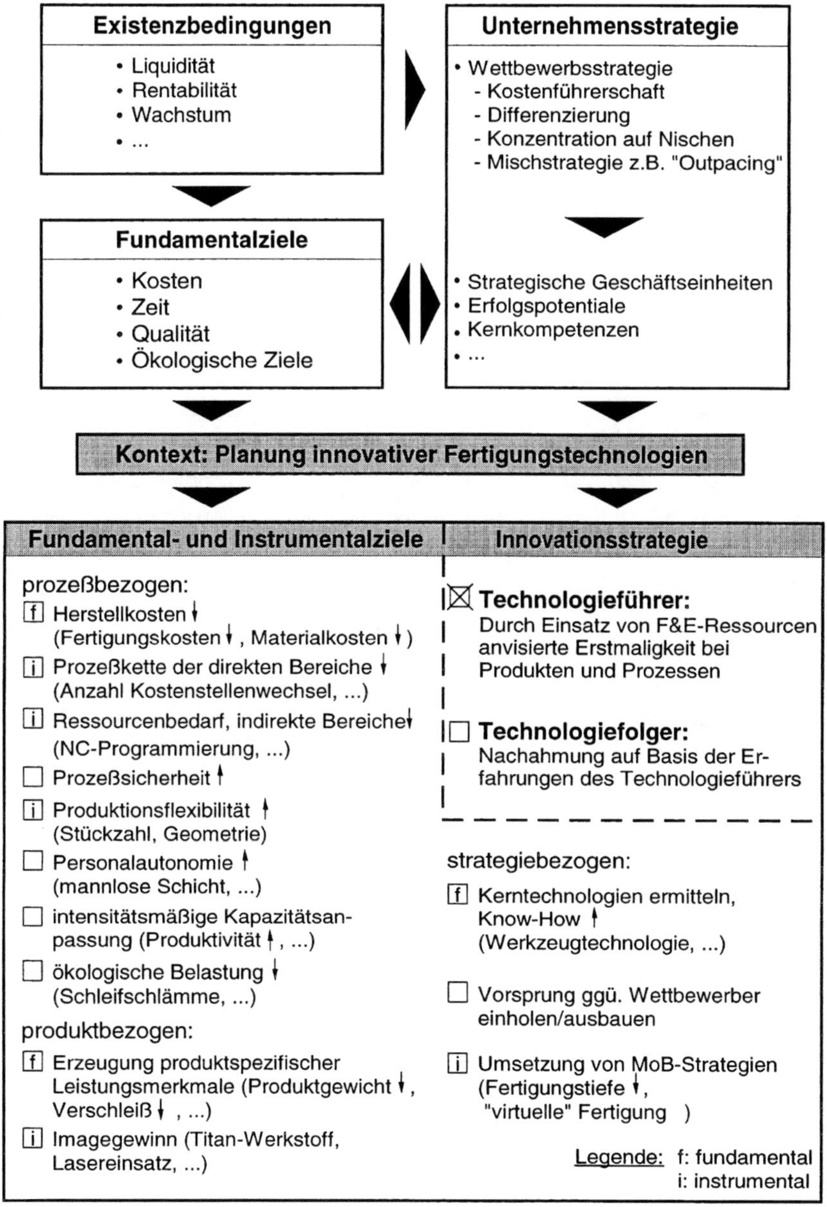

Detaillierung der Planungsmethodik Seite 51

Existenzbedingungen
- Liquidität
- Rentabilität
- Wachstum
- ...

Unternehmensstrategie
- Wettbewerbsstrategie
  - Kostenführerschaft
  - Differenzierung
  - Konzentration auf Nischen
  - Mischstrategie z.B. "Outpacing"

Fundamentalziele
- Kosten
- Zeit
- Qualität
- Ökologische Ziele

- Strategische Geschäftseinheiten
- Erfolgspotentiale
- Kernkompetenzen
- ...

Kontext: Planung innovativer Fertigungstechnologien

Fundamental- und Instrumentalziele

prozeßbezogen:
- [f] Herstellkosten ↓
  (Fertigungskosten ↓, Materialkosten ↓)
- [i] Prozeßkette der direkten Bereiche ↓
  (Anzahl Kostenstellenwechsel, ...)
- [i] Ressourcenbedarf, indirekte Bereiche ↓
  (NC-Programmierung, ...)
- ☐ Prozeßsicherheit ↑
- [i] Produktionsflexibilität ↑
  (Stückzahl, Geometrie)
- ☐ Personalautonomie ↑
  (mannlose Schicht, ...)
- ☐ intensitätsmäßige Kapazitätsanpassung (Produktivität ↑, ...)
- ☐ ökologische Belastung ↓
  (Schleifschlämme, ...)

produktbezogen:
- [f] Erzeugung produktspezifischer Leistungsmerkmale (Produktgewicht ↓, Verschleiß ↓, ...)
- [i] Imagegewinn (Titan-Werkstoff, Lasereinsatz, ...)

Innovationsstrategie

☒ **Technologieführer:**
Durch Einsatz von F&E-Ressourcen anvisierte Erstmaligkeit bei Produkten und Prozessen

☐ **Technologiefolger:**
Nachahmung auf Basis der Erfahrungen des Technologieführers

strategiebezogen:
- [f] Kerntechnologien ermitteln, Know-How ↑
  (Werkzeugtechnologie, ...)
- ☐ Vorsprung ggü. Wettbewerber einholen/ausbauen
- [i] Umsetzung von MoB-Strategien
  (Fertigungstiefe ↓, "virtuelle" Fertigung)

Legende: f: fundamental
i: instrumental

BILD 19   ABLEITUNG DER FUNDAMENTAL- UND INSTRUMENTALZIELE SOWIE DER INNOVATIONSSTRATEGIE

Selbstverständlich ist es bei der UMSETZUNG des strategischen Programms (Ergebnis der letzten Planungsphase) sogar empfehlenswert[1], die Grundstrategien zu mischen und situativ JE Technologie zu entscheiden, ob als Führer (Innovator) oder Folger (Imitator) agiert wird. Den Aspekten einer differenzierten Strategieverfolgung wird insbesondere bei der Bewertung Rechnung getragen (Kap. 4.5).

Im zweiten Schritt sind im KONTEXT DER TECHNOLOGIEPLANUNG Fundamentalziele und Instrumentalziele abzuleiten. Unter INSTRUMENTALZIELEN werden i.S. einer Mittel-Zweck-Beziehung die Ziele verstanden, die verfolgt werden, weil man sich eine positive Wirkung auf die Erreichung der Fundamentalziele verspricht [vgl. EISE92]. Die zweistufige Zieleunterscheidung ist in dieser Arbeit aus zwei Gründen wichtig: einerseits ist die Planungseffektivität sichergestellt, da die ZIELPRIORITÄTEN hinsichtlich des Einsatzes neuer Fertigungstechnologien bereits zu Beginn des Planungsprojektes eindeutig formuliert und im Planungsablauf durchgängig berücksichtigt werden. Andererseits sind im Rahmen der Methodik mehrfach Suchfelder für die Alternativenentwicklung zu determinieren sowie Vorentscheidungen für oder wider mögliche Varianten und Alternativen zu treffen. Um zu gewährleisten, daß die zu treffenden Entscheidungen mit den langfristigen Unternehmenszielen übereinstimmen, müssen diesem Planungsschritt FUNDAMENTALZIELE zugrunde liegen.

Die Notwendigkeit dieser Forderung wird nachfolgend anhand eines Beispiels verdeutlicht. Das Ziel "A: Durchlaufzeit reduzieren" kann in zwei unterschiedlichen Methodikanwendungen sowohl Fundamentalziel als auch Instrumentalziel sein. Bei der letzten Möglichkeit wäre "Herstellkosten reduzieren" ein denkbares Fundamentalziel, welches u.a. durch geringere Durchlaufzeiten (Kapitalbindung) erreicht werden kann. Offensichtlich unterscheiden sich also beim "gleichen" Ziel A die Suchfelder (ebenso die Ergebnisse von Selektions- und Entscheidungsaktivitäten) erheblich: einmal werden Technologien gesucht, die bspw. durch Integration von Teilprozessen kürzere Durchlaufzeiten erlauben. Im zweiten Fall sind auch Prozeßtechnologien zielführend, bei denen eine Erhöhung der Produktionszeiten in Kauf genommen werden muß.

Es bleibt festzuhalten, daß es beim Aufbau des Zielsystems wichtig ist, IM KONTEXT DER TECHNOLOGIEPLANUNG zwischen Fundamental- und Instrumentalzielen zu unterscheiden. Für die Festlegung der Suchrichtung und die Bewertung der Alternativen sind die Ziele heranzuziehen, die im Entscheidungskontext fundamental sind. Aus der Checkliste (Bild 19, unten) ist daher die Priorisierung je eines produktions-, produkt- und strategiebezogenen Fundamentalzieles sowie bedeutsamer Instrumentalziele zulässig.

---

[1] Analysen und Beurteilungen der Vorteilhaftigkeit unterschiedlicher Strategietypen in Abhängigkeit gegebener Randbedingungen finden sich u.a. bei [KERN77, PERI87].

4.1.2 BESTIMMUNG PLANUNGSRELEVANTER PRODUKTE

Die personellen und finanziellen Ressourcen, die für eine Technologieplanung in der Praxis bereitstehen, sind begrenzt. Mit dem Ziel, Ressourcen effektiv zu nutzen, erfolgt daher *FRÜHZEITIG* die Fokussierung auf eine begrenzte Anzahl von Planungsobjekten. Im definierten Untersuchungsbereich handelt es sich hierbei um materielle[1], technische Gebilde. Je nach Kontext des Produktprogramms sind die technischen Gebilde Produkte oder Produktkomponenten (Zulieferer vs. Automobilbauer), wobei nachfolgend einheitlich der Begriff *PRODUKT* Verwendung findet (Unternehmenssicht).

Die Aufgabe besteht darin, eine Planungsbasis von repräsentativen Produkten zu schaffen. Diese müssen für die Anforderungen des derzeitigen wie auch des zukünftigen Produktprogrammes an die Fertigung repräsentativ sein. Wieviele *RELEVANTE* Produkte zu bestimmen sind, hängt prinzipiell von dem gewünschten Konkretisierungsgrad der Planungen sowie der Produktkomplexität ab. Bei monostrukturierten Produktprogrammen oder für geringkomplexe Probleme (bspw. Erzeugung eines definierten Produktmerkmales[2]) ist das Vorgehen zur Auswahl relevanter Produkte trivial. Durch "scharfes Hinsehen" kann eine Planungsbasis von relevanten Produkten hinreichend genau bestimmt werden. Diese Konstellation stellt im Untersuchungsbereich jedoch eher die Ausnahme dar. Um einen auf *UNTERNEHMENSWEITE* Erfolgspotentiale gerichteten, *ZUKÜNFTIGEN* Einsatz innovativer Prozeßtechnologien zu planen, wird daher eine grundlegende, systematische Bestimmung der relevanten Produkte notwendig. Dazu sind die Aktivitäten *SUCHFELD EINGRENZEN* {A12} und *RELEVANTE PRODUKTE AUSWÄHLEN* {A13} durchzuführen.

Für die Beantwortung der Fragestellungen:
- Welche Produkte oder Produktgruppen sollen als Basis für eine strategische Technologieplanung dienen?
- Für welche Produkte weisen Maßnahmen zur Erreichung der Zielgrößen das höchste Gesamtnutzenpotential auf?

ist in einem ersten Schritt ein *SUCHFELD* einzugrenzen. Dies kann durch eine *INFORMATIONSANALYSE*[3] operationalisiert werden, bei der unterschiedliche Erfassungsgrößen einzubeziehen sind (vgl. Bild 20). Eine idealtypische Vorgehensweise, bei der zunächst

---

[1] Prinzipiell ist eine Übertragung und Anwendung der Methodikbausteine auf immaterielle Produkte (Dienstleistungen von Zulieferern etc.) möglich, wenn diese als Produktanforderungen formuliert werden können. So ist für einen Dienstleister im Rapid-Prototyping Markt zunächst die angebotene oder anvisierte Dienstleistung (Herstellung von Prototypen) in Produktanforderungen umzuwandeln (Herstellung von Prototypen bestimmter Materialanforderungen).

[2] Bohrungen mit kritischer Länge/Durchmesser-Relation, lokale Härte etc.

[3] Unter Information wird nicht beliebiges Wissen verstanden, sondern zweckbezogenes, entscheidungsrelevantes Wissen. Die Informationen entstehen durch Verdichten von Daten und werden durch diese abgebildet.

alle Informationen gesammelt und dann logisch-deduktiv die relevanten Produkte bestimmt werden, ist in einer praktischen Methodikanwendung nicht effizient.

Daher wird im Rahmen dieser Arbeit empirisch-induktiv eine Informationsanalyse konzipiert, die im Umwelt-, Branchen- und Bedürfnisbereich die Intention verfolgt, Gesamtzusammenhänge zu durchdringen und aufzuzeigen; im Produktbereich sind quantitative Erhebungen vorgesehen. Bei der Datenakquisition wird demgemäß ein iteratives Vorgehen angestrebt, d.h. erst im Falle eines Bedarfes werden Schwerpunkte weitergehend analysiert. Zur Eingrenzung des Suchfeldes {A12, A121-126} sind die Kriterien "Umsatzanteil, Marktentwicklung, Produktionsprogramm, Multiplikator" von Bedeutung (Bild 20).

UNTERNEHMENSBEZOGEN wird von der Analyse des Anteiles einer SGE bzw. eines Produktes am Unternehmensumsatz bzw. am Bereichsumsatz ausgegangen. Hierbei wird die Annahme zugrunde gelegt, daß mit der Höhe des Umsatzanteiles (Kriterium 1) die Bedeutung des Umsatzträgers und damit seine Relevanz als Planungsbasis wächst. Anhand der ermittelten Informationen sind erste Eingrenzungen möglich, wobei die Aussagekraft des ersten Kriteriums MARKTBEZOGEN durch die Prognosen der Marktentwicklung zu ergänzen ist. Die Einbeziehung der Markteinflüsse (Kriterium 2) erfolgt an dieser Stelle anhand qualitativer Prognosen des NACHFRAGERWACHSTUMS (Entwicklung der Anzahl von Nachfragern, BLZ-Modelle, vgl. Kap. 2.2.2) und des PRODUKTENTWICKLUNGSPOTENTIALS (Abschätzung der Stellung im Produktlebenszyklus, PLZ-Modelle, vgl. Kap. 2.2.2). Kann dabei nicht auf Datenmaterial der Abteilung Marktforschung/Marketing zurückgegriffen werden, so ist eine pragmatische Abschätzung durchzuführen. Andernfalls empfiehlt sich die Nutzung von aufwendigeren Marketing-Prognosemodellen[1]. Durch die Berücksichtigung der Marktentwicklungen wird die Wahrscheinlichkeit reduziert, daß langfristig auf Basis von derzeit bedeutsamen Produkten geplant wird, obwohl diese kurz- bzw. mittelfristig substituiert werden. Diese Substitutionen treten insbesondere bei "alten" Produkten (Einführung einer neuen Produktgeneration, neuer Produkttechnologien) oder durch Veränderungen der Nachfragerstruktur (ökologiebewußte Kunden) auf. Bei dem bis dato erreichten Stand der Analyse ist eine weitere Vorselektion vorzusehen. Das Ziel ist es, nicht planungsrelevant erscheinende Produkte zurückzustellen (Negativselektion).

Für die verbliebenen Produkte sind weiterhin quantitative Prognosen der PRODUKTIONS-ZAHLEN durchzuführen (Kriterium 3). Die Feststellung der zu produzierenden Erzeugnisse nach Art, Menge und Termin hat mindestens für die nächsten 5 Jahre zu erfolgen,

---

[1] Vgl. hierzu von MEFFERT vorgestellte Instrumente [vgl. MEFF74] oder aktuelle Beiträge zum Sales Forecast [vgl. ELIA93, URB93].

Detaillierung der Planungsmethodik Seite 55

da auch dieser Planungshorizont im Aktivitätenprogramm (Technologiekalender) abgebildet wird [WILD87b]. Hierzu kann i.allg. auf Ergebnisse der betrieblichen Mittel- und Langfristplanung zurückgegriffen werden.

1	**Umsatzanteil**
	Bedeutung des Produktes (der SGE) für das Unternehmen
2	**Marktentwicklung**
	Prognose der zukünftigen Entwicklung des Produktes (qualitativ)
3	**Produktionsprogramm**
	Prognose der Produktions- und Absatzzahlen (quantitativ)
4	**Multiplikator (Produkt)**
	Untersuchung der Geschäftsfelder auf ähnliche Produktvarianten
5	**Herstellkostenanteil**
	Herstellkostenanteil des Strukturelements für das Produkt
6	**Funktion (Funktionskosten)**
	Bedeutung des Strukturelements für die Produktfunktion (Kostenanteil)
7	**Qualitätsmerkmal**
	Strukturelement als Träger von Leistungsmerkmalen
8	**Multiplikator (PSE)**
	Untersuchung der Produkte auf ähnliche Strukturelemente
9	**Kerntechnologie**
	Ermittlung von Fertigungstechnologien mit strategischer Bedeutung
10	**Problemtechnologie**
	Ermittlung produktbezogen-ineffizienter Fertigungstechnologien

strategische Geschäftseinheiten: SGE_4, SGE_7

Produkte: P_1, P_4, P_6, P_8

Produktstrukturelemente: PSE_2, PSE_3, PSE_5, PSE_9

technologische Teilprozesse: T_4, T_6, T_8, T_9

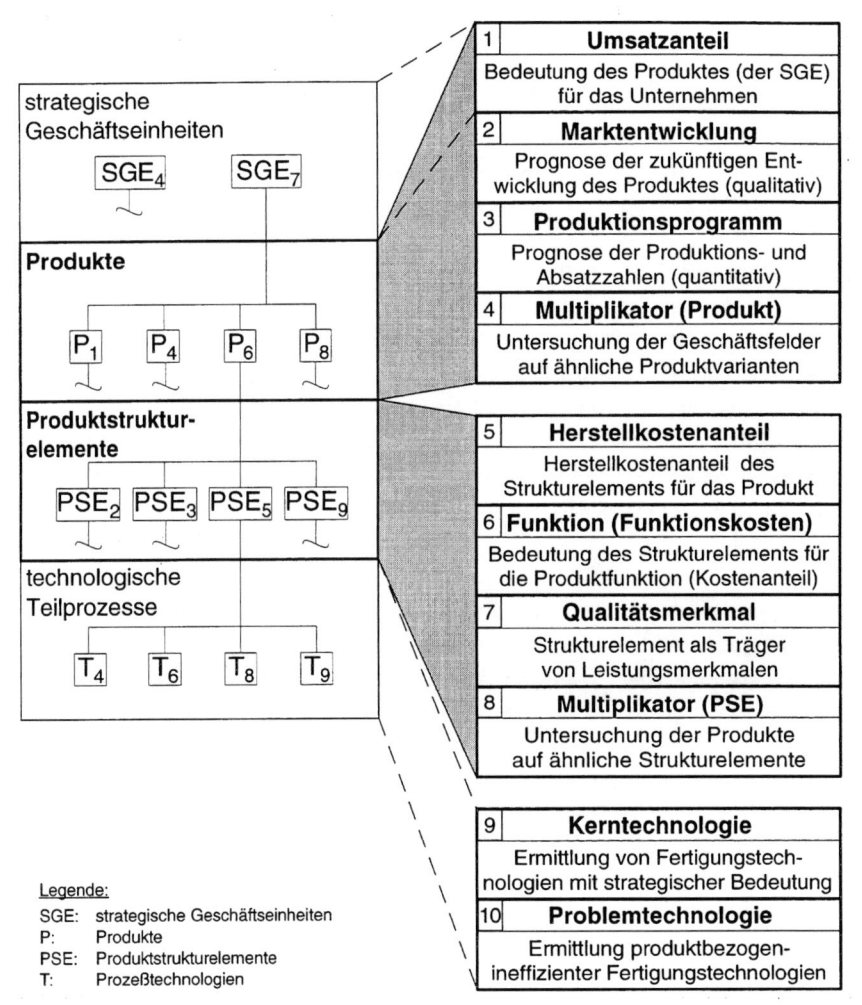

Legende:
SGE: strategische Geschäftseinheiten
P: Produkte
PSE: Produktstrukturelemente
T: Prozeßtechnologien

BILD 20 KRITERIEN ZUR BESTIMMUNG PLANUNGSRELEVANTER PRODUKTE UND PRODUKTSTRUKTURELEMENTE

Die Quantifizierung des zukünftigen Produktionsprogrammes ist ein vieldimensionales Problem, das hohe Interdependenzen zu Faktoren aufweist, die durch das Unternehmen nicht direkt beeinflußt werden können. Im Hinblick auf den langfristigen Wirkungsraum und die Bedeutung der im Rahmen der Planung zu treffenden Entscheidungen ist es jedoch unerläßlich, diese Planungsaktivität sorgfältig durchzuführen. Zudem haben die Stückzahlen i.d.R. einen bedeutenden Einfluß auf die WIRTSCHAFTLICHEN Einsatzmöglichkeiten innovativer Fertigungstechnologien.

Vor diesem Hintergrund sind gleichfalls die MULTIPLIKATIONSMÖGLICHKEITEN (Kriterium 4) des Produktionspotentials zu analysieren. Für Produkte mit fertigungstechnisch gleichen Anforderungen ist zu erheben, in welchem Maße die technischen Prozesse multipliziert werden können. Dieses vierte Kriterium gewinnt besonders bei den Produkten an Gewicht, die sich in einzelnen Varianten unterscheiden oder bei denen einzelne PSE zu produktübergreifenden Teilefamilien gehören (gleichartige Befestigungselemente, ähnliche Getriebegehäuse, Zahnräder). Die Erkenntnisse aus diesen Analyseschritten sind für die Interpretation des aus Produktionsprogrammen abgeleiteten Kapazitätsbedarfes zwingend zu berücksichtigen. Häufig kann ein WIRTSCHAFTLICHES STÜCKZAHLFENSTER einer Technologie erst durch Übertragung dieser auf andere (nicht relevante) Produkte erreicht werden. Dabei muß u.U. ein nicht vorteilinduzierter Technologiewechsel bei anderen Produkten in Kauf genommen werden. Der Ressourceneinsatz zur Datenerhebung für die beiden letzten Kriterien läßt sich damit rechtfertigen, daß die Ergebnisse nicht nur unmittelbar zur Bestimmung relevanter Produkte verwendet, sondern verdichtet und für weitere Planungsaktivitäten aufbereitet werden (vgl. Kap 4.3).

Das bislang durch die Kriterien beschriebene Suchfeld ist als unmittelbar produktbezogener Ansatz zu interpretieren. Mittelbar lassen sich auch über die derzeit eingesetzten Fertigungstechnologien relevante Produkte als Planungsbasis bestimmen. Dazu können prinzipiell alle Produkte, die mit einer KERNTECHNOLOGIE hergestellt werden, herangezogen werden (Kriterium 9). Gleichermaßen können solche Produkte als relevant erscheinen, bei deren Herstellung ineffiziente Fertigungstechnologien genutzt werden (Kriterium 10). Diese müssen auch als solche bekannt sein. Denkbar sind bspw. Fertigungstechnologien mit überproportional hohen Umweltkosten aufgrund kritischer Emissionen, die Fertigung in einem ungünstigen Stückzahlfenster des Verfahrens oder eine zu teure zentrale Wärmebehandlung. Weitere Anhaltspunkte für eine Vorselektion liefern auch in diesem Fall die Kriterien 1-4.

Die abschließende Aktivität der Situationsanalyse umfaßt die Entscheidung i.e.S. einer endgültigen AUSWAHL der relevanten Produkte. Diese Auswahl erfolgt auf Basis der gewonnenen Erkenntnisse aus der vorangegangenen Informationsanalyse unter Einbeziehung der formulierten Innovationsziele und -strategien. Ein allgemeingültiges, automatisch ablaufendes Regelwerk kann dazu nicht vorgegeben werden. Die Komplexität des Entscheidungsproblems wird jedoch durch Konzentration auf wenige, aber wichtige Bezugsgrößen reduziert.

Detaillierung der Planungsmethodik   Seite 57

4.1.3 ZWISCHENFAZIT

Die Planung innovativer Fertigungstechnologien wird als zielgerichtete Tätigkeit verstanden. Ausgehend von den übergeordneten Unternehmenszielen wird daher in der Phase SITUATIONSANALYSE ein Zielsystem aus FUNDAMENTAL- UND INSTRUMENTALZIELEN im Kontext der Technologieplanung aufgestellt. Dazu ist eine Checkliste mit "Kann"- Charakter entwickelt worden, die auch bei der Festlegung der INNOVATIONSSTRATEGIE Unterstützung bietet. Mit dem Ziel, die Planungseffizienz zu erhöhen, erfolgt bereits in dieser ersten Planungsphase eine Konzentration auf RELEVANTE Produkte. Diese repräsentieren die Unternehmensbereiche, in denen durch innovative Prozeßtechnologien ein wesentlicher Beitrag zur Realisierung der Unternehmensziele erreicht werden kann. Zur Auswahl der planungsrelevanten Produkte wird der Untersuchungsbereich anhand empirisch ermittelter Erfassungsgrössen (KRITERIENLISTE) strukturiert. Dazu werden in einer iterativen INFORMATIONSANALYSE die maßgeblichen Daten erhoben. Die Eingangsinformationen der Situationsanalyse sind in der ersten Planungsphase Unternehmens- und Marktforschungsdaten wie bspw. die Unternehmensziele, die Wettbewerbsstrategie, Produkthistoriedaten etc. Zu den wesentlichen Ausgangsinformationen sind die INNOVATIONSSTRATEGIE, die FUNDAMENTAL- und INSTRUMENTALZIELE sowie die RELEVANTEN PRODUKTE mit quantitativen Angaben zu zählen.

4.2 PRODUKTANALYSE

In der zweiten Planungsphase stehen die zuvor ausgewählten, relevanten Produkte im Zentrum der Planungsaktivitäten. Zur weiteren Fokussierung der Planungen gilt es nun, die relevanten PRODUKTSTRUKTURELEMENTE (PSE) zu bestimmen. Da anhand dieser konkreten Bauteile oder Baugruppen der zukünftige Einsatz innovativer Fertigungstechnologien geprüft und bewertet wird, ist in der Produktanalyse eine Datenbasis aufzubauen. Diese ist als planungsorientiertes Produktmodell (PPM) zu verstehen, d.h. sie hat hinsichtlich des produktbezogenen Datenbedarfes nachfolgender Planungsaktivitäten vollständig zu sein [RAAS93].

Zur Erfüllung dieser Aufgabe werden drei Teilaktivitäten unterschieden:
- Informationsanalyse: relevante Produkte {A21},
- Auswahl relevanter Produktstrukturelemente {A22} und
- Informationsanalyse und -strukturierung: Produktstrukturelemente {A23}.

4.2.1 BESTIMMUNG PLANUNGSRELEVANTER PRODUKTSTRUKTURELEMENTE

In Analogie zum Vorgehen bei der Ermittlung der relevanten Produkte wird bei der Bestimmung der relevanten Produktstrukturelemente im ersten Schritt eine systematische Informationsanalyse durchlaufen. Auf Basis der gewonnenen Erkenntnisse erfolgt im zweiten Schritt die eigentliche Auswahl der Bauteile bzw. Baugruppen, die stellvertretend im Zentrum der nachfolgenden Planungsaktivitäten stehen. Darüber hinaus wird mit der Informationsanalyse in einer Methodikanwendung das Ziel verfolgt, den Planungssubjekten einen Überblick über Struktur, Funktionsweise, Kosten, eingesetzte Fertigungsverfahren und Materialien des Produktes in seiner Gesamtheit zu verschaffen.

Wie in Kapitel 4.1.2 ausgeführt, wird die Informationsanalyse für die bereits beschränkte Anzahl von Analyseobjekten schwerpunktmäßig auf quantitative Erhebungen und differenzierte Untersuchungen ausgedehnt. Der Detaillierungsgrad der Analysen und der resultierende Aufwand für die Datenakquisition ist maßgeblich von der Produktkomplexität abhängig. Bei Produkten mit geringer Gliederungstiefe können die relevanten Bauteile unmittelbar über ihren Anteil an den Produktherstellkosten (Produkt-HK) identifiziert werden. Dabei ist kritisch zu hinterfragen, ob die Kosten verursachungsgerecht verteilt worden sind (Bilanzgrenze der Kostenstelle). Gegebenenfalls kann in der praktischen Methodikanwendung aufgrund nicht verursachungsgerechter Kostenrechnung erst die Erstellung von planungsbezogenen Grobkalkulationen exakte Aussagen zulassen.

Weisen die relevanten Produkte eine höhere Gliederungstiefe mit mehreren Baugruppenstufen oder eine insgesamt hohe Anzahl an Bauteilen auf (Verbrennungsmotor, Bohrmaschine), kann sich die Auswahl relevanter Bauteile komplex gestalten. In diesem Fall ist eine Strukturierung der Informationsanalyse {A21, A22} gemäß der Kriterien 5-8 aus Bild 20 zielführend. Die Bedeutung einzelner Kriterien kann an dieser Stelle nicht allgemeingültig vorgegeben werden, sondern muß mit den fundamentalen Innovationszielen harmonieren.

Bei komplexen Produkten ist ebenfalls der HERSTELLKOSTEN-Anteil als wesentliches Auswahlkriterium anzusehen (Kriterium 5). Dieser Prioritätensetzung liegt die Annahme zugrunde, daß eine Konzentration der Planungsressourcen auf die gewichtigen Verzehre der Produktionsressourcen relativ einen höheren Nutzen bringt (Planungseffektivität). Bei kostenintensiveren Produktkomponenten - als Resultat einer komplexen Prozeßfolge - ist die Ermittlung von Einsparpotentialen vergleichsweise einfacher als bei geringwertigen PSE [EVER92]. Die Analyseergebnisse des Kriteriums "Herstellkosten" können mittels der aus der Statistik bekannten Lorenz-Kurve zur Darstellung von Konzentrationsverhältnissen[1] zweckmäßig aufbereitet werden. Durch Auftragen der kumulierten Herstellkostenanteile auf der Ordinate über die PSE auf der

---

[1] Synonym: ABC-Analyse, Pareto-Analyse; theoretische Grundlagen finden sich bei [HART89].

Abszisse ergibt sich eine Kurve[1]. Je stärker die Funktion von der Diagonalen (Gleichverteilung) abweicht, desto stärker ist die Kostendominanz einzelner PSE. Die Ausprägung der Kurve wird typischerweise durch eine Abgrenzung der Klassen A-B-C interpretiert. Eine geringe Anzahl von A-Produktkomponenten verursacht einen hohen Anteil der Herstellkosten und ist grundsätzlich als relevant zu betrachten.

In Abhängigkeit von Beurteilungen hinsichtlich nachfolgend erörteter Kriterien sind fallweise B-Teile in die Untersuchung mit einzubeziehen: Eine Auswahl der relevanten Produktstrukturelemente, ausschließlich auf Basis der Kostenstruktur der analysierten Produkte, schließt nicht zwingend ein, daß auch die KNOW-HOW-Teile berücksichtigt sind. Zu den Know-how-Teilen sind einerseits die MULTIFUNKTIONALEN Produktkomponenten (Grundfunktionen) zu zählen, die eine besondere Bedeutung für die Erfüllung der Produktfunktion (Gebrauchsfunktion) aufweisen. Diese Komponenten stellen i.allg. exponierte Anforderungen an die im Unternehmen eingesetzte Fertigungstechnologie (interne Sicht). Andererseits sind Komponenten als Know-how-Teile aufzufassen, in denen die LEISTUNGSMERKMALE mit Erlöswirkung materialisiert sind. Darunter werden Qualitätsmerkmale des Produktes verstanden, die maßgeblich die Kaufentscheidung des Kunden beeinflussen (externe Sicht). Diese beiden wertanalytischen Sichtweisen (vgl. Kap 2.2.6) werden durch Datenerhebungen zu den Schwerpunkten FUNKTION BZW. FUNKTIONSKOSTEN (Kriterium 6) sowie QUALITÄTSMERKMAL (Kriterium 7) verfolgt.

Originär ist die Funktionsanalyse als Hilfsmittel zur Unterstützung des Konstruktionsprozesses zu verstehen. Diese erlaubt bei der Gestaltung eines Produktes ein Gesamtsystem in Grundoperationen zu gliedern und durch optimal gewählte Elementarfunktionen eine Operationsstruktur zu entwerfen [vgl. KOLL85, KUTT93]. Das Ergebnis der Funktionsanalyse ist ein auf die Grundfunktionen abstrahiertes Modell des Produktes. Auf den vorliegenden Anwendungsfall transferiert, wird entgegen der ursprünglichen Intention die Funktionsanalyse dazu genutzt, ein schon existierendes oder entwickeltes, d.h. konstruiertes Produkt zu beschreiben. In diesem Fall kann daher vereinfachend auch auf eine Erzeugnisgliederung zur Beschreibung der Produktstruktur zurückgegriffen werden. Daraus kann der Planer die Zuordnung von Produktstrukturelement und elementarer Funktion ableiten, was im Hinblick auf nachfolgende Planungsaktivitäten von hoher Bedeutung ist; können doch Gestalt- und Strukturänderungen beim Technologieeinsatz notwendig werden, die eine Anpassung der SCHNITTSTELLEN für sich im funktionsmäßigen Eingriff befindenden benachbarten, Bauteile nach sich ziehen.

---

[1]Hinsichtlich des Vorgehens zur Durchführung einer Lorenz-Analyse wird an dieser Stelle auf die Fachliteratur verwiesen [vgl. HART89]; die Gestalt der Kurve wird im Fallbeispiel (Bild 38) aufgegriffen.

Das Vorgehen nach KUTTIG auf Basis der Analyse der Transformationsart ist zur Abbildung der Funktionsstruktur geeignet (vgl. Bild 21). Anhand des so erarbeiteten Modells der funktionalen Produktzusammenhänge können in einem aufbauenden Schritt die multifunktionalen PSE durch Zeilenanalyse in einer Matrix identifiziert werden. Im Einzelfall kann sich dabei eine Klassifizierung der Elementarfunktionen in "harte" und "weiche" Funktionen als nützlich erweisen. In Analogie zur Vorgehensweise beim *TARGET COSTING* beziehen sich die *HARTEN FUNKTIONEN* auf die technische Leistung eines Produktes, und die *WEICHEN FUNKTIONEN* bezeichnen die aus dem Gebrauchsnutzen resultierenden Produktfunktionen, z.b. Gewicht, Lebensdauer, Robustheit [vgl. HORV92]. Know-how-Teile können somit hinsichtlich weicher und/oder harter Funktionen multifunktional sein.

Ist eine Analyse mehrerer Varianten eines Produktes (Produktfamilie der Planetengetriebe) gleicher Produkttechnologie erforderlich, bietet sich in einem weiteren Schritt die Durchführung einer *FUNKTIONSKOSTENANALYSE* an. Der Zweck dieser Analyse ist es, konkrete Ansatzpunkte (PSE) für den Einsatz effektiverer Prozeßtechnologien zu ermitteln. Dazu sind, wie in der Matrix in Bild 21 angedeutet, die HK für die PSE auszuweisen. Die absoluten Funktionskosten können durch Spaltensummation über alle indizierten Produktkomponenten ermittelt werden. Da aufgrund der Mehrfachzählung die Summe der Funktionskosten die Produktkosten übersteigt, ist es zweckmäßig, eine Normierung vorzunehmen. Es lassen sich Aussagen formulieren, wie: "Die (harte oder weiche) Funktion X hat einen Anteil von 13% an den Produktkosten". Einerseits deuten hohe Differenzen in den Funktionskosten unterschiedlicher Produktvarianten unmittelbar auf unerschlossene *RATIONALISIERUNGSPOTENTIALE* hin. Andererseits kann bei Betrachtung von Gebrauchsfunktionen als subjektiver Kundenwunsch eine kritische Wertung der in der Fertigung eingesetzten Ressourcen erfolgen. Ein Ansatzpunkt für möglichen Optimierungsbedarf ist in diesem Fall bei kostenintensiven, weichen Funktionen gegeben, die für den Produktnutzer jedoch nur untergeordnete Bedeutung besitzen [HORV92, SEID93].

Wie bereits dargestellt, sind im weiteren solche Know-how-Teile als relevant anzusehen, in denen ein Leistungsmerkmal "materialisiert" ist. Als *LEISTUNGSMERKMALE* sollen in dieser Arbeit jene Produktmerkmale bezeichnet werden [ZÄPF89],
- die für den Kunden wichtig sind,
- die einen vom Kunden tatsächlich wahrgenommenen Vorteil ggü. den Produktmerkmalen der Wettbewerber aufweisen,
- die nicht leicht imitierbar sind, d.h. eine gewisse Dauerhaftigkeit aufweisen.

Eine *TECHNOLOGIEFÜHRERSCHAFT* in der Herstellung bzw. Erzeugung dieser Merkmale trägt im eingangs ausgeführten Sinne dazu bei, technologische Erfolgspositionen

Detaillierung der Planungsmethodik   Seite 61

aufzubauen. Die Leistungsmerkmale können einerseits unmittelbar durch Prozeßtechnologien beeinflußbar sein, z.b. besondere Oberflächen an Sichtteilen. Andererseits ist auch ein mittelbarer Einfluß der Fertigungstechnologie auf das Leistungsmerkmal denkbar, z.b. wird die Funktionalität einer definiert federnden Zahnbürste durch Einsatz der Technologie des Zwei-Komponenten-Kunststoffspritzguß sichergestellt.

Funktionsanalyse

Ermittlung von Funktionen

Art der physikal. Größen	$A \neq E$	$A =$ Information	Messen
		$A \neq$ Information	Wandeln
$A = E$			

Anzahl der Größen	$A < E$		Verknüpfen
	$A > E$	$A = f(E_2)$ — $E_2 =$ Information	Trennen
$A = E$			Verzweigen

Größenordnung der Größe	$A > E$		Vergrößern
	$A < E$	$A = f(E_2)$ — $A =$ Kinetische Energie	Bremsen
$A = E$			Verkleinern

Zeit
$E = f(t)$
$A = f(t)$

Quelle: [KUTT93, s. Anhang B]

Prinzipien
- Modularisierung
- Hierarchisierung
- Strukturierung

Funktionsstruktur

Messen → Bremsen → Trennen
→ Leiten I → Leiten II

Funktionsmodul   intermodulare Relation

Legende:
→   Stoff, Energie, Information
E   Eingangsgröße
A   Ausgangsgröße

Funktionskostenanalyse

Grundfunktionen
(harte/ weiche Funktionen)

Produktstrukturelemente [Herstellkosten]   Leiten I, Leiten II, Bremsen, Verknüpfen, Trennen

multifunktionale Produktstrukturelemente

– Ritzelwelle ——— [5,30 DM]
– Planetenradträger – [7,35 DM]
– Dornhülse ——— [3,40 DM]
– Schiebemuffe ——— [1,30 DM]
– Klinkenstecker ——— [0,75 DM]
– Planetenrad ——— [3,85 DM]

- Funktionskosten —[DM]— 7,35 14,60 9,90
                          10,45 17,25

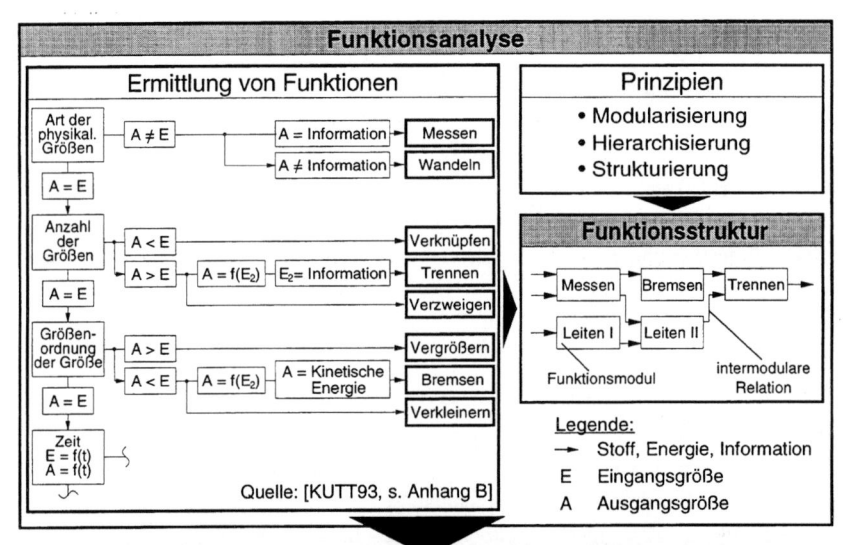

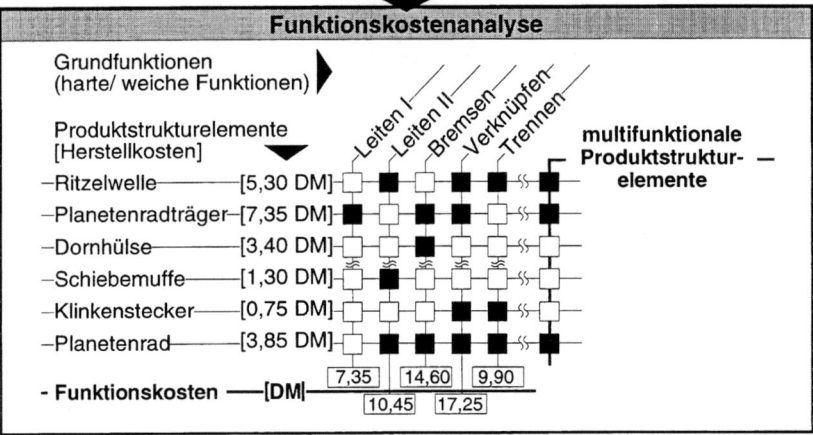

BILD 21   FUNKTIONS(KOSTEN)ANALYSE ZUR BESTIMMUNG RELEVANTER PRODUKTSTRUKTURELEMENTE

Als Instrumente zur Datenakquisition und -strukturierung sind in diesem Analyseschwerpunkt die QFD-Methode/Conjoint-Analyse sowie wiederum die Verteilungscharakteristik nach Lorenz (bspw. Schwerpunkte zur Reduzierung des Produktgewichtes) anzuwenden. Mit Anwendung der QFD-Methode (Quality Function Deployment) können die wesentlichen Produktmerkmale ausgehend von den Kundenanforderungen systematisch abgeleitet und gewichtet werden. Mit diesem Ansatz wird die Sichtweise verfolgt, die "Stimme des Kunden" zur maßgeblichen Führungsgröße in der Produkt- und Prozeßgestaltung zu machen[1].

Mit der Betrachtung des Kriteriums "Mulitiplikator" wird die Wertung der Erfassungsgröße STÜCKZAHL im übergeordneten Zusammenhang bezweckt (vgl. dazu die Ausführungen in Kap. 4.1.2). Abschließend sind die RELEVANTEN Produktstrukturelemente auf Basis der Erkenntnisse der vorangegangenen Informationsanalyse auszuwählen. Dazu wurden ebenfalls die wichtigen Bezugsgrößen im Hinblick auf eine Strukturierung dieses Entscheidungsproblems analysiert. Ein allgemeingültiges Regelwerk kann wiederum nicht abgeleitet werden.

4.2.2 Aufbau eines planungsorientierten Produktmodells

Die Informationsanalysen in den beiden ersten Planungsphasen sind durch eine große zu verarbeitende Datenmenge gekennzeichnet. Eine Vielzahl von Informationen ist zu erfassen und zu aggregieren, um sowohl die Auswahlentscheidungen als auch nachfolgende Planungsaktivitäten anforderungsgerecht durchführen zu können. In der Praxis liegen die planungserforderlichen Informationen sowohl materialisiert in einer hohen Anzahl von Datenträgern (Statistiken, Zeichnungen, Stücklisten, Arbeitspläne, Studien) als auch immateriell (Mitarbeiter-Know-how, Erfahrungen) vor. Die Informationen und Informationsträger sind zudem auf unterschiedliche organisationsinterne und -externe Fachabteilungen und Personen verteilt. Der Aufwand für die Informationsanalysen wird in internationalen Konzernen noch dadurch erhöht, daß Datenträger und Arbeitsmedien genutzt werden, die bei gleicher Bezeichnung in Sprache, Form und Informationsgehalt stark differieren.

Die aufgeführten Charakteristika führen zu einem relativ hohen Einsatz von Planungsressourcen. Zudem besteht die latente Gefahr, daß neben den für neue Lösungen hinreichend erforderlichen Informationen auch solche erhoben werden, denen bei nachfolgenden Planungsaktivitäten kein konkreter Verwendungszweck zugewiesen werden kann. Eine formalisierte Informationsbeschaffung und Dokumentation ist aus

---

[1] Hinsichtlich des Vorgehens zur konkreten Anwendung der QFD-Methode sei an dieser Stelle auf die grundlegenden Ausführungen in [AKAO92, WGL95] verwiesen.

diesen Gründen unerläßlich {A23}. Daher wird eine Datenbasis entwickelt, die den PRODUKTBEZOGENEN Informationsbedarf aller nachfolgenden Planungsaktivitäten deckt und nachfolgend als planungsorientiertes Produktmodell[1] bezeichnet wird.

Die Basis für den Aufbau des PLANUNGSORIENTIERTEN PRODUKTMODELLS (PPM) stellen Sekundärunterlagen dar, die allgemein nur indirekten Bezug zum Planungsvorhaben aufweisen (Bild 22). Aus den Anforderungen an die Planungsmethodik und aus den Planungsinhalten resultiert, daß die Erhebungen hinsichtlich des Zeitaspektes umfassend und sowohl vergangenheits- und gegenwartsorientiert als auch zukunftsorientiert sein müssen.

Sekundärdatenerhebung	Planungsorientiertes Produktmodell

• vergangenheitsorientiert
  - Technologiestudien
  - Statistiken, Auswertungen
  - Historiedaten
  - F&E-Projekte
  - ...
• gegenwartsorientiert
  - Zeichnungen, Stücklisten
  - Prozeß- und Arbeitspläne
  - Mitarbeiter-Know-how
  - ...
• zukunftsorientiert
  - Mittelfristplanung
  - Langfristplanung
  - subjektive Einschätzung
  - ...
	• umfassende, systematische, hinsichtlich nachfolgender Planungsaktivitäten vollständige Abbildung planungsrelevanter Produktdaten

Planungseffekte
• "Vollständigkeit" der Planungsinformation gewährleistet effektive Planung • Instrument des abteilungsübergreifenden Informationsaustausches • einheitlich aktueller Informationsstand aller Planungssubjekte • strukturierte Dokumentation der Planungshistorie • ergänzende Erklärung des Aktivitätenprogramms [Phase 6]

BILD 22   NOTWENDIGKEIT DES PLANUNGSORIENTIERTEN PRODUKTMODELLS (PPM)

Neben dem Beitrag zur Steigerung der Effektivität und Effizienz der Planung innovativer Fertigungstechnologien werden mit dem planungsorientierten Produktmodell weitere positive EFFEKTE IN DER METHODIKANWENDUNG erzielt. Eine Grundlage für erfolgreiche Planungen ist u.a. die pragmatische Forderung nach einheitlichem, stets aktuellem Wissensstand der Planungssubjekte. Diese Anforderung kann mit der Datenbasis gleichermaßen erfüllt werden, wie sie ein Instrument für den wirkungsvollen Informationsaustausch zwischen Methodikanwendern und organisationsinternen und -externen Personen darstellt. Bspw. wird so die Möglichkeit unterstützt, Fachabtei-

---

[1] Mit dieser Bezeichnung wird weder zu Produktmodellen der operativen Unternehmensplanung (u.a. STEP-Modelle [vgl. MARC93]) noch zu den produktbeschreibenden Modellen (PBM, [vgl. STUE89]) und produktdarstellenden Modellen (PDM, [vgl. KUTT93]) der Konstruktionssystematik Bezug genommen. Der Inhalt und die Form des planungsorientierten Produktmodells sind ausschließlich auf den Planungszweck im Untersuchungsbereich dieser Ausarbeitung gerichtet.

lungen, die über bestimmte Kenntnisse und Kompetenzen verfügen, zu informieren oder von dort Informationen einzuholen. Die Akzeptanz, Transparenz und intersubjektive Nachvollziehbarkeit der Planung selbst und deren Ergebnisse kann nachhaltig positiv beeinflußt werden (Bild 22).

Die hierarchische Struktur und die Inhalte der Informationseinheiten, die für den vorliegenden Planungszweck durch verschiedene Informations-Beschaffungstechniken [unter anderem HABE94] zu erschließen sind, sind in Bild 23 dargestellt. Das Ziel ist es, alle planungsrelevanten Informationen in einem Informationsträger zu konzentrieren, um eine DURCHGÄNGIGE Planung innerhalb der Methodikanwendung auch mit Hilfe der Informationstechnik wirkungsvoll zu unterstützen. Zur formalisierten Erfassung des produktbezogenen Ist- und Soll-Zustandes ist eine Gliederung in drei Teilbereiche empirisch ermittelt worden (Bild 23):

- Die Inhalte der Datenfelder des Bereiches BESCHREIBUNG umfassen technische, wirtschaftliche und organisatorische Daten und bilden den im Unternehmen vorliegenden Ist-Zustand hinsichtlich des Wissens für ein Produkt ab. Ein Teil der Informationen ist schon beim Durchlaufen der bisher erörterten Aktivitäten erzeugt bzw. bearbeitet worden und steht damit unmittelbar zur Dokumentation zur Verfügung. Für die langfristige Planung innovativer Fertigungstechnologien sind in diesem Teilbereich folgende Positionen zu erfassen:
  - langfristiger Absatz-/Produktionsplan,
  - Funktion des Produktes, des PSE; Schnittstellen zu anderen PSE,
  - Werkstoffe, konventionelle Arbeitsvorgangsfolgen,
  - Kosten- und Zeitkalkulationen.
- Für strukturell innovative Lösungsansätze ist es in vielen Fällen Voraussetzung, daß die derzeitige Gestalt des Bauteils und die derzeitige Produktstruktur in Frage gestellt wird. Im Sinne einer ABSTRAKTION sind einerseits "weiche" Informationen in Form von Meinungen kompetenter Mitarbeiter zu Problemen bei der Produktnutzung und Herstellung aufzunehmen. Andererseits wird eine Beanspruchungsanalyse durchgeführt, um bei neuen Ideen hinsichtlich Produktgestaltung und PSE-Schnittstellen zunächst eine Konzentration auf die rein technische Bauteilfunktion zu unterstützen. Bei real durchgeführten Untersuchungen konnten die Beanspruchungen auf wenige Arten zurückgeführt werden, die sich mit einer einfachen Symbolik vorteilhaft erfassen lassen (exemplarische Anwendung in Anhang C). Die Anforderungsarten sind Oberflächengüte, Toleranzen (Maß/Form/Lage), Umgebungseinfluß, Festigkeit, aber auch Gestaltungsfreiheit etc.
- Der dritte Bereich des Produktmodells dient der Abbildung der innovativen ANSÄTZE, die nachfolgend erarbeitet werden. Dementsprechend hat die auf den Soll-Zustand ausgerichtete Dokumentation auch die Aufgabe, in der Planung aufgeworfen, aber im weiteren zurückgestellte Ansätze zu dokumentieren. Dadurch wird eine Wie-

derholplanung gleichermaßen wie die Nachvollziehbarkeit von Entscheidungen bei erweiterter Informationslage PERSONENUNABHÄNGIG[1] unterstützt. Obwohl der Fokus auf den Einsatz innovativer Prozeßtechnologien gelegt ist, haben die Ausführungen zu den Gestaltungsdimensionen (Kap. 2.1.1) gezeigt, daß Produktabmessungen und Werkstoff zwingend mitbetrachtet werden müssen. Die dreiteilige Struktur der Informationseinheiten in ANSÄTZE trägt dieser Tatsache Rechnung.

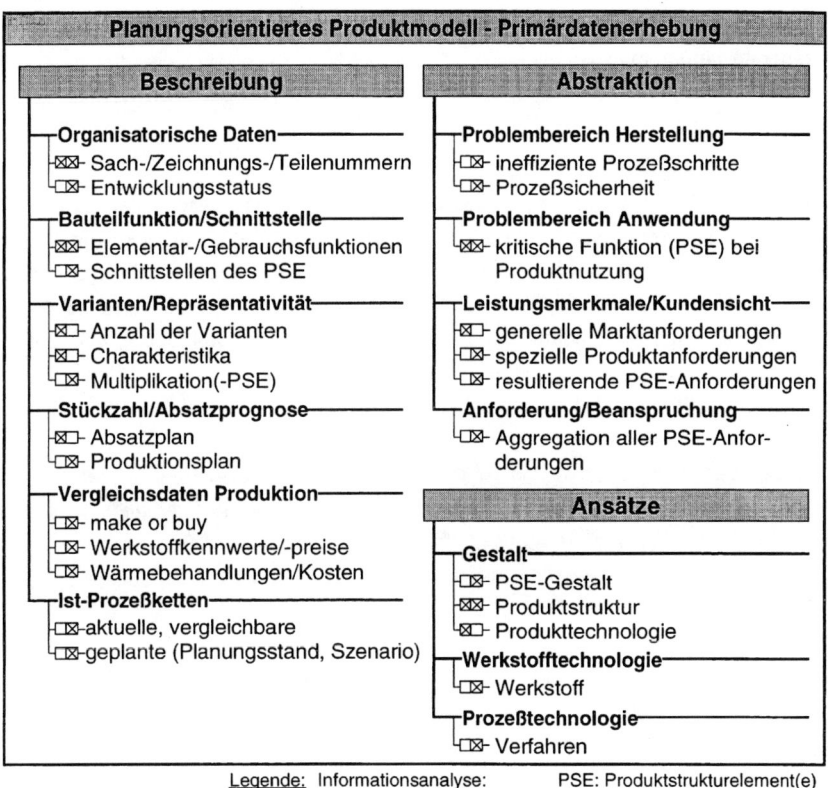

Planungsorientiertes Produktmodell - Primärdatenerhebung

Beschreibung

- Organisatorische Daten
  - Sach-/Zeichnungs-/Teilenummern
  - Entwicklungsstatus
- Bauteilfunktion/Schnittstelle
  - Elementar-/Gebrauchsfunktionen
  - Schnittstellen des PSE
- Varianten/Repräsentativität
  - Anzahl der Varianten
  - Charakteristika
  - Multiplikation(-PSE)
- Stückzahl/Absatzprognose
  - Absatzplan
  - Produktionsplan
- Vergleichsdaten Produktion
  - make or buy
  - Werkstoffkennwerte/-preise
  - Wärmebehandlungen/Kosten
- Ist-Prozeßketten
  - aktuelle, vergleichbare
  - geplante (Planungsstand, Szenario)

Abstraktion

- Problembereich Herstellung
  - ineffiziente Prozeßschritte
  - Prozeßsicherheit
- Problembereich Anwendung
  - kritische Funktion (PSE) bei Produktnutzung
- Leistungsmerkmale/Kundensicht
  - generelle Marktanforderungen
  - spezielle Produktanforderungen
  - resultierende PSE-Anforderungen
- Anforderung/Beanspruchung
  - Aggregation aller PSE-Anforderungen

Ansätze

- Gestalt
  - PSE-Gestalt
  - Produktstruktur
  - Produkttechnologie
- Werkstofftechnologie
  - Werkstoff
- Prozeßtechnologie
  - Verfahren

Legende: Informationsanalyse: PSE: Produktstrukturelement(e)
– Produktbezogen
– PSE-bezogen

BILD 23   STRUKTUR UND INHALT DES PLANUNGSORIENTIERTEN PRODUKTMODELLS

Da im PPM die relevanten Produkte - spezifiziert bis auf die Ebene der relevanten PSE - abgebildet werden, sind die Informationseinheiten diesbezüglich zu differenzieren (Bild 23, Legende). Die Zusammenfassung von Informationen bezogen auf

---

[1] Dieser Aspekt erlangt Bedeutung, da in der Methodikanwendung eine Personalkontinuität bei nachfolgenden Detaillierungsprojekten nicht vorausgesetzt werden kann.

- ein relevantes Produkt in seiner Gesamtheit oder
- ein einzelnes Produktstrukturelement

wird nachfolgend als PRODUKTDATENBLATT *(PDB)* bezeichnet. In Form des Instrumentes *PDB* findet das PPM in der Methodikanwendung seine unmittelbare Nutzung. Um die Effizienz der Informationsanalyse zu sichern, ist es einerseits notwendig, das planungsorientierte Produktmodell EDV-technisch umzusetzen (Kap. 5.1). Andererseits ist bei einem unangemessen hohen Ressourcenaufwand zur Erfassung von Ist-Daten situativ zu entscheiden, inwieweit der Inhalt einzelner Informationseinheiten wirklich erhoben werden muß.

4.2.3 ZWISCHENFAZIT

Innerhalb der Planungsphase PRODUKTANALYSE werden für die festgelegten relevanten Produkte im ersten Schritt die jeweils relevanten Produktstrukturelemente (PSE) bestimmt. Sowohl Produkte allgemein als auch die PSE werden einer eingehenden und zielgerichteten Analyse unterzogen. Die ermittelten Informationen sind dabei sachlogisch auf nachfolgende Planungsaktivitäten ausgerichtet (Planungseffektivität) und in einem planungsorientierten Produktmodell (PPM) abgebildet. Dieses wurde hinsichtlich Struktur und Inhalt von Informationseinheiten spezifiziert und stellt die Grundlage für eine EDV-technische Umsetzung dar (Kap. 5.1, Planungseffizienz). Neben der BESCHREIBUNG des Ist-Zustandes werden in dem Produktmodell auch solche Informationen aggregiert, die eine ABSTRAKTION des Sachverhaltes erlauben. Weiterhin können auch die ANSÄTZE zum Einsatz innovativer Prozeßtechnologien strukturiert dargestellt werden, womit die Dokumentation einer produktbezogenen Planungshistorie sichergestellt wird.

Aus der Vielzahl externer und interner Sekundärdaten wird mit Durchlauf der Aktivitäten dieser Planungsphase die Primärdatenbasis als wesentliche Ausgangsinformation aufgebaut. Abfragen in Form von PRODUKTDATENBLÄTTERN für Produkt und/oder PSE unterstützen maßgeblich die systematische und intuitive Lösungsfindung in den nachfolgenden Planungsaktivitäten.

4.3 ALTERNATIVENSUCHE

In dieser Planungsphase gilt es, Ideen zu (er-)finden, die grundlegend neue Zustände im Produkt/Fertigungstechnologie-Möglichkeitsraum (vgl. Bild 5) definieren. Dazu sind die jeweils entprechenden Suchrichtungen abzuleiten und kreative Lösungen hinsichtlich Produktfunktion, Produktstruktur und -elementegestalt sowie eingesetzter Prozeßtechnologie zu entwickeln. Der Ursprung aller nach Durchlauf der gesamten Planungsmethodik vorliegenden Ansätze liegt in dieser Planungsphase (Bottom-up). Daher muß die Ideenentwicklung im ersten Schritt möglichst breit in der Vielfalt und ohne unternehmensbezogene Einschränkung durchgeführt werden. Zum Abschluß der Alternativensuche erfolgt eine Ideenverdichtung anhand eines empirisch belegten Merkmalkataloges. Als Ergebnis liegen Alternativen im Vergleich zum bisher realisierten Produktionskonzept bzw. theoretischen Planungsstand vor.

In der handlungsorientierten Sicht dieser Arbeit wird jede Alternative gleichermaßen als ANSATZ[1] zur Verbesserung verstanden. Gemäß des Methodikbausteins "Prinzip der Variantenbildung" werden je Produkt und PSE mehrere sowohl sich ausschließende als auch sich ergänzende Ansätze zugelassen. Um ein eindeutiges Begriffsverständnis sicherzustellen, werden nachfolgend die verdichteten Ideen dieser Planungsstufe mit einem eher grundsätzlichen Charakter als ALTERNATIVEN oder ANSÄTZE 1TER ORDNUNG bezeichnet. Für die Weiterentwicklungen der potentialträchtigsten Alternativen auf höherem Detaillierungsniveau (Kap. 4.4) wird der Begriff VARIANTE bzw. ANSÄTZE 2TER ORDNUNG verwendet.

Die bei einer Problemlösung ablaufenden Denkprozesse sind bereits seit mehreren Jahrzehnten Gegenstand zahlreicher Forschungsarbeiten [vgl. DEWE10, WEIN91]. Es wird in der Literatur die Meinung vertreten, daß kreative Prozesse typischerweise durch eine Folge charakteristischer Aktivitäten gekennzeichnet sind, die in einem Phasenschema abgebildet werden können [vgl. MARR73]. Aufbauend auf dem Verständnis des Phasenschemas nach MARR werden für die Alternativensuche drei Teilaktivitäten unterschieden:
- Festlegung der Suchrichtung {A31},
- Kreative Lösungsfindung {A32} sowie
- Ideenordnung und -verdichtung {A33}.

4.3.1 GENERIERUNG UND SAMMLUNG VON LÖSUNGSIDEEN

Der Zweck der beiden ersten Teilaktivitäten besteht im Generieren bzw. Sammeln von Lösungsideen. Die Ideen werden gemäß dem Planungsgrundsatz "Möglichkeit, Machbarkeit und Unsicherheit" (vgl Kap. 3.2.2) zunächst nur durch das Kriterium THEORETISCHE MÖGLICHKEIT eingeschränkt; erst bei der Ideenordnung und -verdichtung werden unternehmensspezifische Randbedingungen berücksichtigt. Dennoch ist aus Gründen der Planungseffizienz im ersten Schritt die SUCHRICHTUNG vorzugeben. Zu diesem Zweck sind in der praktischen Methodiknutzung die erhobenen Fundamental- und Instrumentalziele (Kontext Technologieeinsatz) sowie die Innovationsstrategie in

---
[1] Im Sinne einer Handlung zur Umsetzung der neuen Lösung.

Erinnerung zu rufen. Auf dieser Grundlage können dann kreative DENKPROZESSE ablaufen, die auf die Entwicklung neuer Ideen gerichtet sind (Bild 24). Als Instrument zur Förderung der Güte der Lösungen wird in der Literatur die Bildung von Teams ebenso wie der Einsatz intuitiv betonter und systematischer Methoden empfohlen, deren Auswahl der Gegenstand weiterer Ausführungen ist.

Suchfeld festlegen	Denkprozeß	Ergebnis: Alternative Ideen
• Definition der Denkrichtung auf Basis der -Fundamentalziele -Instrumentalziele -Innovationsstrategie	• intuitive und systematische Ideenfindung z.T. im Team • Phasenmodell des Denkprozesses	• **Gestalt** (Materialreduktion analog Bauteilbelastung) • **Schnittstellen PSE/ Produktstruktur** (Integral-, Differential-, Partialbauweise etc. [KOLL85]) • **Produktfunktion** (mechanisch /elektrisch) • **Werkstoff** (Substitution, Verbundwerkstoff, Werkstoffverbund) • **Prozeßoptimierung** (Änderung von Teilprozessen bei prinzipiell gleicher Prozeßstruktur) • **Prozeßsubstitution** (radikale Änderung der Prozeßstruktur durch Anwendung innovativer Fertigungstechnologien)

Ideenordnung und -verdichtung

• Grobbewertung des Beitrags der alternativen Lösungen zur Erreichung der Fundamentalziele/ Strategie-"fit"
• Dokumentation der Ansätze 1ter Ordnung im planungsorientierten Produktmodell
  ├ Gestalt
  ├ Werkstofftechnologie
  └ Prozeßtechnologie

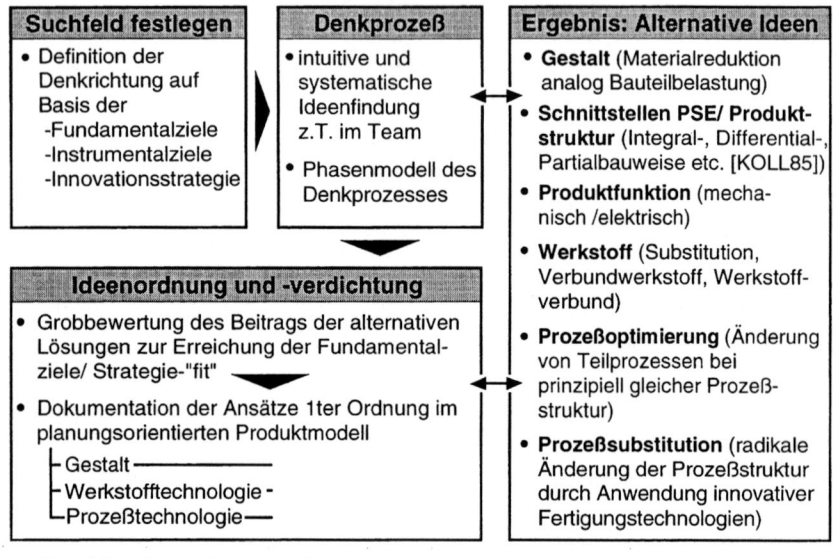

BILD 24   AKTIVITÄTEN UND ERGEBNISSE DER ALTERNATIVENSUCHE

Das Ergebnis der Denkprozesse sind Ideen bezüglich ALTERNATIVER ZUSTÄNDE im Produkt/Fertigungstechnologie-Möglichkeitsraum. Diese Zustände dürfen nicht ausschließlich die reine Verbesserung technologischer Teilprozesse verkörpern, wenn der Technologieeinsatz zum Aufbau von Erfolgspotentialen beitragen soll (vgl. Kap. 2.1.1). Daher können sich die Ideen auf prinzipiell sehr unterschiedliche Ansätze beziehen. Von den ÄNDERUNGEN DER BAUTEILGESTALT durch Elimination von Material an Zonen, in denen aus streng funktionaler Sicht keines erforderlich ist, bis hin zu einem kompletten TECHNOLOGIEWECHSEL (Zerspanung -> "near net shape"-Umformen) sind unterschiedlichste Alternativen möglich (Bild 24, rechts). Der Zweck der letzten Aktivität ist eine Reduzierung der Lösungsmenge und eine Dokumentation der ermittelten Ansätze. Dies ist Gegenstand der Ausführungen in Kapitel 4.3.2.

Da die kreativen Denkprozesse innerhalb der Planungsaktivitäten {A4} und {A5} als kritische Einflußgrößen für den Erfolg der Methodikanwendung anzusehen sind, wird an dieser Stelle eine detaillierte Diskussion notwendig, WELCHE Instrumente WIE für die

Ableitung des innovativen Technologieeinsatzes konkret anzuwenden sind[1]. Wie einleitend erörtert, geschieht dies auf der Grundlage des Phasenschemas[2] für Denkprozesse (Bild 25), welches im Zusammenhang mit den ausgewählten Instrumenten beschrieben wird.

Phasenmodell des kreativen Denkens

Problemformulierung
- Kognitive Phase des Denkprozesses
- Nebenbedingungen für weitere Informationsprozesse

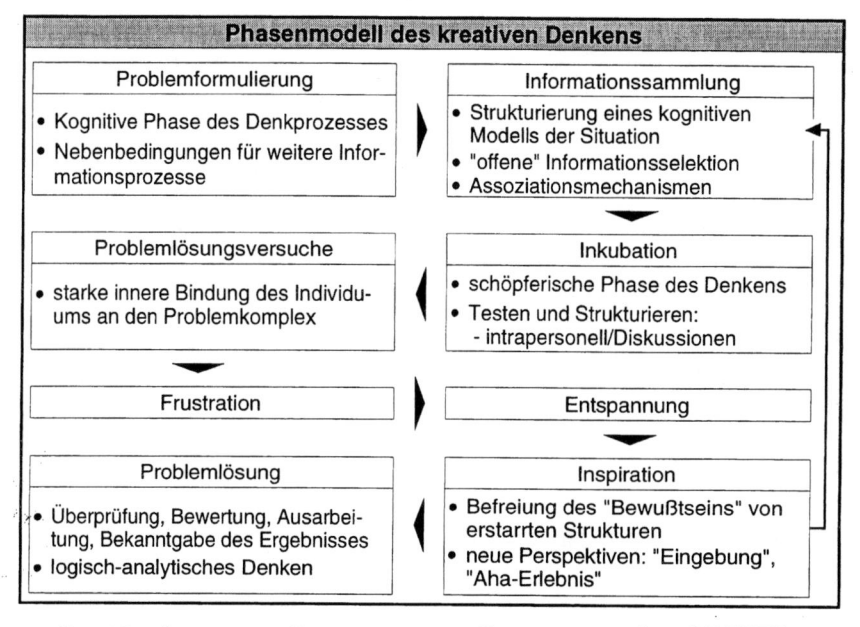

Informationssammlung
- Strukturierung eines kognitiven Modells der Situation
- "offene" Informationsselektion
- Assoziationsmechanismen

Problemlösungsversuche
- starke innere Bindung des Individuums an den Problemkomplex

Inkubation
- schöpferische Phase des Denkens
- Testen und Strukturieren:
  - intrapersonell/Diskussionen

Frustration

Entspannung

Problemlösung
- Überprüfung, Bewertung, Ausarbeitung, Bekanntgabe des Ergebnisses
- logisch-analytisches Denken

Inspiration
- Befreiung des "Bewußtseins" von erstarrten Strukturen
- neue Perspektiven: "Eingebung", "Aha-Erlebnis"

BILD 25   ALLGEMEINES PHASENMODELL DES DENKPROZESSES [VGL. MARR73]

Im Schrifttum finden sich zahlreiche Methoden zur Unterstützung der Lösungssuche[3]. Nach SCHLICKSUP lassen sich nach Art des Angehens prinzipiell *INTUITIV-KREATIVE* und *ANALYTISCH-SYSTEMATISCHE* Methoden unterscheiden [vgl. SLIK89]. Mit den intuitiv betonten Ansätzen wird primär das Ziel verfolgt, eine Flut von Ideen,

---

[1]Speziell zur (operativen) Planung innovativer Werkstoff- und Verfahrensanwendungen bei technischen Produkten ist von SCHMETZ eine Methode entwickelt worden [vgl. SCHM92]. Unter Nutzung konstruktionssystematischer Betrachtungen wird insbesondere auf ein Optimum der PSE-Schnittstellen abgezielt (Baugruppen maximaler Integration). Die in der Anwendung sehr aufwendige Methode ist für eine Lösungsfindung bei komplexeren Produkten in Betracht zu ziehen. In der vorliegenden Arbeit wird ein allgemeinerer Rahmen angestrebt, der insbesondere auch bei einer Mehrzahl von relevanten Produkten zielführend ist.

[2]Die Anzahl und die gewählten Begriffe der Phasen werden in der Literatur stark unterschiedlich diskutiert [vgl. MARR73], jedoch ist eine inhaltlich homogene Gliederung festzustellen, der das hier genutzte Modell genügt.

[3]Dies sind häufig Beiträge im Kontext von Produktinnovationen und Konstruktionsprozessen [vgl. u.a. BRAN71, KRAM74, WAGN74, KERN77, KOLL85, PAHL86, SLIK89, HUBK90]. Empfohlen werden Such- und Findeprinzipien (Heuristiken) wie wechselseitige Assoziation, Analogieübernahme, Abstraktion, Strukturzerlegung, Variation und Kombination.

Gedanken und Assoziationen zu erzeugen. Die letztgenannten Methoden ermöglichen Lösungen durch bewußt schrittweises Vorgehen (diskursive Methoden), wobei selbstverständlich die Intuition nicht ausgeschlossen werden darf.

Aus der Vielzahl der originär im nicht-technischen Bereich entwickelten Vorgehensweisen werden in dieser Arbeit fünf konkrete Instrumente ausgewählt, die einzelnen Phasen eines kreativen Denkprozesses nach MARR zugeordnet werden (Bild 26). Diese induktive Auswahl ist durch Anwendung der Hilfsmittel in diversen wissenschaftlichen Untersuchungen empirisch überprüft worden, mit dem Ergebnis daß den speziellen Anforderungen der Planungsaktivitäten in ALTERNATIVENSUCHE und VARIANTENKREATION ausreichend Rechnung getragen wird. Es hat sich gezeigt, daß in Abhängigkeit von Anzahl und Komplexität der relevanten Produkte und PSE situativ zu entscheiden ist, ob und mit welchem Ressourceneinsatz die in Bild 26 dargestellten Instrumente anzuwenden sind.

Allgemein beginnt der kreative Denkprozeß mit der Phase der PROBLEMFORMULIERUNG, in der implizit die Nebenbedingungen für die Informationssammlung und -verarbeitung definiert werden [vgl. MARR73]. Die für eine Lösungsfindung produktseitig benötigten Informationen liegen bereits strukturiert in Form des planungsorientierten Produktmodells vor. Schon in dieser Phase setzen Assoziationsmechanismen ein, die durch die Symbolik der Beanspruchungs- und Anforderungsanalyse [vgl. Kap. 4.2.2, Anhang C] unterstützt werden.

Ergänzend dazu bietet sich zur "kognitiven Strukturierung" [vgl. MARR73] das ATTRIBUT-LISTING an. Dazu werden die wesentlichen Eigenschaften, Funktionen, Wirkungen und Merkmale einer existierenden Lösung ermittelt und für jedes Merkmal weitere Ausprägungen gesucht[1]. Das Finden zweckmäßiger, weiterer Ausprägungen soll durch die eingangs formulierten Suchrichtungen angeregt werden.

Die Phase der INKUBATION schließt sich fließend an und beinhaltet das Testen, Ordnen und Strukturieren der an das bewußte Gedächtnis übertragenen Informationen [vgl. MARR73]. Dies vollzieht sich nicht nur intrapersonell, sondern kommt in einem Diskussionsbedürfnis zum Ausdruck (Bild 25). Daher bietet sich in dieser Phase der Einsatz von Checklisten und Analogiebetrachtungen und die Synektik in Teamsitzungen an (Bild 26), was sich wie folgt begründen läßt: Zunächst muß die Gestalt des PSE mit seinen Schnittstellen in Frage gestellt werden. Aus wertanalytischer Sicht sollte eine Konzentration auf die reine PSE-Funktion erfolgen, so daß die Produktmerkmale und Eigenschaften (Geometrie, Werkstoff etc.) mit möglichen Alternativen zu belegen sind.

---

[1] Die von CRAWFORD entwickelte Methode wird im Schrifttum auch für niedrigkomplexe Produkte wie Schraubenzieher [vgl. WAGN74] bzw. Elektrokabel-Stecker [vgl. HABE92] angewendet.

Detaillierung der Planungsmethodik   Seite 71

Problemformulierung & Informationssammlung

Planungsorientiertes Produktmodell	Attribut-Listing

• Funktion, Schnittstelle
• Vergleichsdaten Produktion
• Problembereich Anwendung
• Problembereich Herstellung
• Anforderung/ Beanspruchung
  - Oberfläche
  - Toleranz   - Schnittstelle
  - Belastung   - Gestaltfreiheit
  -              [Anhang C]
	• Analyse von Produkteigenschaften
	  (harte und weiche Funktionen)
	• Gestalterische Merkmale
	• Herstellungsart
	• Werkstoffeinsatz
	
	                        [WAGN74]

Inkubation & Problemlösungsversuche

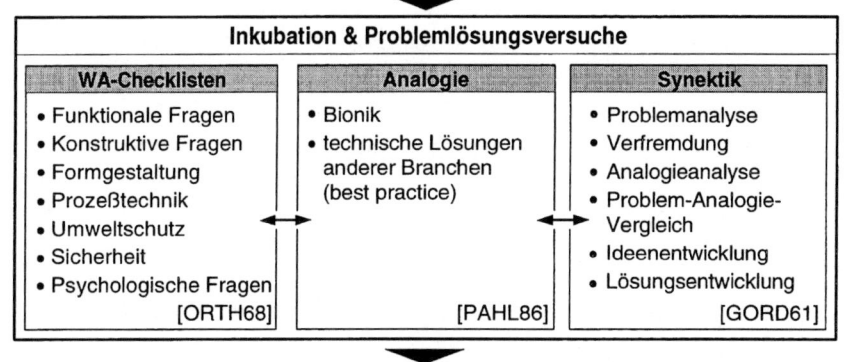

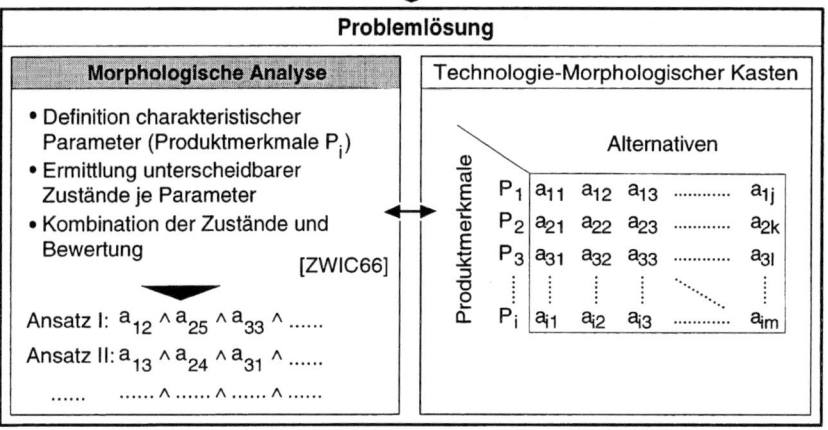

WA-Checklisten	Analogie	Synektik

• Funktionale Fragen
• Konstruktive Fragen
• Formgestaltung
• Prozeßtechnik
• Umweltschutz
• Sicherheit
• Psychologische Fragen
[ORTH68]
	• Bionik
	• technische Lösungen
	  anderer Branchen
	  (best practice)
	
	[PAHL86]
		• Problemanalyse
		• Verfremdung
		• Analogieanalyse
		• Problem-Analogie-
		  Vergleich
		• Ideenentwicklung
		• Lösungsentwicklung
		[GORD61]

Problemlösung

Morphologische Analyse	Technologie-Morphologischer Kasten

• Definition charakteristischer
  Parameter (Produktmerkmale P_i)
• Ermittlung unterscheidbarer
  Zustände je Parameter
• Kombination der Zustände und
  Bewertung   [ZWIC66]
 	
Ansatz I: $a_{12} \wedge a_{25} \wedge a_{33} \wedge \ldots$
Ansatz II: $a_{13} \wedge a_{24} \wedge a_{31} \wedge \ldots$
$\ldots\ldots \wedge \ldots\ldots \wedge \ldots\ldots \wedge \ldots$
	Alternativen
	
	P_1 a_{11} a_{12} a_{13} .... a_{1j}
	P_2 a_{21} a_{22} a_{23} .... a_{2k}
	P_3 a_{31} a_{32} a_{33} .... a_{3l}
	$\vdots$ $\vdots$ $\vdots$ $\vdots$ $\vdots$
	P_i a_{i1} a_{i2} a_{i3} .... a_{im}
	(Produktmerkmale)

BILD 26 INSTRUMENTE FÜR DIE ALTERNATIVENSUCHE

Durch die CHECKLISTEN[1] wird sichergestellt, daß insbesondere durch das PSE bzw. das Produkt beeinflußbare Aspekte des KUNDENNUTZEN Beachtung finden (Sicherheit, Verpackung, psychologische Merkmale etc). Dabei kann auch eine grundsätzlich NEUE PRODUKTTECHNOLOGIE i.w.S. für einzelne Baugruppen oder das Gesamtprodukt ein (radikales) Zwischenergebnis des kreativen Denkprozesses sein. Solche primär auf die Produkttechnologie bezogene Ideen[2] stellen bedeutsame Eingangsgrößen für die Produktentwicklung dar. Teilparallel zu den Ideen für die verbesserte Produktgestalt, -struktur und -funktion (Gestaltungsdimension PRODUKT) sind Prinzipalternativen abzuleiten, wie diese neuen Bauteilkonzepte hergestellt werden können (Gestaltungsdimension FERTIGUNGSTECHNOLOGIE).

Unabhängig davon, ob die Fertigungstechnologien in den Unternehmen verfügbar sind bzw. eingesetzt werden (auch Zulieferer, verlängerte Werkbank), sind dazu die produktionstheoretisch effizientesten Prozesse einzuplanen. Dieser Schritt setzt ein hohes Faktenwissen im Bereich Fertigungstechnologie voraus. Wenn grundlegend NEUE Produkt/Technologie-Kombinationen abgeleitet werden sollen, müssen das konkrete Leistungspotential und die Anwendungsmöglichkeiten innovativer Prozeßtechnologien bekannt sein (vgl. Kap. 4.4). Damit wird in starkem Maße externes Wissen benötigt, das über Instrumente (Experten, Datenbankrecherchen, Patentanalysen etc.) verfügbar gemacht werden muß. In dieser Phase sind Einschränkungen im Lösungsraum nicht zuzulassen. Soweit die Lösung theoretisch machbar erscheint, kann sie auch bei offensichtlicher ökonomischer Unvorteilhaftigkeit als Anreiz für andere Ideen zur Lösungsfindung beitragen.

Über diese Anreizfunktion hinaus bieten ANALOGIEBETRACHTUNGEN häufig den Vorteil einer höheren Akzeptanz im Unternehmen, da i.allg. die prinzipielle Umsetzbarkeit einer Lösung schon gezeigt wurde. Dabei können intuitiv direkte Analogien in der Natur (BIONIK[3]) oder Analogien zu anderen Branchen abgeleitet werden. Letzteres ist bei einer stufenweisen Abstraktion der vorliegenden Herstellaufgabe praktikabel und zielführend (Bild 26). Führt bei komplexeren Problemstellungen der Versuch einer intuitiven, direkten Analogiebetrachtung nicht zum Ziel, so ist ein diskursives Vorgehen durch Anwendung der SYNEKTIK zweckmäßig [vgl. GORD61].

---

[1]Geeignete Checklisten, die im Rahmen von Beiträgen zur Wertanalyse entwickelt wurden, finden sich u.a. bei [ORTH 68,WAGN74].

[2]Bspw. elektrisch gesteuerte Schrittmotoren für Fahrradgangschaltungen, SACHS AG, 1994.

[3]Das Lernen aus Systemen der Natur ist seit Leonardo da Vinci in der Literatur bekannt. In technischen Lösungen spezifisch angewandte Bionik bleibt in der Literatur jedoch auf wenige Beispiele beschränkt (Dach des Olympiastadions, München <-> Struktur eines Blattes). Oft wird erst ex post eine biologische Analogie ermittelt. Die Bionik kann im vorliegenden Fall zweckmäßig als Hilfsmittel zur Intuition genutzt werden (Schnecke <-> Wohnmobil), ohne eine 1:1 Übertragung der biologischen Prinzipien anzustreben.

Die Anwendung der vorgestellten Hilfsmittel führt zu einer stärkeren inneren Bindung der Teammitglieder an den Problemkomplex (*PROBLEMLÖSUNGSVERSUCHE*). Wie im Phasenmodell abgebildet (Bild 25) stellen sich die eigentlichen kreativen Lösungen erst nach einer Phase der *FRUSTRATION* und *ENTSPANNUNG* ein. Diese Ideen werden häufig überraschend gefunden ("Aha-Erlebnis", "Eingebung"). In Studien ist belegt, daß insbesondere Augenblicke der *INSPIRATION*, bspw. vor dem Einschlafen, zu Lösungen führen, die sich völlig von den früheren, bewußten Bemühungen unterscheiden [vgl. MARR73].

Die Abstimmung, Überprüfung und Ausarbeitung der Ergebnisse (*PROBLEMLÖSUNG*) bilden den Abschluß des schöpferischen Denkprozesses, wobei als Strukturierungshilfe der Aufbau eines *TECHNOLOGIE-MORPHOLOGISCHEN KASTENS* durchzuführen ist. Die Arbeitsschritte und der Aufbau sind in Bild 26 dargestellt. In Abwandlung zur morphologischen Analyse nach ZWICKY bietet es sich an, den bereits abgeleiteten Produktmerkmalen (klassisch: Funktionen) die zur Erzeugung einzusetzenden technologischen Alternativen (klassisch: Funktionsträger; hier: Gestalt, Prozesse, Werkstoffe) gegenüberzustellen. Mit der Ableitung sinnvoller Kombinationen von Zuständen schließt sich die nächste Planungsaktivität an.

4.3.2 ABLEITUNG ALTERNATIVER TECHNOLOGIEANSÄTZE

Aus Gründen der Planungseffizienz gilt es, die Vielzahl der intuitiv-kreativ und analytisch-systematisch ermittelten Lösungen der Qualität "Ideenstadium" zu reduzieren. Dazu sind die einzelnen *IDEEN* hinsichtlich Gestaltverbesserung, alternativen Werkstoffes und diverser Prozeßalternativen zu konkreten *ANSÄTZEN* 1ter Ordnung zu integrieren {A33}. In dieser Planungsphase ist eine Konzentration auf solche *GRUNDSÄTZLICHEN* Ansätze erforderlich, die einen Neuheitsgrad und ein Potential im Vergleich zum Bisherigen aufweisen, und nicht nur eine Variation grundsätzlicher Alternativen darstellen. Eine systematische Dokumentation in den Informationseinheiten im Teilbereich *ANSÄTZE* des planungsorientierten Produktmodells schließt sich an (Bild 23, Anhang C).

Die Vorgehensweise, zuerst gestaltbezogene Verbesserungen zu entwickeln und für diese *ITERATIV* den Einsatz innovativer Fertigungstechnologien abzuleiten, ist als kritischer Erfolgsfaktor der Planung einzuhalten: Die Wahrscheinlichkeit wird reduziert, eine optimale fertigungstechnische Lösung für mangelhaft gestaltete Produktkomponenten zu erarbeiten. In diesem Fall wird ein noch so "ausgefeilter" Technologieeinsatz nicht zu einer wettbewerbsfähigen Lösung führen. Der Beitrag des iterativen Abgleichs von produkt- und technologieabhängigen Einflußgrößen zeigt sich in praktischen

Methodikanwendungen: Bei einem *1:1 FESTHALTEN* an Produktgestalt und -struktur lassen sich allein durch den Einsatz innovativer Fertigungstechnologien kaum Verbesserungen der Kostenstruktur erzielen [vgl. EVER92].

In der nächsten Planungsphase (Kap. 4.4) erfolgt eine weitere Detaillierung der grundsätzlichen Alternativen (Ansätze 1ter Ordnung). Daher ist aus Gründen der Planungseffizienz eine Konzentration auf die potentialträchtigsten Ansätze erforderlich. Dieser Auswahlprozeß kann in Form einer Negativselektion durchgeführt werden, bei der die nicht funktionstüchtigen Lösungen zunächst ausgeschlossen werden. Gründe für den Ausschluß, bspw. konkrete Erfahrungen bereits durchgeführter Versuche, sind ebenfalls im planungsorientierten Produktmodell aufzunehmen. Damit kann das Risiko reduziert werden, eine optimale Lösung aufgrund fehlerhafter Informationsgrundlage endgültig auszuschließen (vgl. Suchstrategien in Kapitel 4.4.1). Ändert sich die Informationslage nach detaillierter Untersuchung oder durch neue wissenschaftliche Erkenntnisse, so kann die Idee erneut aufgegriffen werden.

Eine weitere Reduzierung der Anzahl von erst überschlägig ausgearbeiteten Ansätzen ist anhand einer Diskussion von bestimmten Kriterien möglich, nach denen sich eine kreative von der durchschnittlichen Leistung abhebt. Die Kriterien in Bild 27 sind von MAC KINNON abgeleitet worden und können in der Diskussion als *FILTER* für eine grobe Auswahl verstanden werden [vgl. MCKI68]. Die Kreativität einer Lösung ist nicht objektiv meßbar, sondern muß durch mehrere subjektive Einschätzungen im Team "objektiviert" beurteilt werden. Die Erfahrung und das Gespür der Planer hinsichtlich der Marktbedürfnisse und Produktionsanforderungen sind für die Güte des Ergebnisses ausschlaggebend. Die Anwendung von mechanistischen Punkteverfahren [vgl. RINZ77, BROSE82] ist bei dem vorliegenden Detaillierungsgrad und der damit verbundenen Informationsreife der Ansätze nicht praktikabel.

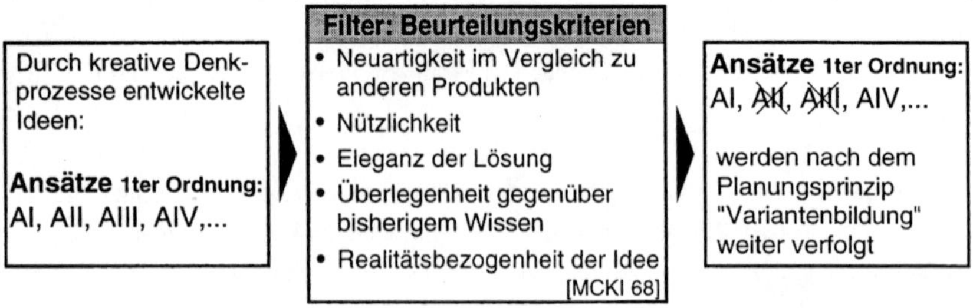

Durch kreative Denkprozesse entwickelte Ideen: **Ansätze** 1ter Ordnung: AI, AII, AIII, AIV,...	**Filter: Beurteilungskriterien** • Neuartigkeit im Vergleich zu anderen Produkten • Nützlichkeit • Eleganz der Lösung • Überlegenheit gegenüber bisherigem Wissen • Realitätsbezogenheit der Idee [MCKI 68]	**Ansätze** 1ter Ordnung: AI, A̶I̶I̶, A̶I̶I̶I̶, AIV,... werden nach dem Planungsprinzip "Variantenbildung" weiter verfolgt

BILD 27   QUALITATIVE AUSWAHL KREATIVER LÖSUNGEN [VGL. MCKI68]

4.3.3 ZWISCHENFAZIT

In Form von Produktdatenblättern stehen die Informationen über relevante Produkte und PSE strukturiert zur Verfügung. Davon ausgehend wird in dieser Planungsphase das Ziel verfolgt, alternative Ideen für einen innovativen Fertigungstechnologieeinsatz zu erarbeiten. Durch die erhobenen Fundamental- und Instrumentalziele wird die Denk- und Suchrichtung für die Ideenentwicklung determiniert. In einzelnen Phasen kann der kreative Denkprozeß wirkungsvoll durch ausgewählte intuitiv-kreative und/oder analytisch-systematische Methoden der Lösungssuche unterstützt werden (vgl. Bild 26). Eine Lösungssuche und Ideensammlung erfolgt sowohl bewußt im Team als auch individuell, wobei die unbewußt ablaufende Inspiration ("Aha-Effekt") eine bedeutende Komponente darstellt.

Die symbolik-basierte Beanspruchungs- und Anforderungsanalyse des Produktmodells (Bereich Abstraktion) wird durch das Instrument ATTRIBUT-LISTING ergänzt. Neben dieser kognitiven Strukturierung des Problems können CHECKLISTEN dazu beitragen, aus wertanalytischer Sicht den materiellen oder planerischen Ist-Zustand kritisch in Frage zu stellen. In Abhängigkeit von der Komplexität der relevanten Produkte und PSE sind intuitive ANALOGIEBETRACHTUNGEN oder diskursives Vorgehen (Synektik) zur Ideensammlung einzusetzen. Mit der Intention, die Ideen zu verdichten und zu bewerten, ist ein Technologie-Morphologischer Kasten aufzubauen.

Als Zwischenergebnis der Planung werden im planungsorientierten Produktmodell die entwickelten Ansätze 1ter Ordnung dokumentiert. Sie beschreiben alternative Zustände im Produkt-/Fertigungstechnologie-Möglichkeitsraum, wobei unterschiedliche Ausprägungen - von einer PSE-Gestaltänderung bis hin zu einer umfassenden Prozeßsubstitution - vorliegen können.

4.4 VARIANTENKREATION UND -REDUKTION

Im Vergleich zur horizontalen Lösungssuche in der o.g. Planungsphase gilt es in der vierten Planungsphase, die potentialträchtigsten Grundideen zu vertiefen (vertikale Entwicklung von Lösungen). Dazu sind die Ansätze 1ter Ordnung bis zu einer prinzipiellen Anwendungsreife auszugestalten und zu konkretisieren. Zu diesem Zweck sind z.T. zeitaufwendige Prüfungen zu starten, ob und wann eine Prozeßtechnologie die zur Umsetzung der innovativen Anwendung erforderlichen Leistungsmerkmale aufweist. Es werden drei Teilaktivitäten unterschieden:
- Variantenkreation {A41},
- Variantenbezogene Informationsakquisition {A42} und
- Variantenreduktion {A43}.

4.4.1 KONKRETISIERUNG GRUNDLEGENDER ANSÄTZE

Zahlreiche Ideen zur Gestaltung von Varianten der Ansätze 1ter Ordnung entstehen bereits beim Ablauf der Denkprozesse in Aktivität {A3}, Alternativensuche. Damit ergibt sich in der praktischen Methodikanwendung typischerweise eine teilparallele Bearbeitung von Aktivitäten der beiden Planungsphasen. Hinsichtlich der ablaufenden Denkprozesse wird an dieser Stelle aus Analogiegründen auf die obigen Ausführungen verwiesen.

Der inhaltliche Unterschied der Planungsaktivitäten dieser und der vorherigen Phase wird in Bild 28 anhand des Bauteiles aus dem Fallbeispiel (Kap. 5.2) verdeutlicht. Die in der qualitativen Bewertung als potentialträchtig erkannten Ansätze 1ter Ordnung werden vom Planungsteam detailliert. Ohne das grundlegende fertigungstechnische Prinzip zu ändern, existieren immer mehrere sinnvolle Varianten. Diese resultieren u.a. aus realen Randbedingungen, wobei der Einsatz bestehender Betriebsmittel, Fremdvergaben oder die Notwendigkeit einer Investition in technische Sachanlagen anvisiert werden kann. Eine solche Konkretisierung in Form der Ansätze 2ter Ordnung ist die *NOTWENDIGE* Voraussetzung, um überhaupt eine aussagefähige Bewertung möglicher, innovativer Technologieanwendungen durchführen zu können. Indem die Herstellung von PSE auf der Ebene der technischen Elemente hinreichend genau geplant wird (Bottom-up), ist die Forderung erfüllt, die abgeleiteten Erkenntnisse zu fundieren (vgl. Kap. 3.1 sowie die Planungsgrundsätze in Kap. 3.2).

Eine *NEUHEIT* der Ansätze 1ter bzw. 2ter Ordnung wird in dieser Untersuchung bewußt gefordert, um ein "Verharren" auf routinierten Ansätzen und rein inkrementalen Verbesserungen zu umgehen und somit Lösungswege mit Pioniercharakter und Potential zu begehen. Gleichzeitig birgt diese Neuheit das Risiko, Planungsressourcen für falsche Wege zu verzehren. In Folge dieser Erkenntnis wird in der Kombination aus Alternativensuche und Variantenkreation implizit eine *ZYKLISCHE, MEHRSTUFIG-OPTIMIERENDE SUCHSTRATEGIE* unterstützt (Bild 28, unten). Diese stellt eine zielführende Mischstrategie der im Schrifttum ausgeführten reinen Suchstrategien dar [vgl. HABE94]. In einer Methodikanwendung werden somit das lineare Abtasten der Suchfelder, das mehrstufige Optimieren durch Auswahlprozesse sowie zyklische Rücksprünge integriert. Die Verfolgung der hier unterstützten Mischstrategie ist bei der strategischen Planung innovativer Fertigungstechnologien zwingend notwendig: Entscheidungen können bei Unsicherheit bezüglich der Eignung von Ansätzen getroffen werden, da bei veränderter Informationslage ein Rückgriff auf Ansätze 1ter Ordnung möglich wird (nachvollziehbare Planungshistorie im planungsorientierten Produktmodell).

Detaillierung der Planungsmethodik　　　　　　　　　　　　　　　　　Seite 77

Ritzelwelle 23.1
- Partialbauweise
- Vergütungsstahl
- Drehen/Fräsen

Ideenfindung
- systematisch
- intuitiv

Informationsakquisition
- Patentanalyse
- Datenbank für innovative Technologien **(dabit)** [Anhang D]

→ **Variantenkreation** →

alternative Gestalt
- Integralbauweise [A I]
- Vergütungsstahl
- Komplettbearbeitung v

- Rundkneten MS 700a
- Härten
- Schleifen
- ...   r

alternative Werkstoffe
- Integralbauweise [A IV]
- Vergütungsstahl
- Rundkneten/Spanen   r

- Rundkneten M 300A
- Drehen und Fräsen
- Härten
- ...   r

alternative Prozeßtechnologie
- Partialbauweise [A XI]
- Stahl/Profil
- Drehen/Fügen   z

...   v

- Partialbauweise [A XVI]
- Stahl/Profil
- Umformen/Fügen   v

Alternativensuche

Ansätze 1ter Ordnung　　　　**Ansätze 2ter Ordnung**

Suchstrategie zyklisch, mehrstufig-optimierend

Ⓔ ... Ⓐ

[HABE94]

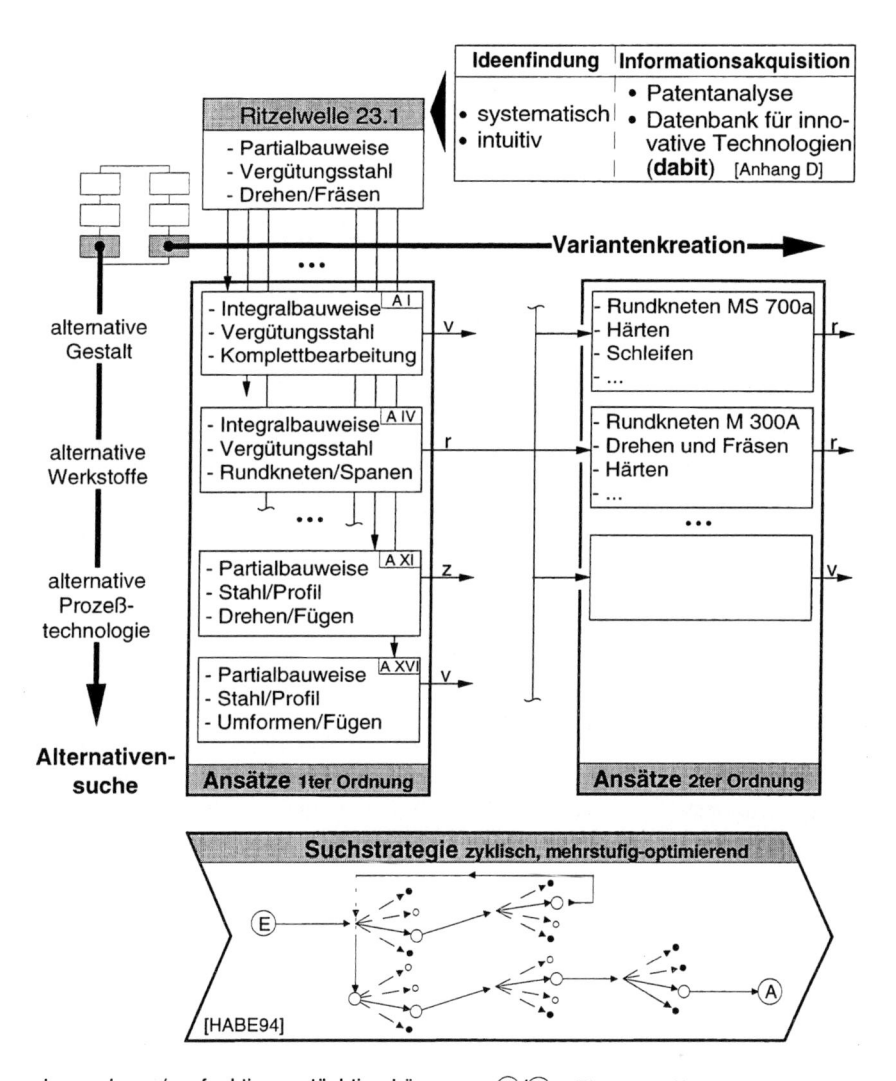

Legende:
- •/v = funktionsuntüchtige Lösung
- ○/r = funktionstüchtige Lösung
- ⊙/r = optimale Lösung

Ⓔ/Ⓐ = Eingangs-/Ausgangszustand
z = zurückgestellt

BILD 28　VARIANTEN DER ALTERNATIVEN ALS ANSÄTZE 2TER ORDNUNG

In den bisherigen Ausführungen wurde bereits angedeutet, daß die im Methodikmodell nachfolgende *INFORMATIONSAKQUISITION* {A42} durch Wiederholzyklen eng mit der Alternativenkreation {A41} vernetzt ist. Durch das Erschließen externen geistigen Potentials, bspw. durch Gespräche mit Technologieexperten bei Zulieferern oder

Forschungseinrichtungen, können zusätzliche Ansätze konzipiert werden, die bislang noch nicht diskutiert worden sind. Generell besteht die Aufgabe diejenigen Informationen zu generieren, welche eine Konkretisierung der Ansätze 1ter Ordnung erlauben. Grundsätzlich ist zwischen der Konkretisierung durch immaterielle (Planung) und materielle (Funktionsprototypen, Werkzeugentwicklung etc.) Überprüfung der Ideen zu unterscheiden. Die letztgenannte Art der Prüfung stellt nicht die Ausnahme dar, da das Planungsobjekt *INNOVATIVE FERTIGUNGSTECHNOLOGIE* häufig nur im praktischen Versuch beurteilt werden kann.

Erschwert wird die Informationsakquisition in dieser und der vorherigen Planungsphase nicht durch einen *MANGEL* an Informationen, sondern durch eine *INFORMATIONSFLUT*. So sind bei weltweit ca. 650.000 existierenden Fachzeitschriften, 15.000 Patentanmeldungen pro Woche und ca. 1.2 Mio. neuen Katalogseiten ausreichend Informationen zu erschließen. Das Wissen um die konkreten Einsatzpotentiale innovativer Fertigungstechnologien steht jedoch selten zur richtigen Zeit in geeigneter Form den richtigen Personen zur Verfügung. Zur Beantwortung der Frage "Hat die Technologie ein Potential für mein Produkt und mein Unternehmen?" sind die den Planern in der Literatur angebotenen Informationen oft nur bedingt geeignet: Sie sind unvollständig (z.B. Kostendaten), zu theoretisch, nicht aktuell oder stark subjektiv interpretiert [vgl. EVER95a].

Um diese *INFORMATIONSASYMMETRIE* zwischen den innovativen Technologiequellen (Technologieanbieter, Labore, Entwicklungsabteilungen etc.) und den Planern zu verringern, besteht die Forderung, das anwendungsrelevante Wissen strukturiert abzubilden. Auf Basis des empirisch-induktiv abgeleiteten Informationsbedarfs[1] eines planenden Unternehmens ist ein Modell zur Abbildung von planungsrelevanten Informationen entworfen worden (vgl. Anhang D). Der Aufbau ist in Analogie zum planungsorientierten Produktmodell gestaltet. Je Fertigungstechnologie werden die technischen, wirtschaftlichen und organisatorischen Randbedingungen in 19 Informationseinheiten dokumentiert und in Form eines Technologiedatenblattes (TDB) zusammengefaßt. Neben primär unternehmensübergreifenden Informationen können auch unternehmensindividuelle Daten (z.B. Ansprechpartner, Lieferantenbewertung etc.) abgebildet werden [EVER94]. Hinsichtlich der konkreten Informationsinhalte der Technologiedatenblätter wird auf Kap. 5.1 bzw. Anhang D verwiesen. In Ergänzung zur Anwendung und Nutzung der Technologiedatenblätter bieten sich

- Patent-, Datenbank- und Literaturrecherchen,
- Anfragen bei Zulieferern, Forschungseinrichtungen,

---

[1] 1994 wurden ca. 60 produzierende KMU der Investitionsgüterindustrie in CH und D hinsichtlich gewünschter Technologieinformationen befragt. Primär werden die Wirtschaftlichkeit, die Anwendungsfelder sowie eine Kurzbeschreibung der Technologie gewünscht [vgl. EVER94].

- Messebesuche, Expertenbefragungen etc.

an, wobei die Instrumente situativ in die Methodikanwendung einzubinden sind [vgl. u.a. SCHM92].

Zum Abschluß der Planungsphase ist wiederum die Anzahl der entwickelten Ansätze zu reduzieren {A43}. Der höhere Konkretisierungsgrad ermöglicht es, grundsätzlich funktionsunfähige Ansätze von den weiteren Planungsaktivitäten auszuschließen. Das bedeutet jedoch, daß potentialträchtige Ansätze, bei denen die Machbarkeit im Planungszeitraum von fünf bis zehn Jahren nicht ausgeschlossen werden kann, weiterhin zu betrachten sind (analog zu Bild 27). Ebenso wie in der vorherigen Planungsphase sind verworfene Ansätze mit Begründung im planungsorientierten Produktmodell zu dokumentieren.

Dazu ist die Begründung anhand eines oder mehrerer Kriterien eindeutig zu definieren. Diese werden nachfolgend als Technologieeinsatzkriterien (TEK) bezeichnet und betreffen die Leistungsmerkmale der innovativen Fertigungstechnologien. Sie können grundsätzlich technischer, wirtschaftlicher oder organisatorischer Art sein. Die Entwicklung der Bedeutung eines TEK ist von drei wesentlichen Faktoren abhängig, denn die Randbedingungen für den Technologieeinsatz können sich

- PRODUKTSPEZIFISCH (Gestalt, Werkstoff),
- TECHNOLOGIESPEZIFISCH (Prozeßbeherrschung, Automatisierungsgrad) oder/und
- MARKTSPEZIFISCH (Stückzahl, Lebensdauerforderungen)

ändern. In der Folge ist die Wiederhol-/Detailplanung zunächst auf die Prüfung zu fokussieren, inwieweit sich die Randbedingungen in bezug auf das formulierte TEK geändert haben. Die Ansätze 2ter Ordnung, bei denen die TEK als mittel- bis langfristig erfüllbar angesehen werden, bilden die Basis für die nachfolgenden Planungsaktivitäten.

4.4.2 ZWISCHENFAZIT

Die Ansätze 1ter Ordnung werden als Zwischenergebnisse der Planungen im planungsorientierten Produktmodell dokumentiert. Als konsequente Anwendung der im 3. Kapitel abgeleiteten Planungsgrundsätze werden davon Varianten entwickelt. Ziel ist es, die Ansätze 1ter Ordnung derart zu KONKRETISIEREN, daß fundierte Erkenntnisse über die unternehmensindividuellen Anwendungspotentiale innovativer Fertigungstechnologien hinreichend genau gewonnen werden.

Die Einsatzmöglichkeiten innovativer Fertigungstechnologien zu erkennen und die Technologieanwendungen zu konkretisieren, setzt gleichzeitig allgemeine ("Informationsbreite") und sehr spezielle ("Informationstiefe") Informationen voraus. Eine zentrale Aktivität dieser Planungsphase ist daher die ansatzbezogene Akquisition von Technologieinformationen. Als Hilfsmittel können Technologiedatenblätter eingesetzt werden, in denen die für eine Anwendungsplanung erforderlichen Informationen bereitgestellt bzw. abgebildet werden können. Die bei den Planungen transparent werdenden Kriterien, die einem Technologieeinsatz entgegenstehen, sind als Technologieeinsatzkriterien (TEK) zu erfassen und mit dem entwickelten Ansatz 2ter Ordnung im planungsorientierten Produktmodell zu dokumentieren. Ansätze, bei denen die TEK auch langfristig als unerfüllbar anzusehen sind, werden im weiteren nicht mehr berücksichtigt.

4.5 BEWERTUNG UND STRATEGIENFINDUNG

Für die Vielzahl der erarbeiteten Innovationsansätze sind in dieser Planungsphase Beschreibungsparameter zu ermitteln. Diese sind eine notwendige Voraussetzung, um im abschließenden Schritt der Methodikanwendung einen Technologiekalender erstellen zu können. Analog zur Auswertung von Technologieportfolios (Kap. 2.2.3) werden dazu je Ansatz Normstrategien (Prüfen, Verwerfen etc.) ermittelt sowie Einsatzzeitpunkte im Kontext unternehmensindividueller Anforderungen definiert.

Nach dem Prinzip des Gegenstromverfahrens ist es dazu erforderlich, die auf Bauteile- und Elementeebene abgeleiteten Erkenntnisse hinsichtlich möglicher Zustände im Produkt-/Fertigungstechnologie-Möglichkeitsraum geeignet zu aggregieren und auf die strategische Planungsebene zurückzuführen (vgl. Bild 5).

Aus der Gesamtheit der bewerteten Ansätze können dann potentialträchtige Aktivitäten abgeleitet werden (Top-down). Die *AKTIVITÄTEN* dienen der unternehmensindividuellen Ausschöpfung von fertigungstechnischen Innovationspotentialen; langfristig müssen strategische Erfolgspositionen aufgebaut werden (Kap. 4.6). In der Phase Bewertung und Strategienfindung werden zwei grundsätzliche Planungsaktivitäten unterschieden:
- der Aufbau einer Bewertungssystematik {A51} sowie
- die Bewertung der Ansätze 2ter Ordnung {A52}.

4.5.1 KENNZEICHNUNG DER BEWERTUNGSSITUATION

Im Schrifttum findet sich ein ganzes Spektrum von Beiträgen zur Bewertung innovativer Technologien. Die Ansätze[1] lassen sich speziell auch auf die Bewertung innovativer

---

[1] Bei BROSE findet sich eine sehr umfassende Analyse, Einordung und Würdigung von wirtschaftlichen Bewertungsansätzen für technische Innovationen i.w.S. [BROS82]. MARTINI diskutiert neuere

Fertigungstechnologien übertragen [vgl. KERN77, BROS82, EVER93b, BULL94, PFEI95, MART95, Kap. 2]. Eine uneingeschränkte Übernahme oder Nutzung eines bekannten Verfahrens ist in dieser Ausarbeitung jedoch aus mehreren Gründen nicht zielführend:

- der für den weiteren Methodikablauf erforderliche Erkenntnisgewinn ist zu gering,
- die vorliegende Informationssicherheit ist nicht ausreichend,
- die Wahrscheinlichkeiten zukünftiger Zustände sind nicht bestimmbar sowie
- mangelnde Praktikabilität bei der hohen Anzahl von Bewertungsobjekten.

Daraus resultiert der Bedarf, unter Nutzung entscheidungstheoretischer Ansätze eine neue Bewertungssystematik zu entwickeln, mit der den Anforderungen der vorliegenden Bewertungssituation Rechnung getragen wird. Zur Erfassung der Wirkungen eines Technologieeinsatzes werden SCORINGMODELLE genutzt. Deren Anwendung bei der Vorbereitung mehrzieliger Entscheidungen ist - auch im Technologiebereich - weitgehend zum Stand der Technik zu zählen [vgl. BROS82, ZIMM91, EISE93, ZAHN95]. Grundlegend schwieriger ist die Abbildung und Verarbeitung der technologieimmanenten Informationsunsicherheit. Eine Analyse der Methoden zur Unsicherheitsmodellierung[1] hat zum Ergebnis [vgl. SFB361], daß sich dazu die FUZZY-SET-THEORY [vgl. ZADE65] und die MÖGLICHKEITSTHEORIE [vgl. DUBO88] anbieten. Um die Instrumente auswählen und in ihrem Zusammenspiel gestalten zu können, ist zunächst die Bewertungssituation eingehend zu untersuchen.

Die EINGANGSGRÖßEN für die Bewertung i.e.S. der Planungsaktivität sind Ansätze 2ter Ordnung, die mögliche, innovative Technologieanwendungen beschreiben (Bild 29, oben). Charakteristischerweise sind die entwickelten Innovationsansätze in ihren Ertrags- und Aufwandswirkungen sehr heterogen. Sie können von einer inkrementalen Gestaltvariation eines Bauteiles mit "einfachem" Wechsel des Technologiezulieferers bis hin zur radikalen, entwicklungsintensiven Prozeßsubstitution variieren. Die Ausführungen in Kap. 2.1.2 haben ferner gezeigt, daß die Ansätze prinzipiell unabhängig voneinander, aber auch im Paket, zeitlich und sachlogisch strukturiert realisierbar sind. Ein weiteres Merkmal der Eingangsgrößen ist das faktische Vorliegen von Unsicherheit[2] i.w.S. Diese wird in jeder praktischen Methodikanwendung unvermeidbar

---

Ansätze im Fokus der marktorientierten Bewertung innovativer Fertigungs- und Produktions-technologien [vgl. MART95]. PFEIFFER gibt einen breiten Überblick über strategische Technologiebewertungsmethoden und kategorisiert diese in einer Matrix hinsichtlich verschiedener Managementphasen [vgl. PFEI95].

[1]Wahrscheinlichkeitstheorie, Evidenztheorie, Intervallanalyse, Fuzzy-Set-Theory, Möglichkeitstheorie [vgl. SFB361].

[2]Der Begriff Unsicherheit wird als Oberbegriff verstanden. Als Ursachen für die Unsicherheit können Unvollständigkeit, Ungenauigkeit, Ungewißheit, Unzuverlässigkeit, Inkonsistenz sowie lexikale Elastizität i.S. subjektiver Fehlinterpretationen differenziert werden [vgl. SFB361].

verursacht durch:

- *UNVOLLSTÄNDIGE* Informationen, da nicht *ALLE* theoretisch entscheidungsnotwendigen Informationen vorliegen können (Planungseffizienz),
- *UNGENAUE* Informationen, bspw. über die Leistungspotentiale einer Fertigungstechnologie im Schrifttum,
- *UNGEWISSE* Informationen über die technische Machbarkeit, Stückzahlbedarf etc.,
- *UNZUVERLÄSSIGE* und *INKONSISTENTE* Informationen von Technologieanbietern sowie
- die subjektiven *WAHRNEHMUNGSPRÄFERENZEN* der beteiligten Planer.

Neben einer obligatorischen Methodikkonformität bestehen zwei weitere wesentliche *ANFORDERUNGEN* an die Bewertung. Erstens sind die Ansätze anhand ihres Beitrages zur Erreichung der Ziele im Kontext der Technologieplanung zu messen. Zweitens ist der Strategie-"fit" der im Technologiekalender aggregierten, technologiebezogenen Aktivitäten sicherzustellen. Die Innovationsstrategie des Unternehmens muß in die Bewertung einfließen, denn es ist offensichtlich, daß sich unabhängig von den Beiträgen einzelner Ansätze zur Zielerreichung bei aggressiven Führerstrategien grundlegend andere Präferenzen ergeben als bei risikoscheuen Folgerstrategien.

Die *KOMPLEXITÄT* der vorliegenden Bewertungsaufgabe wird anhand der Vielzahl möglicher Faktoren belegt, die einen innovativen Technologieeinsatz in einem Unternehmen beeinflussen können. Im *WIRKUNGSNETZ* (Bild 29, Mitte) ist aus der Vielzahl technologiespezifischer Wirkungsbeziehungen ein Teilszenario aufgezeichnet, das für die Auswahl von Aktivitäten relevant ist. Die dominanten Beziehungen, Zusammenhänge und Interaktionen zwischen den Faktoren werden im Netzwerk durch Verbindungspfeile dargestellt[1]. Mit dem Ziel einer Komplexitätsreduktion wird an dieser Stelle die Annahme getroffen, daß (Vor-)Entscheidungen über unternehmensspezifische Technologieaktivitäten von der Ausprägung weniger, wichtiger Parameter abhängen. Diese *AKTIVITÄTSPARAMETER* werden basierend auf dem Beziehungsgefüge des Wirkungsnetzes nachfolgend definiert. Somit ist die Art, der Zeitpunkt und die unternehmensweite Bedeutung einer technologiebezogenen Aktivität als Funktion der Aktivitätsparameter bestimmbar (Bild 29, unten).

Der funktionale Zusammenhang von Aktivitätsparametern und der Entscheidungspräferenz, welche Handlungsoptionen ausgewählt werden sollen, wird maßgeblich durch die Innovationsstrategie bestimmt. Diese ist in Form von Entscheidungsregeln (Wenn-Dann-Regeln) abbildbar. Für jeden mit Aktivitätsparametern beschriebenen Ansatz können so die *TK-BESCHREIBUNGSPARAMETER* abgeleitet werden. In ihrer Kombination erlauben die hier definierten TK-Beschreibungsparameter den nachvoll-

---

[1] Das Instrument Wirkungsnetz ist ein Baustein des ganzheitlichen Denkens und dient der umfassenden Analyse von Problemsituationen [vgl. PROB89].

Detaillierung der Planungsmethodik   Seite 83

ziehbaren Aufbau eines langfristig orientierten Technologiekalenders (TK). Zu unterscheiden sind (Bild 29, unten):

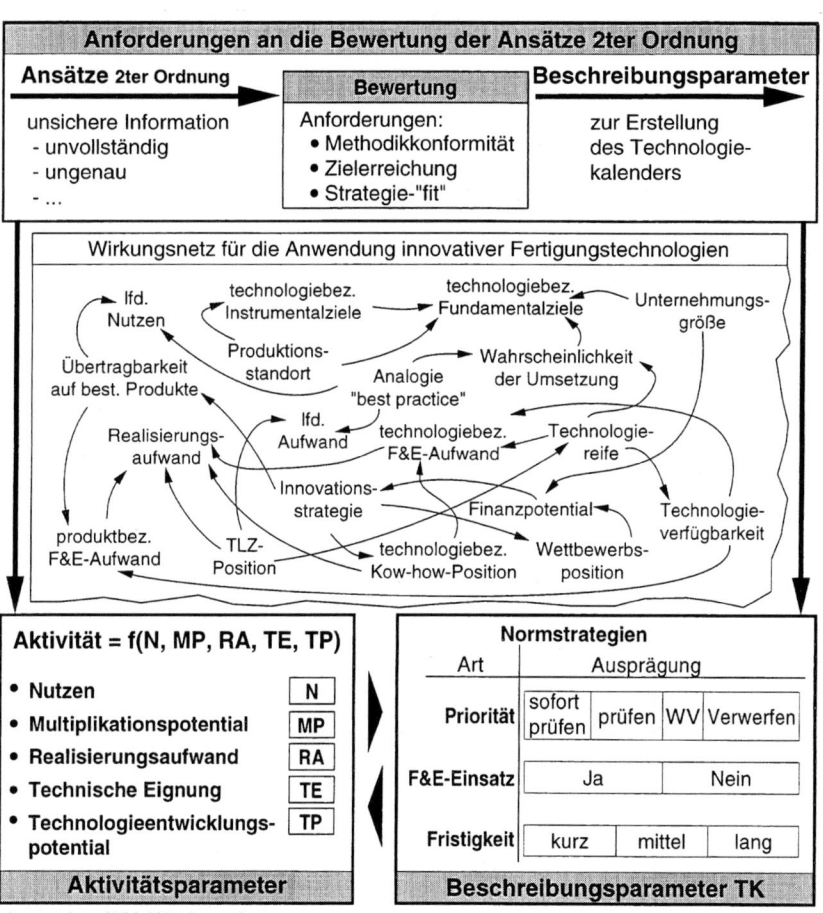

Anforderungen an die Bewertung der Ansätze 2ter Ordnung

Ansätze 2ter Ordnung	Bewertung	Beschreibungsparameter
unsichere Information - unvollständig - ungenau - ...	Anforderungen: • Methodikkonformität • Zielerreichung • Strategie-"fit"	zur Erstellung des Technologie- kalenders

Wirkungsnetz für die Anwendung innovativer Fertigungstechnologien

lfd. Nutzen — technologiebez. Instrumentalziele — technologiebez. Fundamentalziele — Unternehmungsgröße
Übertragbarkeit auf best. Produkte — Produktionsstandort — Analogie "best practice" — Wahrscheinlichkeit der Umsetzung
Realisierungsaufwand — lfd. Aufwand — technologiebez. F&E-Aufwand — Technologiereife
produktbez. F&E-Aufwand — Innovationsstrategie — Finanzpotential — Technologieverfügbarkeit
TLZ-Position — technologiebez. Kow-how-Position — Wettbewerbsposition

Aktivität = f(N, MP, RA, TE, TP)

• Nutzen — N
• Multiplikationspotential — MP
• Realisierungsaufwand — RA
• Technische Eignung — TE
• Technologieentwicklungspotential — TP

Aktivitätsparameter

Normstrategien

Art	Ausprägung			
Priorität	sofort prüfen	prüfen	WV	Verwerfen
F&E-Einsatz	Ja		Nein	
Fristigkeit	kurz	mittel	lang	

Beschreibungsparameter TK

Legende: WV: Wiedervorlage
TLZ: Technologielebenszyklus
➞ : mögliche Beziehungen

BILD 29   DEFINITION VON AKTIVITÄTS- UND BESCHREIBUNGSPARAMETERN ZUR KOMPLEXITÄTSREDUKTION

- PRIORITÄT eines Ansatzes, wobei ähnlich der Portfolio-Normstrategien vier Ausprägungen unterschieden werden (Sofort prüfen, prüfen etc.).
- F&E-EINSATZ dient der Festlegung, bei welchen Fertigungstechnologien eigene F&E notwendig und vertretbar erscheint (Ja/Nein).

- *FRISTIGKEIT* zur Berücksichtigung der zeitlichen Dimension eines Technologieeinsatzes. Im Ablauf der Beurteilungen sollten pragmatische Prognosen zur Antizipation der zukünftigen Technologiepotentiale erfolgen. Ein Rückgriff auf Technologieentwicklungsmodelle (z.b. S-Kurve) kann aus Gründen der Planungseffizienz nicht erfolgen, da deren Anwendung in der Praxis im Vergleich zur Güte der erzielbaren Aussagen zu aufwendig erscheint (Kap. 2.2.2).

Auf diesen Grundgedanken basiert das Modell des *BEURTEILUNGS- UND BEWERTUNGSSYSTEMS*, welches nachfolgend im Zusammenhang mit den durchzuführenden Planungsaktivitäten {A511-A515} detailliert abgehandelt wird. Um die Planungsaktivitäten eindeutig beschreiben zu können, wird hier zwischen *BEURTEILEN* i.s. des Zuordnens einer Ausprägung zu einem konkreten Merkmal (insb. Punktbeurteilungen) und Bewerten sprachlich differenziert [vgl. BROS82]. *BEWERTEN* bezeichnet die Ermittlung der Brauchbarkeit von Mitteln (Wert) zur Erfüllung eines Zweckes i.w.S. Eine Bewertung kann also Beurteilungen enthalten.

4.5.2 AUFBAU EINES BEURTEILUNGS- UND BEWERTUNGSSYSTEMS

Die Aktivitätsparameter sind subjektiv, aus Sicht der innovierenden Einheit zu interpretieren. Ihr inhaltliches Verständnis muß situativ und unternehmensindividuell durch Attribute definiert werden. In diesem Zusammenhang sind prinzipiell folgende Attribute zu unterscheiden [vgl. EISE93]:
- natürliche Attribute (auf ein Ziel gerichtet),
- künstliche Attribute (Kombination mehrerer Zielvariablen) oder
- Proxy-Attribute (mittelbarer Indikator für die Zielerreichung).

Zur Beschreibung der Aktivitätsparameter sind die Attribute unmittelbar aus den formulierten Fundamental- und Instrumentalzielen abzuleiten; sie werden im weiteren als *ZIELKRITERIEN* bezeichnet. In Bild 30, rechts, ist ein Katalog maßgeblicher Zielkriterien aufgeführt. Dieser basiert auf den Ergebnissen der einleitend erwähnten Umfrage [EVER92] und versteht sich als Grundmuster, das *SITUATIV* abhängig von speziellen Randbedingungen erweitert werden kann.

Der mit einem Ansatz verbundene *NUTZEN*[1] (N) ist der präferenzbestimmende Parameter für die Entscheidung über zukünftige technologiespezifische Aktivitäten. Falls mit einem Ansatz keine wesentlichen Verbesserungen ggü. dem status quo zu erzielen sind, besteht kein Handlungsbedarf. Welche der Wirkungen eines Technologieeinsatzes sich für das Unternehmen als Aufwandseffekte (negative Wirkung auf Material-

---

[1] In Anlehnung an Ansätze zur CIM-Technologiebewertung beinhaltet hier der Begriff *NUTZEN* sowohl monetär quantifizierbare als auch sonstige, nicht quantifizierbare Vorteile. Der Begriff *AUFWAND* wird ebenfalls in diesem umfassenden Sinne verstanden [vgl. SCRE88].

Detaillierung der Planungsmethodik   Seite 85

kosten etc.) oder als Nutzeneffekte (positive Wirkung auf Fertigungskosten etc.) darstellen, wird kompensatorisch anhand der unternehmensindiviuellen Zielkriterien beurteilt. Über die Einsparpotentiale hinaus sind auch Verbesserungen auf der Erlös- und Leistungsseite (Service) sowie eventuell veränderte Wettbewerbspositionen abzubilden (vgl. Kap 2.1.1).

Beurteilungssystem

Fundamental-   Instrumental-
ziele   ziele
  ↓
Ableiten und Präzisieren von
Zielkriterien

Zuordnen von Zielkriterien zu
den Aktivitätsparametern
• Vollständigkeit
• Redundanz
• Konsistenz

Gewichten und Skalieren der
Zielkriterien je Aktivitätsparameter

Innovationsstrategie
  ↓
Aufstellen der Regelbasis je
Regelschicht (Si)

Aktivitätsparameter

• **Nutzen** [N]
  - Materialeinsatz
  - Fertigungskosten
  - Zeitaufwand
  - Gemeinkostenaufwand
  - Kundenwirkung (Wertanmutung)
  - ...

• **Multiplikationspotential** [MP]
  - bestehende Produkte
  - neue Produkte
  - ...

• **Realisierungsaufwand** [RA]
  - technologiebezogene Investition
  - Änderungsaufwand
  - produktbezogene Technologie-
    anpassung
  - ...

• **Technische Eignung** [TE]
  - Geometrie
  - Werkstoff
  - Prozeßsicherheit
  - ...

• **Technologieentwicklungspotential**
  - TLZ-Position [TP]
  - Entwicklungsdynamik
  - ...

Regelschichten zur
Ermittlung der ...
S1: definitorische Zu-
     standsgröße [GN]
S2: Priorität
S3: F&E-Einsatz
S4: Fristigkeit
           [Anhang E]

Legende:
GN: Gesamtnutzen

RA → Regelschicht S2 → Ranking r_I Priorität der Ansätze
N, MP → Regelschicht S1 → GN → Regelschicht S3 → Ranking r_{II} F&E-Einsatz
TE, TP → Regelschicht S4 → Ranking r_{III} Fristigkeit

Bewertungssystem

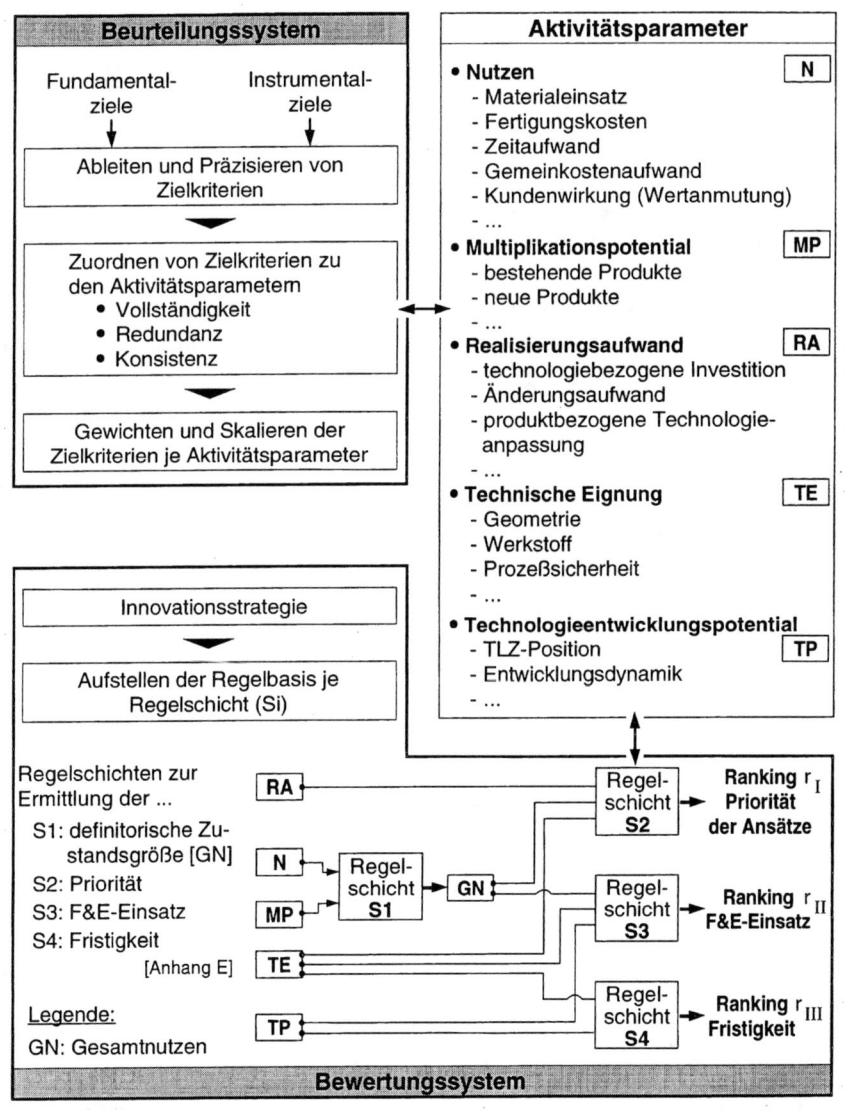

BILD 30 MODELL DES BEURTEILUNGS- UND BEWERTUNGSSYSTEMS FÜR DIE DEFINIER-
TEN AKTIVITÄTSPARAMETER

Mit dem Parameter *MULTIPLIKATIONSPOTENTIAL* (MP) wird erfaßt, ob sich die innovativen Fertigungstechnologien noch zur Herstellung weiterer Produkte, als den konkret untersuchten, anwenden lassen. Diese notwendige Relativierung des ersten Parameters kann sich insbesondere auch auf den Kapazitätsbedarf beziehen, der durch zukünftige Produkte verursacht werden könnte.

In Abgrenzung zu den *FORTLAUFENDEN* negativen Effekten einer Technologieanwendung - sie finden bereits im Parameter "Nutzen" Berücksichtigung - kennzeichnet der *REALISIERUNGSAUFWAND* (RA) die erforderlichen *EINMALIGEN* Initialleistungen. Dies ist insbesondere der Verzehr der Ressourcen Kapital und Personal; z.B. Investitionen in Maschinen und Werkzeuge, Änderungsaufwand in Entwicklung, Konstruktion, Arbeitsplanung sowie typischerweise produktbezogene Technologienentwicklung, da Standardlösungen nicht existent sind.

Im Parameter *TECHNISCHE EIGNUNG* (TE) sind schwerpunktmäßig Proxy-Attribute subsummiert, da die technische Machbarkeit per se kein eigenständiges Innovationsziel darstellt. Eine Beurteilung, in welchem Maße eine Technologie geeignet ist, Geometrie und Werkstoff eines konkreten Bauteiles in der angestrebten Qualität (Toleranzen) und Reproduzierbarkeit zu fertigen, spielt jedoch für die Bestimmung des Einsatzzeitpunktes von Aktivitäten eine gewichtige Rolle.

Die hinreichende Ergänzung ist in diesem Zusammenhang eine Prognose des *TECHNOLOGIEENTWICKLUNGSPOTENTIALS* (TP). Dieser Parameter kann pragmatisch, durch Abschätzung der Technologielebenszykusposition sowie durch Extrapolationen der Entwicklung von Leistungsparametern (Expertenbefragungen) attributiv beschrieben werden.

Ausgerichtet auf diese Aktivitätsparameter wird in der Planungsaktivität {A51}
- ein *BEURTEILUNGSSYSTEM* zwecks Bestimmung und Quantifizierung der Wirkungen eines Technologieeinsatzes {A511-A513} und
- ein *BEWERTUNGSSYSTEM* zur regelgestützten Bewertung und Interpretation der Wirkungen {A514-A515}

aufgebaut und anwendungsfallspezifisch kalibriert.

Analog zum Vorgehen bei Scoring Modellen[1] werden zum Aufbau des *BEURTEILUNGSSYSTEMS* die Aktivitätsparameter mittels Zielkriterien definiert und präzisiert {A511}. Zu beachten sind theoretisch-wissenschaftliche Forderungen, um die rationale Abbildung der Präferenzen des Entscheiders sicherzustellen [ausführlich bei EISE93]:

---

[1] Bei BROSE findet sich eine detaillierte Analyse der in der Literatur vorgeschlagenen Vorgehensweisen [vgl. BROS82], so daß an dieser Stelle auf weitergehende Erörterungen verzichtet werden kann.

- die Vollständigkeit hinsichtlich aller wesentlichen Aspekte,
- die Redundanzfreiheit der Attributbedeutungen sowie
- die Präferenzunabhängigkeit.

Im Schrifttum wird kontrovers diskutiert, ob menschliche Einschätzungen wie die Gewichtung von Zielkriterien oder die Quantifizierung der Wirkung auf KARDINALEM Skalenniveau getroffen werden können. Diese Forderung besteht jedoch aus entscheidungstheoretischer Sicht [vgl. WERN93, EISE93, PLIN94], damit die zur Verarbeitung der einzelnen Werturteile notwendigen Rechenoperationen angewendet werden dürfen. HARKER verweist auf zahlreiche psychologische Untersuchungen, nach denen eine von SAATY (Bild 31) vorgestellte Interpretation im Rahmen der AHP-Methode (Analytic Hierarchy Process) eine Messung menschlicher Einschätzungen auf kardinalem Niveau ermöglicht [vgl. HARK87].

Aus diesem Grund wird für die GEWICHTUNG der Zielkriterien {A512} die aus der präskriptiven Entscheidungstheorie bekannte Methode des paarweisen Vergleichs angewendet [vgl. ZIMM91]: In Paarvergleichen ist jedes Kriterium relativ zu jedem anderen mit Punkten zu bewerten; die Ergebnisse bilden die Koeffizienten einer n x n Paarvergleichsmatrix (A). Die in Bild 31 aufgeführte 9 Punkte-Skala von SAATY bietet eine Hilfestellung, um möglichst auf kardinalem Niveau zu arbeiten.

Unter der Annahme, daß Fehlbeurteilungen in den Koeffizienten der Matrix nur geringe Änderungen der Eigenwerte (λ) ggü. einer theoretisch konsistenten Matrix nach sich ziehen, hat SAATY einen Auswertealgorithmus entwickelt. Dieser führt in drei Schritten auf den normierten Gewichtsvektor (w) (Bild 31, unten). Bei mehr als drei Kriterien je Aktivitätsparameter können auch bei kardinalem Niveau gewisse Inkonsistenzen toleriert werden. Bei der entsprechenden Prüfung nach HARKER wird ein definitorischer Konsistenzwert der erstellten Entscheidungsmatrix dem Konsistenzwert einer zufällig ausgefüllten Paarvergleichsmatrix (RI-Random Index Wert) gegenübergestellt [vgl. HARK89].

Im Anschluß an die Gewichtung sind ferner mögliche Ausprägungen der Zielkriterien zu formulieren, da die Beurteilungen im Team vorgenommen werden und ein einheitliches Verständnis und "Gefühl" für die Punktwerte grundlegend wichtig ist {A513}. Auch für diese LINGUISTISCHE SKALIERUNG i.S. einer Maßskala ist auf die Interpretation von SAATY zurückzugreifen, um Werturteile auf möglichst kardinalem Niveau zu unterstützen. In der praktischen Methodikanwendung empfiehlt es sich darüber hinaus, die SAATY-Interpretation um unternehmensindividuelle Ausprägungen zu ergänzen, um der subjektiven Bilanzgrenze der Aktivitätsparameter Rechnung zu tragen.

Anhand von Plausibilitätstests, z.B. Nutzenäquivalenz [vgl. HABE94], muß abschließend die Sinnhaftigkeit der Maßskalen überprüft werden. Als Ergebnis der Planungsschritte {A511-A513} liegt eine Beurteilungsmatrix vor, welche die Grundlage zur unternehmensindividuellen Bestimmung und Quantifizierung der Wirkungen eines Technologieeinsatzes bildet.

Skalenwert	Definition	Interpretation nach Saaty
1	gleiche Bedeutung	Beide verglichenen Elemente haben die gleiche Bedeutung für das nächsthöhere Element (Ziel).
3	etwas größere Bedeutung	Erfahrungen und Einschätzungen sprechen für eine etwas größere Bedeutung eines Elements im Vergleich zu einem anderen.
5	erheblich größere Bedeutung	Erfahrung und Einschätzung sprechen für eine erheblich größere Bedeutung eines Elementes im Vergleich zu einem anderen.
7	sehr viel größere Bedeutung	Die sehr viel größere Bedeutung eines Elements hat sich in der Vergangenheit klar gezeigt.
9	absolut dominierend	Es handelt sich um den größtmöglichen Bedeutungsunterschied zwischen zwei Elementen.
2,4,6,8	Zwischenwerte	Zwischen zwei benachbarten Urteilen muß eine Übereinkunft getroffen werden, ein Kompromiß. [Quelle:ZIMM91]

Aufstellen der Paarvergleiche

(nxn)-Paarvergleichs-Matrix A je Zielkriterium der Aktivitätsparameter für n>3
- Nutzen
- Multiplikationspotential
- Realisierungsaufwand
- ...

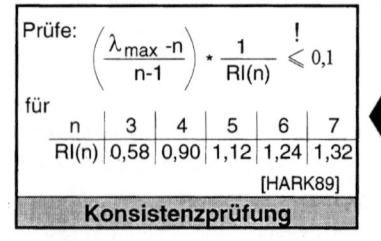

Prüfe: $\left(\dfrac{\lambda_{max} - n}{n-1}\right) * \dfrac{1}{RI(n)} \overset{!}{\leq} 0{,}1$

für

n	3	4	5	6	7
RI(n)	0,58	0,90	1,12	1,24	1,32

[HARK89]

Konsistenzprüfung

Berechnung des Gewichtungsvektors

[1] Berechne größten Eigenwert λ_{max} von A, mit

$$\det(A - \lambda E) = 0$$
$$E = \text{Einheitsmatrix}$$

[2] Bestimme $\overline{w} \in \mathbb{R}^n$ mit $\overline{w} \neq 0 \in \mathbb{R}^n$
für $(A - \lambda E) * \overline{w} = 0$ mit $\widetilde{w}_i \geq 0$

[3] Normierung von $\overline{w}$:

$$w_j = \dfrac{\widetilde{w}_j}{\sum_{i=1}^{n} \widetilde{w}_i}$$

BILD 31 INTERPRETATION UND GEWICHTUNG DER ZIELKRITERIEN MIT HILFE DES ANSATZES VON SAATY UND HARKER [VGL. ZIMM91]

Eng verknüpft mit der Struktur des Beurteilungssystems ist das BEWERTUNGSSYSTEM, durch das der Entscheider eine Interpretation der ermittelten Wirkungen eines Technologieeinsatzes vornehmen kann. Zur Abbildung der Präferenzen in einem Bewertungssystem können prinzipiell Entscheidungsregeln genutzt werden [vgl. EISE93]. Die Entscheidungsregeln haben einen Bedingungsteil (Wenn ...), in dem die Aktivitätsparameter mit UND/ODER verknüpft werden, und einen Ausführungsteil (Dann ...), in dem die durchzuführende Aktion angesprochen wird. Werden Regeln zugelassen, die auf SPRACHLICHEN Ausdrücken basieren, so bietet dies den Vorteil, strategiekonforme Aussagen PLAUSIBEL formulieren zu können. Dem Entscheider fällt zudem die Ableitung der Aussage im Dann-Teil leichter, wenn die IST-Merkmale im Wenn-Teil eine fiktive Maximalausprägung aufweisen. Eine nachvollziehbare logische Regel lautet bspw.:

- "WENN der Nutzen positiv UND der Realisierungsaufwand niedrig UND die Technische Eignung hoch ist, DANN ist der Ansatz mit Priorität zu prüfen".

ZIMMERMANN führt dazu aus, daß insbesondere sprachliche Modelle für Menschen genügend verständlich und signifikant sind [vgl. ZIMM93b]. Eine allgemein nachvollziehbare Entscheidungsregel mit scharfen Zahlen aufzustellen, die den zu erwartenden Werturteilen ähnlich sind, ist hingegen problembehaftet. Dies kann an einem analogen Beispiel verdeutlicht werden:

- "WENN der Nutzen zwischen 0.64-0.78 UND der Realisierungsaufwand zwischen 0,54-0.62 UND die technische Machbarkeit größer 0.82 ist, DANN ist die Priorität 0,77".

Zur Ermittlung eines TK-Beschreibungsparameters sind i.allg. mehrere Regeln erforderlich, um die Präferenzen des Entscheiders hinreichend genau abbilden zu können. Alle Regeln zur Bestimmung derselben Ausgangsgröße werden zu einer Regelschicht zusammengefaßt. Im Bewertungssystem werden vier REGELSCHICHTEN unterschieden, die mit ihren (Eingangs-) Aktivitätsparametern und (Ausgangs-) TK-Beschreibungsparametern im unteren Teil des Bildes 30 dargestellt sind. Die Forderung, daß Aussagen mit Bezug zum Parameter NUTZEN immer vor dem Hintergrund des unternehmensweiten MULTIPLIKATIONSPOTENTIALS zu treffen sind, ist durch Bildung der definitorischen Zustandsgröße GESAMTNUTZEN erfüllt. Zu diesem Zweck wird die Regelschicht S1 aufgestellt. Die drei weiteren Regelschichten führen dann auf die eigentlichen TK-Beschreibungsparameter. Im Rahmen dieser Ausarbeitung sind jeweils für die Innovationsstrategie FÜHRER und FOLGER idealtypische Regelschichten erarbeitet worden (Anhang E). Diese sind bei der Anwendung der Methodik entsprechend der unternehmensindividuellen Innovationsstrategie zu überarbeiten {A514}. Gegenüber der Strategiefestlegung in der Planungsphase SITUATIONSANALYSE sind an dieser Stelle auch beliebige Mischstrategien zulässig und individuell abbildbar.

Wie einleitend erörtert, bieten sich zur Operationalisierung des hier aufgezeigten Bewertungssystems zwei verschiedene theoretische Ansätze an. In dieser Untersuchung werden aus zwei Gründen die Instrumente der *FUZZY-SET-THEORY* (Theorie der unscharfen Mengen) gewählt:

- Auch wenn die erörterten Randbedingungen der präskriptiven Entscheidungstheorie beachtet werden, sind die im Beurteilungssystem ermittelten Punktwerte je Aktivitätsparameter faktisch mit Unsicherheit behaftet (vgl. Kap. 4.5.1). Es wird zwar ein konkreter Zahlenwert "ausgerechnet"; dieser muß aber als unscharfe Kenngröße verstanden werden und kann damit adäquat durch unscharfe Mengen beschrieben werden.
- Die sprachlichen Konstrukte der Entscheidungsregeln können trotz lexikalischer Elastizität mit den wissensbasierten Ansätzen der Fuzzy-Set-Theory effizient und "inhaltserhaltend" in EDV-Systemen abgebildet und verarbeitet werden [vgl. ZIMM93b].

Die Fuzzy-Set-Theory wurde in den sechziger Jahren von ZADEH begründet, seit dem weiterentwickelt und in zahlreichen Anwendungen eingesetzt [vgl. ZADE65, KUHN95]. Der Grundgedanke liegt im Verständnis der Zugehörigkeit eines Elementes zu einer Menge, die als graduell angesehen wird und durch einen *ZUGEHÖRIGKEITSGRAD* zur Menge angegeben wird. Es wird damit nicht gefordert, daß bei jedem Element eindeutig feststehen muß, ob es der Menge angehört oder nicht. Das zentrale Repräsentationskonzept für die Verarbeitung der Unsicherheit sind *LINGUISTISCHE VARIABLEN*, die die Darstellung und Verarbeitung sprachlicher Ausdrücke mit definierter Semantik erlauben. Dem Wert dieser Variable werden dabei keine Zahlen, sondern sprachliche Konstrukte zugeordnet (*TERME*). Die Terme werden inhaltlich durch unscharfe Mengen auf einer Basisvariablen definiert [vgl. ZIMM93a, ZIMM93b]. Hinsichtlich der theoretischen Grundlagen der Verarbeitung von unscharfen Mengen muß an dieser Stelle auf die umfangreiche Fachliteratur[1] verwiesen werden. Die folgenden Ausführungen konzentrieren sich ausschließlich auf die konkreten, das Bewertungssystem tangierenden Zusammenhänge.

FUZZY-CONTROL erlaubt die Regelung komplexer technischer Prozesse durch die Verarbeitung regelbasierten, linguistischen Wissens [vgl. KAHL93, ZIMM93b]. Bild 32 zeigt die Übertragung dieses Prinzips als regelorientiertes Entscheidungsmodell auf die vorliegende Bewertungsaufgabe.

Die Eingangsdaten müssen zunächst in eine linguistische Form überführt werden (*FUZZYFIZIERUNG*); für einen scharfen Wert werden die Zugehörigkeitsgrade (μ) zu den unscharfen Mengen (Terme: n, h, sh) der linguistischen Variablen bestimmt. In der

---

[1] Die Grundlagen, Definitionen sowie anschauliche Beispiele finden sich bei [ZIMM93a]. Vergleiche aber auch [SCHW83, ALTR91, ZIMM92, WERN92, ZIMM93b, KAHL93] und die dort angegebenen Quellen.

Detaillierung der Planungsmethodik   Seite 91

schematischen Darstellung (Bild 32, unten) gehört die Eingangsgröße (X_{ist}) zu den Mengen HOCH (μ=0.25) und SEHR HOCH (μ=0.75).

Da der Bedingungsteil einer Regel mehrere linguistische Variablen (Nutzen, Realisierungsaufwand etc.) enthält, muß in einem Zwischenschritt berechnet werden, zu welchem Grad der Bedingungsteil in seiner GESAMTHEIT erfüllt ist. Die Interpretation der Verknüpfung der Variablen wird durch einen AGGREGATIONSOPERATOR festgelegt [ZIMM92]. Im vorliegenden Fall des UND entspricht das Verständnis im Sprachgebrauch ("linguistisches und") nicht der mathematischen Operation ("logisches und"). Als Lösung bietet sich die Nutzung des KOMPENSATORISCHEN UND an, dessen Auswahl empirisch zu rechtfertigen ist [vgl. ALTR91]. Mit dem Aggregationsoperator wird der Erfüllungsgrad des Wenn-Teiles der Regeln aller Regelschichten (S1-S4) bestimmt.

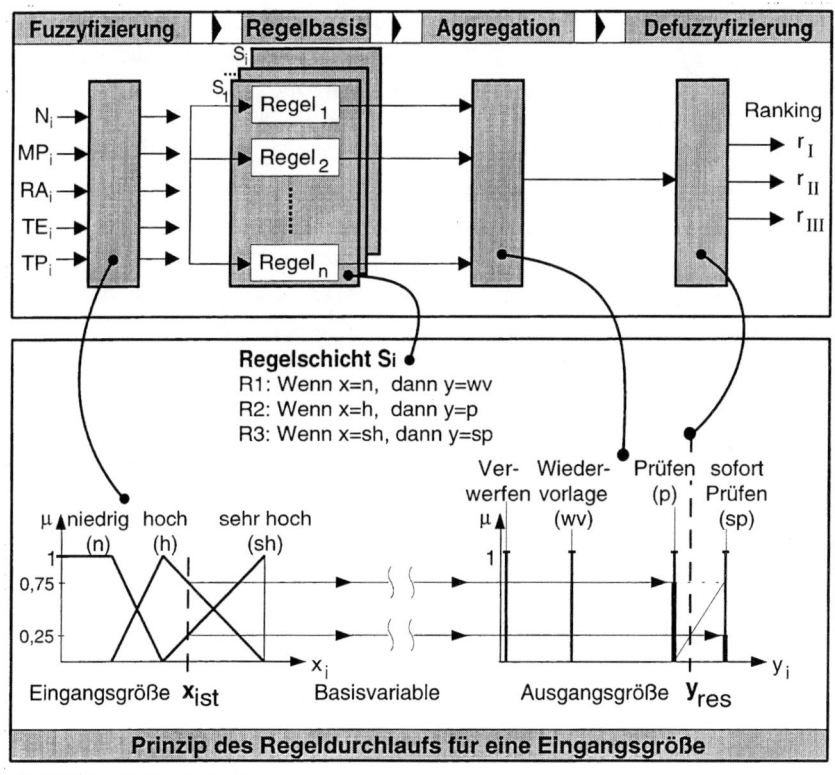

Legende:
- S_i : Regelschichten
- x_i : aggregierte Ausprägungen der Aktivitätsparameter je Ansatz 2ter Ordnung
- r_i : Wert, der Stellung des Ansatzes im Ranking i beschreibt

BILD 32   PRINZIP EINES REGELBASIERTEN ENTSCHEIDUNGSMODELLS MIT UNSCHARFEN MENGEN

Der Schluß vom Erfüllungsgrad des Wenn-Teils auf den Erfüllungsgrad des Dann-Teils wird als Implikation bezeichnet und ist über einen IMPLIKATIONSOPERATOR mathematisch definiert. Das Prinzip kann bei EINER linguistischen Variablen gut schematisch verdeutlicht werden (Bild 32, unten). Durch jede Regel wird auf diese Art eine Ausgangsmenge angesprochen, die es im nächsten Schritt je Regelschicht zu aggregieren gilt. Als Ausgangsmengen werden in dem entwickelten System SINGLETONS gewählt, die eine in einem Punkt vereinigte Fläche repräsentieren. Die Singletons sind übersichtlich und vermeiden ein weiteres Festlegen unscharfer Mengen in Zugehörigkeitsfunktionen. Für die AGGREGATION der Singletons ist der AKKUMULATIONSOPERATOR auszuwählen. Als Zwischenergebnis liegt an dieser Stelle für jede Regelschicht vor, wie stark jeder Ausgangsterm (hier: Verwerfen, Wiedervorlage etc.) angesprochen wird. Um ein Ranking der Ansätze je Beschreibungsparameter zu erhalten, ist abschließend eine DEFUZZYFIZIERUNG erforderlich (Bild 32). Dazu wird die Schwerpunktmethode genutzt: die Informationen aller angesprochenen Regeln gehen durch die Berechnung des gemeinsamen Schwerpunktes in die Ergebnisermittlung ein. Die Defuzzyfizierung führt damit je TK-Beschreibungsparameter auf eine Reihenfolge von Werten (Ranking), die jeweils einen Ansatz repräsentieren.

Es bleibt festzuhalten, daß die Vielzahl der möglichen Parameter (Terme, Zugehörigkeitsfunktionen, Operatoren) eine hohe Unübersichtlichkeit nach sich zieht und die richtige, unternehmensindividuelle Einrichtung des Bewertungssystems erschwert. Eine Analyse von LEHMANN zeigt, daß in den meisten Veröffentlichungen die Festlegung der Parameter übergangen oder die Wahl offen gelassen wird [vgl. LEHM92]. Verschiedentlich lassen sich die richtigen Parameter nicht theoretisch ableiten, sondern sind empirisch-analytisch zu bestimmen [vgl. ZIMM92].

Aus diesen Gründen ist im Rahmen dieser Untersuchung eine EMPIRISCHE ÜBERPRÜFUNG der Funktionsfähigkeit des Bewertungssystems zwingend erforderlich. Die Grundlage dafür sind die Beurteilungen von 30 Innovationsansätzen aus industriellen Forschungsprojekten (vgl. Kap. 5.2). Im Rahmen einer Sensitivitätsanalyse sind die Parameter (Regelbasis, linguistische Terme, Ausgangsmengen, Operatoren) des Bewertungssystems sinnvoll variiert worden. Folgende Erkenntnisse resultieren aus der Plausibilitätsanalyse der Ergebnisse:

- Wesentlichen Einfluß auf das Bewertungsergebnis haben die DEFINITION DER REGELBASIS {A514} und der LINGUISTISCHEN TERME DER EINGANGSMENGEN {A515}. Als Hilfsmittel zur Definition der linguistischen Variablen ist für diese Arbeit ein Katalog abgeleitet worden, der idealtypische Vorlagen für unscharfe Mengen und Zugehörigkeitsfunktionen je Aktivitätsparameter enthält (Anhang E).
- Alle AUSGANGSMENGEN sind - wie bereits begründet - als Singletons auszuführen. Die Abstände der Terme voneinander haben dabei nur untergeordneten Einfluß auf

das Bewertungsergebnis; so wie in Anhang E vorgegeben, sind sie allgemein einsetzbar.

- Als AGGREGATIONSOPERATOR zur Ermittlung des Erfüllungsgrades ist der Produkt-Operator geeignet. Diejenigen Regeln erhalten ein starkes Gewicht, bei denen die Ausprägung der Aktivitätsparameter am besten mit den in den Regeln verwendeten Termen übereinstimmen. Der Produkt-Operator entspricht dem LOGISCHEN UND ohne Kompensation. Erhöht man die Kompensation (Gamma-Operator), so werden die Erfüllungsgrade des Bedingungsteils größer, der relative Abstand wird jedoch kleiner. Insgesamt verstärkt der Produkt-Operator die Unterschiede der Ansätze. Da Singletons verwendet werden, verhalten sich die IMPLIKATIONSOPERATOREN gleich.

Als AKKUMULATIONSOPERATOR ist der Summen-Operator zu wählen, womit auch ein schwaches Ansprechen eines Ausgangsterms addiert und in die Defuzzyfizierung eingebracht wird.

Mit den empirisch abgeleiteten Parametern ist das Bewertungssystem für eine praktische Anwendung hinreichend genau beschrieben. Für die praktische Methodikanwendung wurde der EDV-Prototyp STRATECH entwickelt (Kapitel 5.1).

4.5.3 DURCHFÜHRUNG DER BEWERTUNG

Das im vorherigen Kapitel hergeleitete Beurteilungs- und Bewertungssystem stellt den Rahmen zur Durchführung der Bewertung dar. Anhand der Beurteilungsmatrix sind alle Ansätze im Team zu beurteilen {A521}. Berücksichtigung finden die definierten Technologieeinsatzkriterien (TEK). Die Einzelurteile der Wirkungen auf die Zielkriterien sind anschließend gemäß der Gewichtung zu aggregieren und zu normieren {A522}. Das Ergebnis ist eine Matrix, die je Ansatz für alle Aktivitätsparameter einen Koeffizienten hat. Der Betrag der Koeffizienten ist kleiner oder gleich eins.

Diese Matrix kann in das entwickelte Fuzzytool "straTECH" eingelesen werden. Die Fuzzyfizierung, sämtliche Regeldurchläufe und Verknüpfungen (Implikation) sowie die Defuzzyfizierung laufen automatisch ab. Als Ergebnis kann je TK-Beschreibungsparameter ein Ranking der Ansätze (hier: Balkendiagramm) ausgegeben werden (Bild 33). Dieses quasi-automatisch erstellte Ranking gilt es nun "von Hand" auszuwerten. Aus dem Diagramm PRIORITÄT sind in der Diskussion die einleitend beschriebenen Normstrategien abzuleiten. Die Diskussion soll bewußt auch der Kontrolle der errechneten Rankings dienen, um durch die Plausibilitätsprüfung die Akzeptanz der Ergebnisse sicherzustellen. Durch vertikale Einteilungen bei signifikanten Schwellwerten können Klassen abgegrenzt werden, die eine Zuordnung der Ausprägungen (sofort Prüfen, Prüfen, Wiedervorlage, Verwerfen) zulassen {A524}. Für alle nicht verworfenen Ansätze ist dieses *KALIBRIEREN* bei den Rankings *F&E-EINSATZ* und *FRISTIGKEIT* zu wiederholen {A525-A526}. Jeder nicht verworfene Ansatz kann anhand der Ausprägungen der drei Beschreibungsparameter in den Technologiekalender eingeordnet werden. Die TK-Beschreibungsparameter determinieren den Technologiebereich des Technologiekalenders (Bild 33, unten) und geben an:

- welche *PRIORITÄT* der Einsatz einer Fertigungstechnologie für ein konkretes PSE aus Sicht des Unternehmens hat,
- welcher *ZEITLICHE HORIZONT* für einen Technologieeinsatz bezogen auf das PSE möglich erscheint sowie
- eine fallweise Empfehlung (notwendig und hinreichend) für einen strategiekonformen *F&E-EINSATZ*.

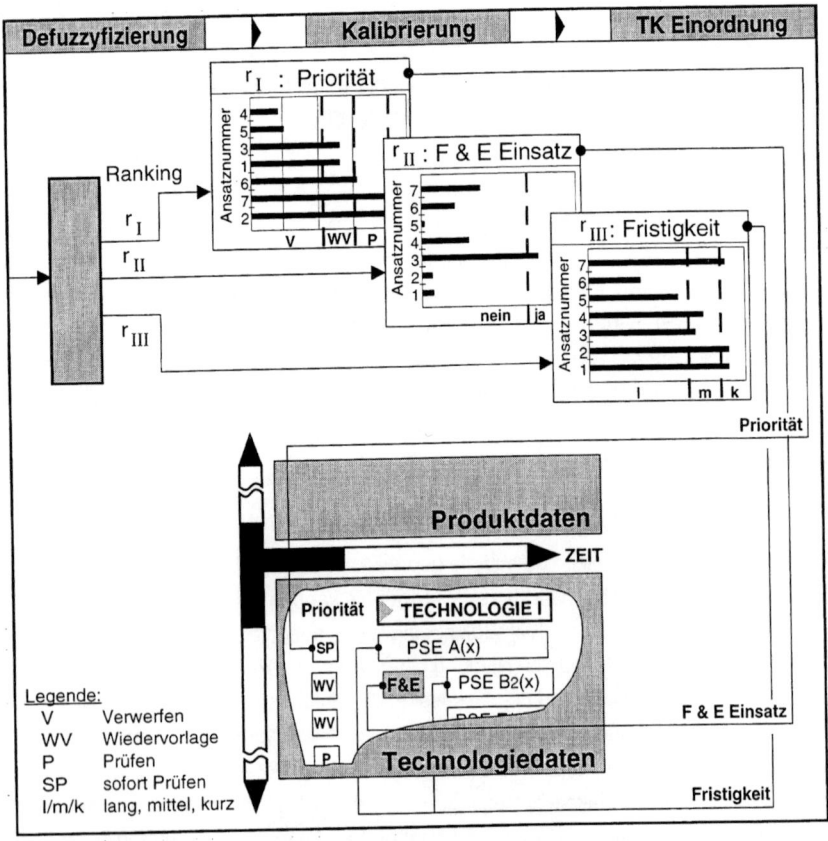

BILD 33 ABLEITUNG DER BESCHREIBUNGSPARAMETER ZUR EINORDNUNG VON ANSÄTZEN 2TER ORDNUNG IN EINEN TECHNOLOGIEKALENDER

Die mit dem Ansatz "Technologiekalender" verfolgten Absichten der unternehmensweiten Synchronisation und effektiven Ressourcenallokation können nur umgesetzt werden, wenn eine NACHVOLLZIEHBARE VERBINDUNG von Produkt- und Technologiebereich besteht (Bild 33). Durch die sukzessive und ansatzbezogene Herleitung der TK-Beschreibungsparameter kann das Konzept von WESTKÄMPER (Kap. 2.2.4) wie folgt erweitert werden: Unterhalb der Fertigungstechnologien werden alle mit ihnen zu bearbeitenden, relevanten PSE aufgeführt. Die exakte Struktur dieses modifizierten Technologiekalenders ist Gegenstand der Erörterungen in Kapitel 4.6.

4.5.4 ZWISCHENFAZIT

Für die Vielzahl der erarbeiteten Innovationsansätze werden in dieser Planungsphase jeweils drei TK-Beschreibungsparameter abgeleitet ("Priorität, F&E-Einsatz, Fristigkeit"), die eine Erstellung des Technologiekalenders ermöglichen. Die Bewertungssituation ist durch Unsicherheit, gegenseitige Abhängigkeit und starke Heterogenität der Alternativen sowie eine große Datenmenge gekennzeichnet. Da bekannte Bewertungsansätze nicht zufriedenstellend genutzt werden können, ist ein Modell für ein

- BEURTEILUNGSSYSTEM zur Bestimmung und Quantifizierung der Wirkungen eines Technologieeinsatzes und ein
- BEWERTUNGSSYSTEM zur strategiekonformen, regelgestützten Interpretation der Wirkungen

entwickelt worden. Die Grundlage dazu bieten allgemeine entscheidungstheoretische Instrumente und die Theorie der unscharfen Mengen (Fuzzy-Set-Theorie). Um die Komplexität zu reduzieren, konzentrieren sich die Datenerhebungen auf wenige, bestimmende Planungsgrößen, die AKTIVITÄTSPARAMETER. Die Ausprägungen der Parameter "Nutzen, Multiplikationspotential, Realisierungsaufwand, Technische Eignung und Technologieentwicklungspotential" repräsentieren die Wirkungen eines Innovationsansatzes. Eine Interpretation der Aktivitätsparameter durch Entscheidungsregeln führt auf die TK-BESCHREIBUNGSPARAMETER, welche die Grundlage für den Aufbau des Technologiekalenders darstellen. Die Gestaltungsfreiheit des entwickelten Konzeptes erlaubt die Berücksichtigung sowohl unternehmensindividueller strategischer Randbedingungen als auch unterschiedlicher Beurteilungsattribute und Wirkungseffekte.

Im Methodikablauf ist das Beurteilungs- und Bewertungssystem im Kontext der Planungssituation einzurichten {A511-A515}. Dazu werden anhand einer Checkliste Zielkriterien abgeleitet und mit der Eigenwertmethode nach SAATY gewichtet. Eine Beschreibung der möglichen Ausprägungen der Zielkriterien - ebenfalls auf Basis der SAATY-Interpretation - führt unmittelbar auf eine Beurteilungsmatrix. Diese erlaubt auf annähernd kardinalem Skalenniveau eine Bestimmung der Aktivitätsparameter je Ansatz 2ter Ordnung. Mit den Beurteilungswerten wird eine Regelbasis (eine Regelschicht je TK-Beschreibungsparameter) durchlaufen, welche die Innovationsstrategie abbildet. Die Fuzzyfizierung, Aggregation, Implikation und Defuzzyfizierung werden AUTOMATISCH im Programmablauf ausgeführt. Das Ergebnis der Fuzzy-Verarbeitung ist eine Rangfolge (Ranking) der Ansätze pro TK-Beschreibungskriterium. In einer Diskussion sind die Plausibilität der Ergebnisse zu überprüfen und Normstrategien für den Aufbau des Technologiekalenders (Kap. 4.6) abzuleiten {A521-A526}.

4.6 AKTIVITÄTENPROGRAMM

Der Gegenstand der letzten Planungsphase des Makrozyklus ist die Synthetisierung der Einzelergebnisse. Mit den Planungsaktivitäten wird auf die Erstellung eines TECHNOLOGIEKALENDERS abgezielt. Dabei liegt die Annahme zugrunde, daß durch eigene Aktivitäten die Zeitpunkte des zukünftigen Einsatzes innovativer Fertigungstechnologien aktiv beeinflußt werden können. Die Prognose von Technologieentwicklungen und das Aktivitätenprogramm sind verschmolzen. Da die zugrundeliegenden Einzelansätze produktbezogen entwickelt und bewertet werden, ist der Technologiekalender ausschließlich UNTERNEHMENSINDIVIDUELL zu interpretieren. Die Erstellung desselben ist der Inhalt von drei Planungsaktivitäten:

- Einordnung produktbezogener Daten {A61},
- Verknüpfung technologiebezogener Daten {A62} sowie
- Ableitung unternehmensspezifischer Aktivitäten {A63}.

4.6.1 ERSTELLUNG DES TECHNOLOGIEKALENDERS

Das Technologiekalenderkonzept von WESTKÄMPER ist in Kap. 2.6 ausführlich erörtert worden. Die herausgearbeiteten Defizite machen eine methodikkonforme Erweiterung dieses bekannten Ansatzes unabdingbar. Vor dem Hintergrund des einleitend dargelegten Verständnisses des Technologiekalenders werden zusätzliche, im Methodikablauf gewonnene Erkenntnisse in die Darstellung integriert; das Konzept erfährt i.S. einer handlungsorientierten Anwendung eine sinnvolle Erweiterung. Die Struktur des modifizierten Technologiekalenders ist in Bild 34 dargestellt.

Der (modifizierte) Technologiekalender ist die SYSTEMATISCHE, NACHVOLLZIEHBARE und UNTERNEHMENSINDIVIDUELLE Gegenüberstellung von zu fertigenden Produkten und den dazu einsetzbaren Fertigungstechnologien. Er wird durch die Achsen PRODUKT, TECHNOLOGIE und ZEIT aufgespannt. Die Erstellung basiert auf den Erkenntnissen vorheriger Planungsphasen:

Detaillierung der Planungsmethodik	Seite 97

- die im Produktbereich aufgeführten Daten beruhen auf den Ergebnissen der Produktanalyse {A2} sowie den kreativen Ergebnissen der Alternativensuche {A3} und Variantenkreation {A4},
- die nachvollziehbare Vernetzung von Produktbereich und Technologiebereich wird durch die Aufschlüsselung bis auf PSE-Ebene erreicht,
- alle Prämissen und Einordnungsmerkmale resultieren aus den abgeleiteten Normstrategien {A5}.

Im PRODUKTBEREICH (Achse PRODUKT, Achse ZEIT) ist für alle relevanten Produkte der langfristige Absatz- bzw. Produktionsplan anhand der prognostizierten STÜCKZAHLEN aufzutragen {A61}. Unterhalb der Produkte werden die als relevant ermittelten Produktstrukturelemente - geordnet nach ihrem Herstellkostenanteil (HK-ANTEIL) - eingetragen. Dabei werden die im Zusammenhang mit dem Technologieeinsatz entwickelten konstruktiven Änderungen der Produktstruktur (z.B. Partial- oder Integralbauweise [KOLL85]) markiert.

Die zeitliche Einordnung dieser Markierung wird durch zwei Einflußgrößen bestimmt: Erstens verzehrt jedes Unternehmen einen gewissen Zeitanteil für die Umsetzungsprozeduren bei Produktänderungen (Zulassungsverfahren, Werkzeugbau etc.). Zweitens kann die Technologiereife des Verfahrens zur Herstellung der NEUEN Produktkomponente den Umsetzungszeitpunkt definieren. Bei gleichbleibender Produktstruktur sind ferner die Produktkomponenten zu kennzeichnen, bei denen der Technologieeinsatz eine merkliche Entwicklungsarbeit (F&E) hinsichtlich der Bauteilgestalt oder -schnittstellen erfordert (bspw. Neuauslegung für eine Blechkonstruktion ggü. einem Zerspanteil).

Im TECHNOLOGIEBEREICH (Achse TECHNOLOGIE, Achse ZEIT) sind die Fertigungstechnologien aufgenommen, die zur effektiven Herstellung der PSE zukünftig genutzt werden können {A62}. Wie erläutert, werden die PSE aus dem Produktbereich nochmals unterhalb der jeweiligen Fertigungstechnologien aufgeführt, um die Vernetzung von Produkt- und Technologiebereich NACHVOLLZIEHBAR zu gestalten. Das Schema in Bild 34 zeigt, daß die Einsatzzeitpunkte derselben Fertigungstechnologie in Abhängigkeit von der konkreten Anwendung variieren können (FRISTIGKEIT); die Markierung für die Technologie wird auf den Zeitpunkt der erstmaligen Anwendung bei einem PSE gesetzt. Für die Technologieanwendung wird je PSE gemäß der ermittelten Normstrategie die PRIORITÄT gekennzeichnet (sofortige Prüfung etc.). Weiterhin wird das den Technologieeinsatz bestimmende Kriterium (TEK) je PSE aufgenommen. Hat die Normstrategie einen Bedarf für eigene technologiebezogene Entwicklungen ausgewiesen, so kann das PSE mit der Markierung (F&E) gekennzeichnet werden. Grundsätzlich kann das gleiche PSE auch unterhalb mehrerer Fertigungstechnologien aufgeführt werden. Die Planungshistorie jeder Zeile im Produkt- und Technologiebereich des Technologiekalenders ist entweder im Technologiemodell oder im planungsorientierten Produktmodell (Teilbereich Ansätze) dokumentiert. Die dort abgelegten Detailangaben ermöglichen es, die Wiederhol- und Detailplanungen personenunabhängig durchzuführen.

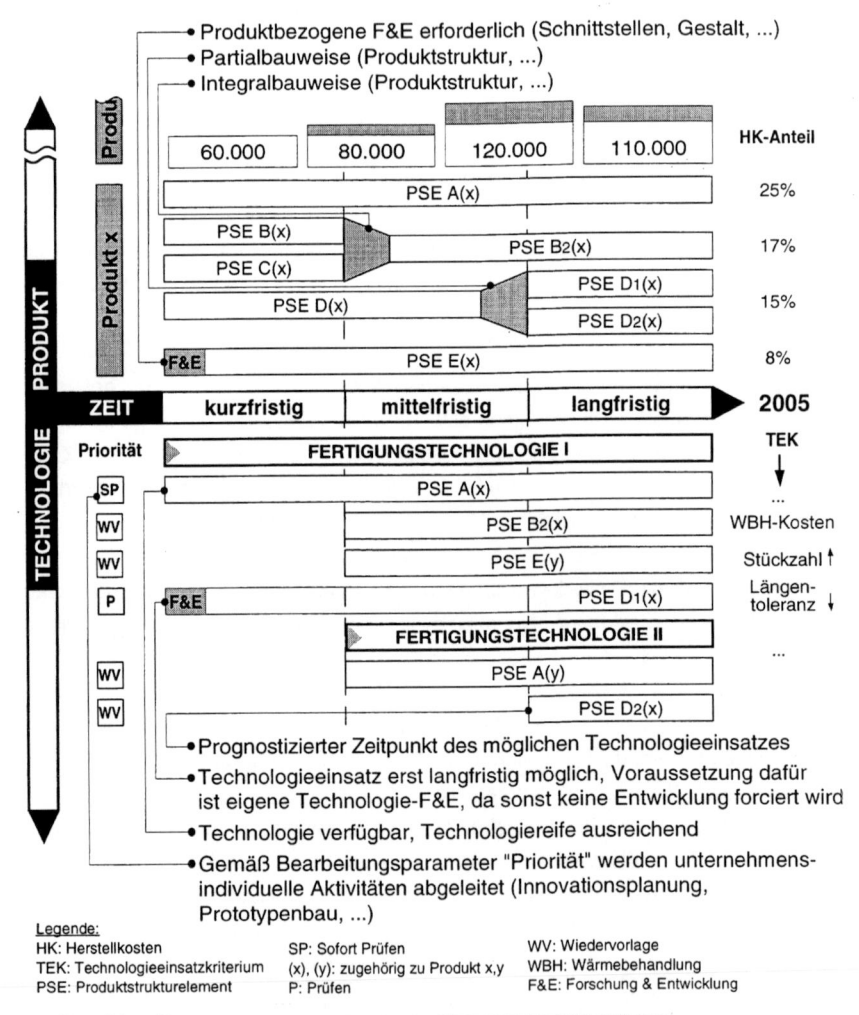

BILD 34   STRUKTUR DES MODIFIZIERTEN TECHNOLOGIEKALENDERS

Legende:
HK: Herstellkosten
TEK: Technologieeinsatzkriterium
PSE: Produktstrukturelement
SP: Sofort Prüfen
(x), (y): zugehörig zu Produkt x,y
P: Prüfen
WV: Wiedervorlage
WBH: Wärmebehandlung
F&E: Forschung & Entwicklung

Die prinzipiellen Ausführungen zur Struktur und zum Informationsinhalt der TK-Darstellung sollen durch ein *KONSTRUIERTES LESEBEISPIEL* des Technologiekalenders in Bild 34 verdeutlicht werden:

Detaillierung der Planungsmethodik   Seite 99

- Die Produktkomponente A kann bereits heute ohne aufwendige Produktentwicklung vorteilhaft mit der Technologie I hergestellt werden (sofort prüfen).
- Da das Intergralbauteil B_2 noch entwickelt und konstruiert werden muß, kann der Einsatz der Technologie I zur Bearbeitung erst mittelfristig erfolgen. Zur Unterstützung stehen dem Konstrukteur Informationen über die spezifischen Technologiepotentiale in Form des entsprechenden Technologiedatenblattes zur Verfügung. Die Priorität für den Technologieeinsatz bei diesem Bauteil ist aufgrund der notwendigen, aufwendigen Produktentwicklung (Realisierungsaufwand) eher gering einzuschätzen. Dazu tragen die derzeit hohen Wärmebehandlungskosten bei, die das eigentlich hohe Kosteneinsparpotential (Nutzen) noch schmälern. Da öffentliche Forschungsprojekte zur automatischen Ofenprozeßführung laufen (Technologieentwicklungspotential), erscheint eine eigene technologiebezogene Forschung nicht sinnig; daher ist erst eine mittelfristige Wiedervorlage der Technologie I für das Produktstrukturelement B_2 eingeplant.
- Das PSE D_1 kann als vereinfachte Partialbauweise ebenfalls vorteilhaft mit der Technologie I hergestelt werden. Dieser Ansatz hat Prüfpriorität, erscheint aber aufgrund zu geringer Technologiereife erst langfristig möglich. Für den Fall, daß keine unternehmensexterne Forschung betrieben wird, ist hier eine technologiebezogene eigene Forschung notwendig. Das TEK zeigt in diesem Zusammenhang an, daß mit konventionellen Umformwerkzeugen die geforderten Längentoleranzen nicht erreicht werden können. Für das PSE D_1 muß ohnehin noch eine produktbezogene F&E durchgeführt werden, so daß bei entsprechender Synchronisation von Produkt- und Technologieentwicklung der Zeitraum bis zum Technologieeinsatz ggf. verkürzt werden kann.

Gegenstand der letzten Planungsaktivität ist die Ableitung von unternehmensindividuellen Aktivitäten zur Erschließung der aufgezeigten Innovationspotentiale.

4.6.2 NUTZUNGSMÖGLICHKEITEN DES TECHNOLOGIEKALENDERS

In dem Technologiekalender ist abgebildet, *WELCHE* innovativen Fertigungstechnologien derzeit oder zukünftig ein Einsatzpotential für *WELCHE* Produkte bieten. Da sowohl horizontal über Produkt- und Technologiebereiche als auch vertikal über zeitlich verschiedene Stufen hinweg geplant wird, trägt der Technologiekalender zu einer ganzheitlichen übergreifenden Sichtweise i.S. einer *STRATEGISCHEN* Planung bei (Topdown). Es steht ein Hilfsmittel zur Verfügung, daß sich anbietet [vgl. EVER93]:

- für die *UNTERNEHMENSLEITUNG*, um die strategische Ausrichtung der Produkt- und Technologieplanung zu steuern und zu kontrollieren,
- für die *PRODUKTIONSVERANTWORTLICHEN*, um bei der Planung neuer Produktionskonzepte die zukünftigen Technologieentwicklungen systematisch zu antizipieren,

- für die KONSTRUKTION, um bei der Gestaltung neuer Produktgenerationen innovative Fertigungsmöglichkeiten zur Herstellung der kundenspezifischen Leistungsmerkmale zu berücksichtigen,
- für ENGINEERING/INVESTITIONSPLANUNG, um gezielt die erforderlichen Forschungs- und Entwicklungsprojekte zu definieren sowie
- für den EINKAUF, um zur Vorbereitung von Make-or-Buy-Entscheidungen den technologiespezifischen Stückzahl- und Kapazitätsbedarf zu ermitteln.

Aus den Positionen und beschreibenden Merkmalen der Produkt- bzw. Technologieeinordungen gilt es, unternehmensweite Umsetzungsaktivitäten abzuleiten bzw. zu synchronisieren. Einige typische Entscheidungen, die auf Basis des Technologiekalenders zu treffen sind, werden nachfolgend aufgezählt (Bild 35):

- Veranlassung detaillierter KOSTENVERGLEICHSRECHNUNGEN zur Konkretisierung kurzfristiger Einsparpotentiale,
- Veranlassung einer INVESTITIONSRECHNUNG bei potentialträchtigen Technologien,
- konstruktive ANPASSUNG der Bauteilgestalt und -struktur an die Potentiale innovativer Fertigungstechnologien; in der Folge sind Konstruktionszeichnungen, Arbeitspläne sowie sonstige Unterlagen der Auftragsabwicklung zu ändern,
- Entwicklungsaufträge für die Nutzung NEUER PRODUKTTECHNOLOGIEN in zukünftigen Produktgenerationen (Leichtbaukonstruktion, Blechtechnologien),
- Erstellung von FUNKTIONSPROTOTYPEN für Produkte,
- Wechsel von Zulieferern, ENTWICKLUNGSKOOPERATIONEN mit Zulieferern zur Erzielung von Technologiesprüngen (Werkzeugentwicklung),
- Initiierung von GENEHMIGUNGS- und FREIGABEPROZEDUREN bei Kunden bzw. öffentlichen Institutionen für einen Technologiewechsel,
- Forcierung eigener TECHNOLOGIEBEZOGENER ENTWICKLUNGEN zur Lösung unternehmensspezifischer Umsetzungsprobleme,
- Berücksichtigung des BEDARFES an RESSOURCEN (Kapital, Personen, etc.) in der Unternehmensplanung (Finanzplanung, Qualifizierung),
- Einplanung einer erneuten Prüfung zu einem späteren Zeitpunkt (Wiedervorlage), falls Fertigungstechnologien höherer Effektivität derzeit noch nicht einsetzbar sind; ergänzend erfolgt die Bekanntmachung der Technologiepotentiale durch TECHNOLOGIEDATENBLÄTTER,
- Bestimmung von Technologieverantwortlichen (GATEKEEPER), die eine konsequente Aktualisierung des technologiebezogenen Wissensstandes gewährleisten. Durch die Sammlung von Spezialwissen wird die Know-how-Position in allen technischen Unternehmensbereichen gestärkt; dies begünstigt zukünftig neue Lösungen. Die Technologieverantwortlichen sind Träger sowohl des technologiebezogenen Informationsflusses in das Unternehmen als auch der Informationsverbreitung innerhalb des Unternehmens [vgl. TSIK91]. Dieses Konzept der Schlüsselperson zum infor-

mellen Informationsaustausch ist in Studien als besonderes Merkmal erfolgreicher F&E-Projekte identifiziert worden [vgl. DOMS89].

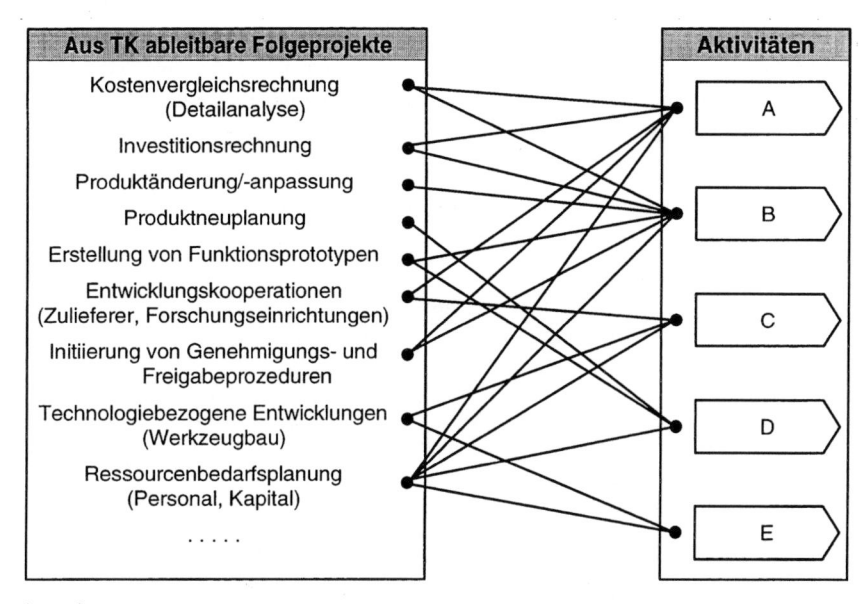

Aus TK ableitbare Folgeprojekte	Aktivitäten
Kostenvergleichsrechnung (Detailanalyse)	A
Investitionsrechnung	
Produktänderung/-anpassung	B
Produktneuplanung	
Erstellung von Funktionsprototypen	
Entwicklungskooperationen (Zulieferer, Forschungseinrichtungen)	C
Initiierung von Genehmigungs- und Freigabeprozeduren	
Technologiebezogene Entwicklungen (Werkzeugbau)	D
Ressourcenbedarfsplanung (Personal, Kapital)	
. . . . .	E

Legende:
A: Nutzung der innovativen Fertigungstechnologien
B: Produktbezogene Gestaltänderung/ -anpassung
C: Anwendungsbezogene Prozeßentwicklungen
D: Fertigungsinduzierte Produktentwicklung
E: Grundlegende Entwicklung der Prozeßtechnologie

BILD 35   ABLEITUNG VON AKTIVITÄTEN AUF BASIS DES TECHNOLOGIEKALENDERS

Die Aktivitäten haben inhaltlich tendenziell einen Produkt- und/oder Technologiebezug (Bild 35). Daraus und aus der Zeitwirkung der Maßnahmen folgt unmittelbar eine gegenseitige Abhängigkeit der Aktivitäten. Es ergibt sich prinzipiell der in Bild 36 schematisch dargestellte Zyklus von Umsetzungsaktivitäten. Im allgemeinen können nur die offensichtlichen, "kleinen" Lösungen kurzfristig umgesetzt werden (A).

Die restlichen Aktivitäten zielen auf die Umsetzung der fertigungstechnischen Innovationspotentiale in nachfolgenden Planungsperioden oft erst in neuen Produktgenerationen ab (B,C,D,E). Der Zeitpunkt der Methodikanwendung ist somit nicht auf Produkte in bestimmten Produktlebenszyklusphasen beschränkt.

Da der Technologiekalender ein dynamisches Ergebnis der Planungen darstellt, der Abweichungen der unternehmensexternen Technologieentwicklungen von den Prognosen abbilden muß, sind die Planungen sinnvoll in einem Zyklus von drei bis fünf Jahren zu wiederholen; der Makrozyklus ist erneut zu durchlaufen. Das Ergebnis des Planungszyklus - der Technologiekalender - ermöglicht es, Fertigungstechnologien, die erst zukünftig zur wettbewerbsfähigen Herstellung des Produktspektrums nutzbar sind, bereits heute in der Unternehmensplanung zu berücksichtigen. Die Komplexitätsreduktion und Systematisierung der Technologieplanung ist die Basis, um geschäftsübergreifend produkt- und fertigungstechnologische Innovationen zu synchronisieren. Die Transparenz und die Akzeptanz der Planungsergebnisse werden gegenüber konventionellen Ansätzen nachhaltig verbessert. Die Strukturierung der Planungsaktivitäten zielt darauf ab, die Bereitschaft zu strategisch wichtigen Innovationen zu vergrößern und deren Erfolgsrate zu erhöhen.

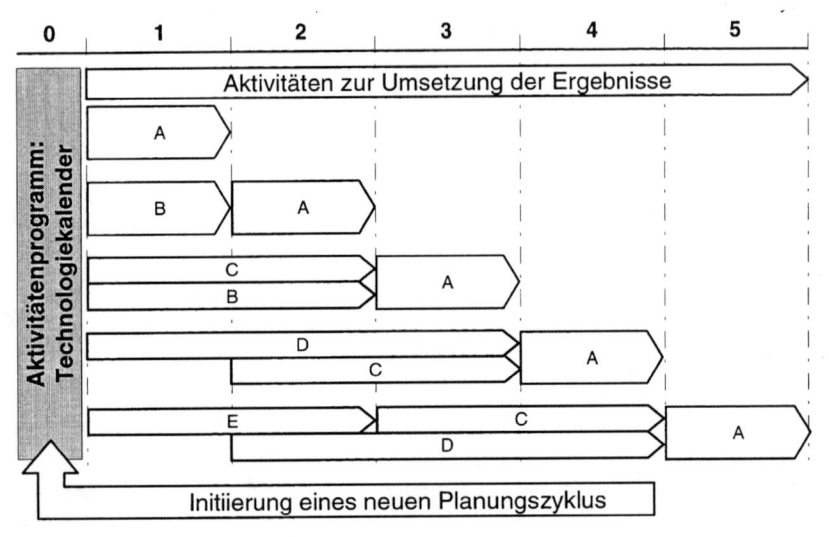

Legende:
A: Nutzung der innovativen Fertigungstechnologien
B: Produktbezogene Gestaltänderung/ -anpassung
C: Anwendungsbezogene Prozeßentwicklungen
D: Fertigungsinduzierte Produktentwicklung
E: Grundlegende Entwicklung der Prozeßtechnologie
0, 1, 2, ... : Perioden

BILD 36   SCHEMATISCHER ZYKLUS VON AKTIVITÄTEN ZUR UNTERNEHMENSINDIVIDUELLEN ERSCHLIEßUNG FERTIGUNGSTECHNISCHER INNOVATIONSPOTENTIALE

4.6.3 ZWISCHENFAZIT

In der letzten Phase des Makrozyklus wird auf Basis der bislang gewonnenen Erkenntnisse ein unternehmensspezifischer Technologiekalender aufgebaut. Da sowohl horizontal über Produkt- und Technologiebereiche als auch vertikal über zeitlich verschiedene Stufen hinweg geplant wird, trägt das Hilfsmittel TK zu einer ganzheitlichen, übergreifenden Sichtweise i.S. einer *STRATEGISCHEN* Planung bei.

Detaillierung der Planungsmethodik Seite 103

Mit dem Ziel, die wesentlichen Planungsergebnisse abstrahiert abbilden zu können und die Nachvollziehbarkeit zu erhöhen, wird das TK-Konzept von WESTKÄMPER erweitert. Der PRODUKTBEREICH wird durch die Achsen PRODUKT und ZEIT aufgespannt. Aufgenommen werden die Daten zur Produktstruktur, zur Kostenstruktur, Prognosen zum Stückzahlbedarf sowie Hinweise auf mögliche konstruktive Änderungen bzw. produktspezifische Entwicklungsarbeiten (Partial-, Integral-, Multifunktional-, Totalbauweise etc. [vgl. KOLL85]).

Der TECHNOLOGIEBEREICH wird durch die Achsen TECHNOLOGIE und ZEIT definiert und bildet die innovativen Fertigungstechnologien ab, die zukünftig zur Herstellung der Produkte eingesetzt werden können. Die zeitliche Einordnung des Technologieeinsatzes basiert dabei ebenso wie die Einschätzungen zur Vorteilhaftigkeit und zum Forschungsbedarf auf den ermittelten Normstrategien {Aktivität A5}. Eine NACHVOLLZIEHBARE VERNETZUNG von Produkt- und Technologiebereich wird sichergestellt, indem die Produktstrukturelemente jeweils den entsprechenden Fertigungstechnologien zugeordnet werden. Die Angabe der Technologieeinsatzkriterien (TEK) schließt die Erstellung des Technologiekalenders ab {A61-A62}. Das Zustandekommen jeder Eintragung kann anhand der ergänzenden Dokumentationen in den Produkt- bzw. Technologiedatenblättern rückverfolgt werden.

Auf Basis dieses langfristigen Planungsleitfadens sind unternehmensindividuelle Aktivitäten abzuleiten {A63}. Sie dienen der ERSCHLIEßUNG DER FERTIGUNGSPOTENTIALE und damit der langfristigen Sicherung der TECHNOLOGISCHEN WETTBEWERBSFÄHIGKEIT. Die Maßnahmen können Kostenvergleichs- und Investitionsrechnungen, Forcierung von Entwicklungskooperationen, konstruktive Anpassungen von Produktgestalt und -struktur, Bestimmung von Technologie-Verantwortlichen im Unternehmen etc. umfassen.

Da der Technologiekalender als DYNAMISCHES Planungsergebnis verstanden wird, empfehlen sich Wiederholplanungen in Zyklen von 3-5 Jahren (branchenabhängig). Deren Inhalt ist einerseits die Überprüfung der Technologieeinsatzkriterien für die auf Wiedervorlage eingeplanten Fertigungstechnologien anhand der (TEK). Andererseits ist ein Soll-Ist-Abgleich der prognostizierten Technologieentwicklungen unerläßlich.

5 METHODIKANWENDUNG - FALLBEISPIEL

Inhalt dieses Kapitels ist es, die praktische Anwendbarkeit des entwickelten Methodikmodells zu demonstrieren. In Kapitel 2.1 wurde bereits ausgeführt, daß dieser Schritt in der angewandten Wissenschaft nicht in einem eigens künstlich arrangierten Begründungszusammenhang durchgeführt werden darf, sondern im ANWENDUNGSZUSAMMENHANG der Praxis erfolgen muß [ULRI81]. Aus wissenschaftstheoretischer Sicht kann durch fallweise empirische Überprüfungen dabei keine endgültige Verifikation der entwickelten Methodik geleistet werden, so daß die weiteren Ausführungen primär als Nichtfalsifizierung i.S.v. POPPER verstanden werden [POPP94].

Vor diesem Hintergrund werden zunächst die zur Unterstützung der Methodikanwendung entwickelten EDV-Hilfsmittel vorgestellt (Kap. 5.1). Im Anschluß werden die wesentlichen Aktivitäten des Planungsmodells anhand eines realen, industriellen Planungsfalles erörtert (Kap 5.2). Dazu werden verfremdete bzw. anonymisierte Daten genutzt. Das Nutzenpotential der Methodik wird abschließend durch eine quantitative und qualitative Auswertung mehrerer praktischer Anwendungen belegt.

5.1 EDV-UNTERSTÜTZUNG EINER METHODIKANWENDUNG

Da bei der Methodikanwendung große Datenvolumina be- und verarbeitet werden müssen, ist es aus Gründen der Planungseffizienz unerläßlich, geeignete EDV-Hilfsmittel einzusetzen. Im Rahmen der vorliegenden Untersuchung wurden zu diesem Zweck drei EDV-Prototypen entwickelt:
- *PDB-QUICK*, zur strukturierten Produktanalyse anhand von Produktdatenblättern,
- *DABIT* (Datenbank für innovative Technologien), zur Erfassung von Technologiepotentialen sowie
- *STRATECH*, zur fuzzy-basierten Bewertung der Ansätze.

Nachfolgend werden die Anwendungsbereiche, die prinzipielle Funktionsweise und mögliche Vorteile der Prototypen diskutiert.

Zur durchgängigen informatorischen Unterstützung des Planungsprozesses ist das planungsorientierte Produktmodell abgeleitet worden (vgl. Kap. 4.2). Die hierarchische Struktur des Datenmodells ist als relationale Datenbank in einer marktgängigen Software[1] implementiert worden (Anhang C). Durch das Programm *PDB-QUICK* wird die Erstellung und Pflege von Produktdatenblättern unterstützt. Zur Verwaltung der Daten-

---

[1] ACCESS Vers. 2.00, Microsoft Corporation, München.

blätter können jedem Produkt eine beliebige Anzahl relevanter PSE unmittelbar zugeordnet werden. Die Bildschirmmasken zeigen die übergeordnete Gliederung in die Teilbereiche "Ist-Daten, Abstraktion und Ansätze" (Bild 37). Die Informationseinheiten sind korrespondierend zu der in Bild 23 vorgestellten Struktur abgebildet. Um die Ergebnisse der Beanspruchungs- und Anforderungsanalyse zu dokumentieren, können Grafikdateien eingebunden werden. Ferner besteht die Möglichkeit, interne Kommentare einzubinden, die optional ausgedruckt werden können. Der Vorteil der Anwendung von "PDB-quick" besteht zum einen in der einfachen, strukturierten Abbildung der planungsrelevanten Daten, wobei speziell die Einbindung der Bilddateien vorteilhaft ist. Zum anderen ist sichergestellt, daß die Daten einheitlich in einer gemeinsamen Datenbasis abgelegt sind. Diese kann zentral gepflegt werden, so daß alle Projektteammitglieder stets auf den aktuellen Planungsstand zurückgreifen können.

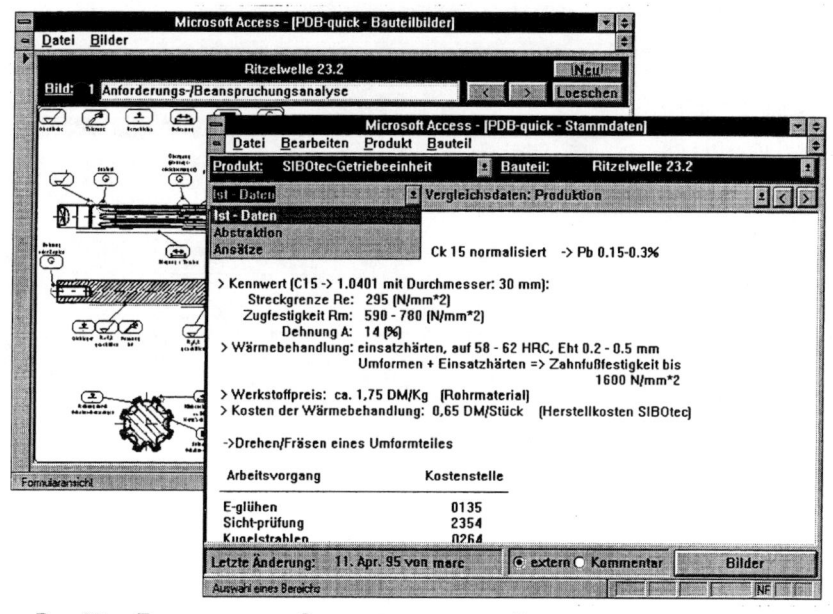

BILD 37   ERFASSUNG UND STRUKTURIERUNG DER PRODUKTINFORMATIONEN IM PLANUNGSORIENTIERTEN PRODUKTMODELL

Mit der "*DABIT*" als zweitem EDV-Instrument wird das Ziel verfolgt, die für die Anwendungsplanung relevanten Informationen über neue Fertigungstechnologien in Technologiedatenblättern bereitzustellen und abzubilden. Der Prototyp ist als relationale Datenbank auf der gleichen Entwicklungsplattform wie "PDB-quick" umgesetzt worden (Anhang D). Ein systematischer Zugriff auf gewünschte Fertigungstechnologien kann einerseits über das Suchkriterium *VERFAHRENSHAUPTGRUPPE* nach DIN 8580 erfolgen.

Anderseits ist die Angabe der zu bearbeitenden WERKSTOFFKLASSE (Metall, Kunststoff etc.) als Suchkriterium vorgesehen (konjunktive Verknüpfung). Das Auswahlergebnis umfaßt die Fertigungstechnologien einer Hauptgruppe, die zur Bearbeitung eines bestimmten Werkstoffes prinzipiell geeignet sind. Die Bereitstellung mehrerer Möglichkeiten stellt wiederum einen Denkanstoß für alternative Lösungen dar. Den weiteren Ausschluß funktionsunfähiger Lösungen hat der Planer "bewußt" nach einer kognitiven Vertiefung der technologischen Leistungsfähigkeit herbeizuführen. Neben dem Beitrag zur erhöhten Lösungsbreite kann die Anwendung der Technologiedatenblätter die Planungszeit erheblich verkürzen; weitergehende Anfragen sind über das Adressfeld schnell und unkompliziert durchzuführen. Unternehmensindividuell können eigene, auch vertrauliche Recherche- oder Versuchsergebnisse systematisch dokumentiert und abgefragt werden (Text und Grafik, Bild 38).

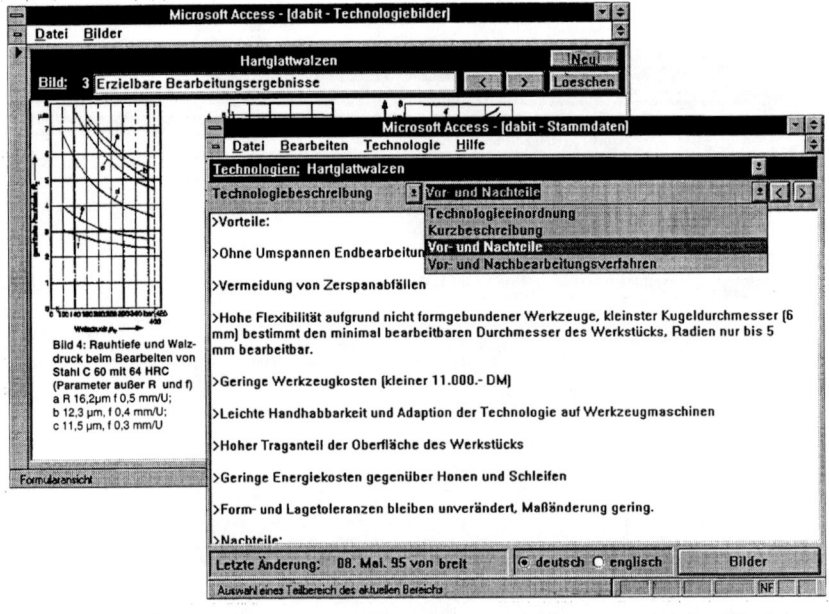

BILD 38   AUFBEREITUNG DER PLANUNGSRELEVANTEN TECHNOLOGIEINFORMATIONEN

Bei Fertigungstechnologien mit zukünftig hoher Bedeutung für das Unternehmen sind die TDB als Informationsträger zur Bekanntmachung der Technologie in Konstruktion, Arbeitsvorbereitung etc. zu nutzen. Die Pflege und Aktualisierung liegt in der Verantwortung der Technologieverantwortlichen. Die Technologieverantwortlichen sind Träger sowohl des technologiebezogenen Informationsflusses in das Unternehmen als auch der Informationsverbreitung innerhalb des Unternehmens (vgl. Kap. 4.6).

Der wesentliche Nutzen der Technologiedatenblätter ergibt sich aus ihrer Funktion, die konkreten Potentiale und Leistungsmerkmale innovativer Technologien anforderungsgerecht bereitzustellen. Logischerweise kann dies nur effizient geschehen, wenn die zentral recherchierten Daten nicht nur unternehmensweit, sondern unternehmens*ÜBERGREIFEND* genutzt werden[1]. Verbände oder Forschungsinstitute sind damit als Träger der Datenbank vorzusehen. Grundsätzlich sind Fertigungstechnologien von Interesse, die ein neues Prinzip oder Konzept nutzen (Lasergestützte Zerspanung, Innenhochdruckumformen etc.) oder auch weiterentwickelte, konventionelle Technologien (Hartdrehen, Hochgeschwindigkeitsschleifen etc.).

Der Prototyp "*STRATECH*" ermöglicht eine schnelle und effiziente Durchführung der Bewertung und Strategienfindung (Kap 4.5). Das Bewertungssystem ist in einer marktgängigen Fuzzy-Entwicklungs-Software[2] implementiert. Die zur Ermittlung der TK-Beschreibungsparameter entwickelte Struktur der Regelschichten ist in Form des *BLOCKDIAGRAMMS* hinterlegt (Bild 39, oben). Für jede Schicht wird eine regelbasierte Diagnose der Eingangswerte durchgeführt; alle Eingangs- und Ausgangswerte werden systemintern analysiert bzw. weiterverarbeitet. Im Vorfeld der Anwendung kann die unternehmensindividuelle Innovationsstrategie linguistisch in den Entscheidungsregeln (Produktionsregeln) abgebildet werden. Dabei sind nur diejenigen Regeln zu editieren, die vom gewählten idealtypischen Strategiegrundmuster (Führer/Folger) abweichen.

Als weiterer Vorbereitungsschritt der Bewertung sind Terme und Zugehörigkeitsmengen der hinterlegten linguistischen Variablen im Verständnis des Unternehmens zu überarbeiten (Bild 39, unten). Über eine Schnittstelle kann die Matrix mit den Aktivitätsparametern je Ansatz eingelesen und in "*STRATECH*" verarbeitet werden. Aufgrund des geringen Zeitbedarfes[3] für einen Regeldurchlauf können Simulationen des Bewertungsergebnisses durchgeführt werden; die Simulationsgröße ist die Innovationsstrategie. Als Ergebnis kann bspw. ermittelt werden, wie sich die Normstrategien der Ansätze verschieben, wenn man hypothetisch vorsichtiger oder agressiver agiert. Grundsätzlich ist die dargestellte EDV-technische Umsetzung das hinreichende Kriterium für die praktische Anwendung des in dieser Untersuchung entwickelten Beurteilungs- und Bewertungskonzeptes.

---

[1] Vgl. dazu das Konzept in [EVER94].

[2] DataEngine, MIT GmbH, Aachen.

[3] Bei 50 Ansätzen, 250 Aktivitätsparametern und 26 Regeln in vier Regelschichten beträgt die Auswertungszeit ca. 10 Sekunden.

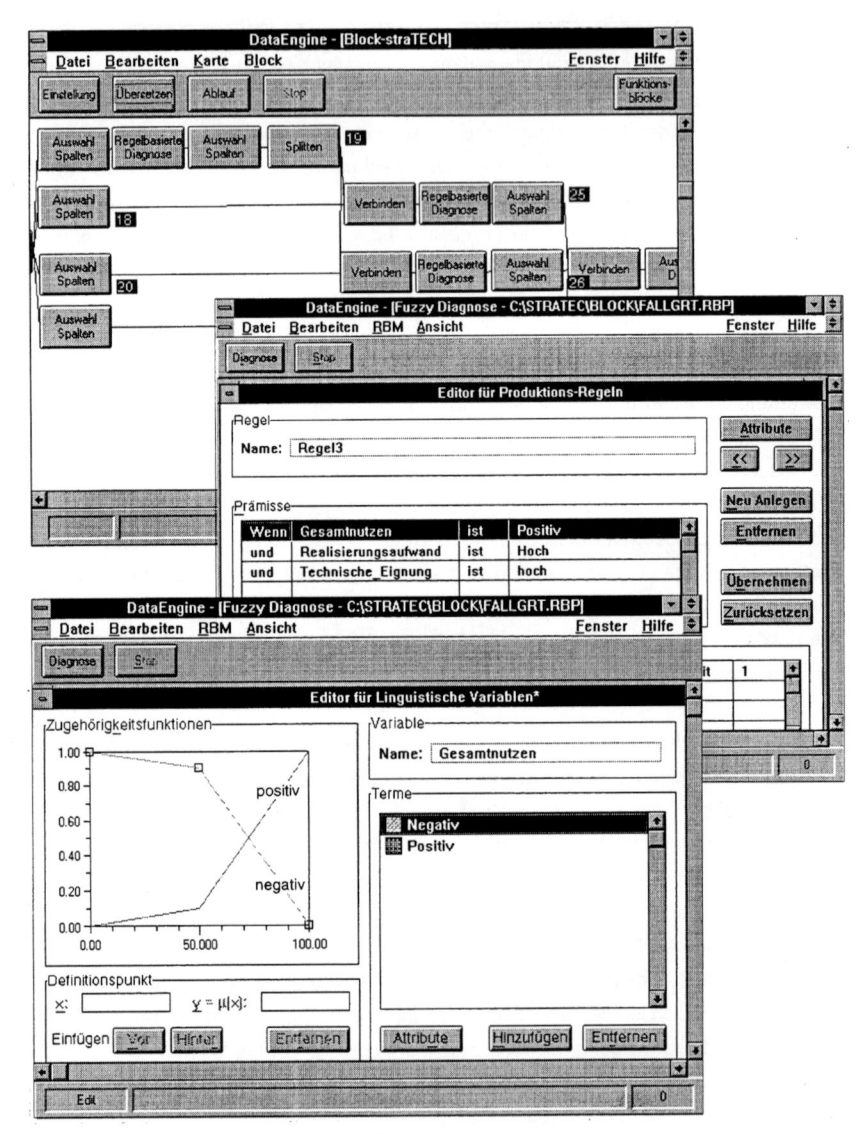

BILD 39   IMPLEMENTIERUNG DES BEWERTUNGSSYSTEMS

5.2 FALLBEISPIEL

Im ersten Teil des Fallbeispieles wird die Anwendung der Planungsmethodik exemplarisch aufgezeigt. Insbesondere wird das Zusammenspiel der einzelnen Komponenten des Methodikmodells demonstriert, wobei auf die jeweilige Aktivität { } im SADT-Modell (Anhang A) bezug genommen wird. Das aus einer Anwendung resultierende Nutzenpotential aus Sicht des Unternehmens ist dann im zweiten Teil dieses Kapitels Gegenstand der Untersuchungen.

5.2.1 METHODIKANWENDUNG

Das Beispielunternehmen produziert und vertreibt diverse Produkte der Sparten Motoren- und Getriebetechnik; entsprechendes Zubehör wird als Handelsware angeboten. In Folge zunehmender Marktpräsenz ostasiatischer Wettbewerber besteht die Zielsetzung, die TECHNOLOGISCHE WETTBEWERBSFÄHIGKEIT zu halten bzw. auszubauen. Daher sind folgende Ziele für einen innovativen Technologieeinsatz abgeleitet worden: Herstellkostenreduktion, Verringerung des Produktgewichtes, sowie Optimierung der heute hohen Fertigungstiefe. Aus der Tradition eines Technologieunternehmens heraus wird eine aggressive Führerstragie verfolgt, mit der Bereitschaft, die Produkte radikal zu verändern und Entwicklungskooperationen mit Technologiezulieferern einzugehen.

SITUATIONSANALYSE
Im ersten Schritt der Situationsanalyse können mit Hilfe der Checkliste die Fundamental- und Instrumentalziele sowie die Innovationsstrategie des Unternehmens abgeleitet bzw. präzisiert werden {A11}. In Bild 19 sind die Ergebnisse dieser Planungsaktivitäten bereits eingetragen.

Zur Bestimmung der relevanten Produkte, welche als repräsentative Grundlage für die Planungen dienen, wird die in Bild 20 dargestellte Kriterienliste genutzt {A12}. Anhand der Ergebnisse der Informationsanalyse in Bild 40 zeigt sich deutlich, daß der wesentliche Umsatz in zwei Geschäftseinheiten (Getriebe, Kupplungen) erwirtschaftet wird. Für die fünf bedeutenden Umsatzträger dieser Geschäftseinheiten erfolgt daher eine Prognose des Kunden- und Produktwachstums {A123}.

Für die Mehrzahl der Umsatzträger der Kupplungen kann eine fortgeschrittene Position im Produktlebenszyklus eingeschätzt werden; zudem besteht das Risiko eines zukünftigen Nachfrageausfalls (geringes prognostizierbares Wachstum beim Kunden). Damit sind die wesentlichen Einflußgrößen bekannt, um die Vorentscheidung zu treffen, zunächst die Geschäftseinheit "Getriebe" zu untersuchen. Drei sich in der Wachstumsphase befindende Produkte sind planungsrelevant {A124}. Quantitative Umsatzprognosen (Marketingabteilung) weisen für Planetenradgetriebe mit fünf und sieben Gängen ähnliche jährliche Stückzahlbedarfe aus {A126}. Unter Hinzunahme des

Kriteriums Multiplikationspotential kann das Sieben-Gang-Getriebe als relevantes Produkt ausgewählt werden {A127}, da die innovative Produkttechnologie "easy glide" zukünftig in allen Produktgenerationen Berücksichtigung finden wird. Um langfristig Technologiepotentiale nutzen zu können, wird das neue Fünfzehn-Gang-Getriebe (Markteinführung in 1998) ebenfalls als relevant eingestuft. Die Produkt- und Prozeßgestaltung dafür befindet sich noch in der Prototypenphase, so daß der aktuelle Planungsstand als Grundlage für die weiteren Untersuchungen zur Verfügung steht {A13}.

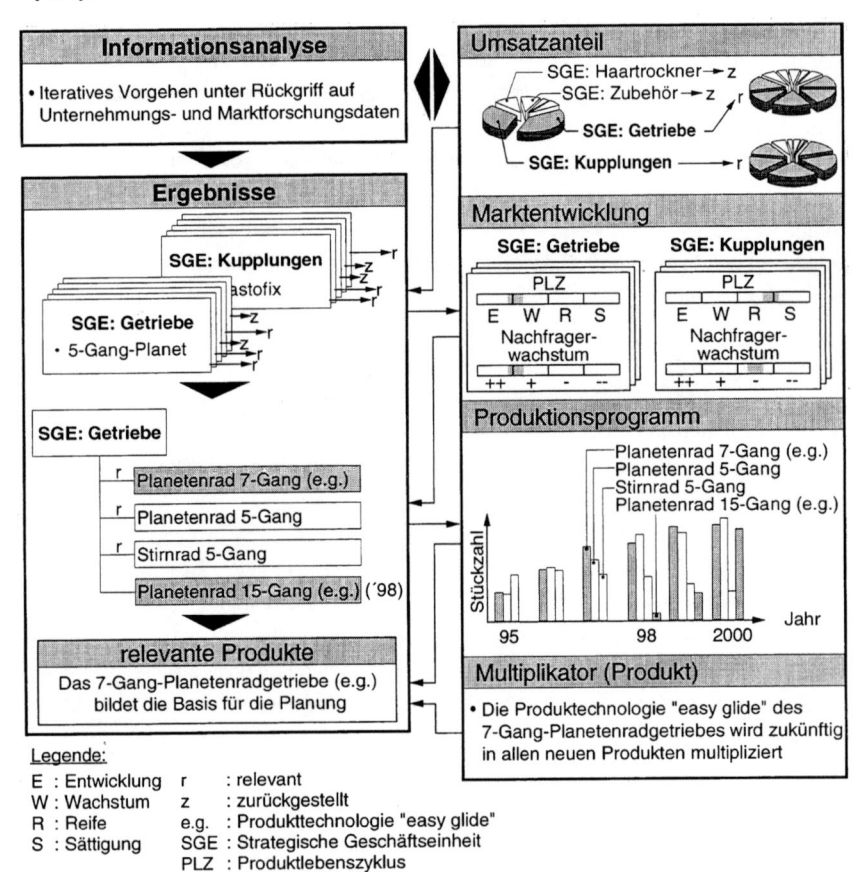

BILD 40   ERMITTLUNG DER PLANUNGSRELEVANTEN PRODUKTE

PRODUKTANALYSE

Für die Produkte "Sieben- und Fünfzehn-Gang-Getriebe" erfolgt nun eine eingehende Analyse mit dem Ziel, eine repräsentative Datenbasis für die weiteren Planungen aufzubauen. Anhand der Ergebnisse der Informationsanalyse hinsichtlich der Kriterien

Methodikanwendung - Fallbeispiel   Seite 111

"Kosten, Funktion, Gewicht, Multiplikator" (Bild 20) wird die Menge der planungsrelevanten Produktstrukturelemente bestimmt {A21}. Mit Hilfe einer ABC-Analyse "Kosten" werden die fünf kostenintensivsten Bauteile ermittelt (Bild 41). Ferner macht eine Funktionsanalyse die gewichtige Bedeutung des Planetenrades als multifunktionales Bauteil der Produkttechnologie "easy glide" (e.g.) deutlich. Auch das Planetenrad wird daher als relevant eingeschätzt. Mit der Intention, durch einen innovativen Technologieeinsatz (Werkstoff und/ oder Prozeß) das Produktgewicht zu reduzieren, wird als Ergebnis einer ABC-Analyse der Bauteilgewichte zusätzlich das Gehäuse in die Betrachtungen aufgenommen. Das letzte Kriterium der Liste in Bild 20, "Multiplikator", führt auf den Klinkenstecker als geeignetes Objekt der Planungsbasis; aufgrund der fünfzehnfachen Verwendung im Gesamtprodukt kumuliert sich trotz relativ geringer Bauteilkosten (B-Teil) ein hohes Beeinflussungspotential.

Informationsanalyse	Herstellkostenanteil
• Iteratives Vorgehen unter Rückgriff auf unternehmungsspezifische Produktdaten • Akquisition und Aufbereitung der Daten für weitere Planungsaktivitäten	[%] => HK reduzieren A B C PSE — Ritzelwelle — Planetenradträger ...

relevante Produktstrukturelemente	Funktion (Funktionskosten)
- Ritzelwelle - Klinkenstecker - Planetenradträger - Gehäuse - Planetenrad - ...	[vgl. Bild 4.4] Leiten I / Leiten II / Bremsen Ritzelwelle — [5,30 DM] Planetenrad — [3,85 DM] Dornhülse — [3,40 DM]

Planungsorientiertes Produktmodell	Qualitätsmerkmal
IST-Daten — Organisatorische Daten — Bauteilfunktion/ Schnittstelle — Variante/ Repräsentativität	[kg] => Gewicht reduzieren A B C PSE — Gehäuse — Ritzelwelle ...

	Multiplikator (PSE)
Legende: HK : Herstellkosten PSE : Produktstrukturelement	• Klinkenstecker 15x • Steckachse 9x • ...

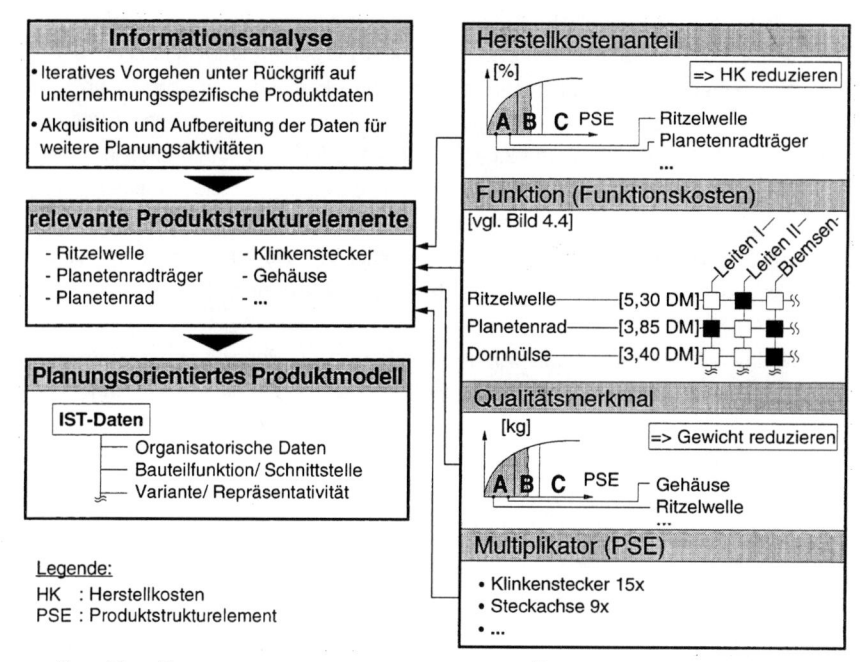

BILD 41   ERMITTLUNG DER PLANUNGSRELEVANTEN PRODUKTSTRUKTURELEMENTE

Der abschließende Schritt der Produktanalyse beinhaltet die Erhebung weiterer planungsrelevanter Informationen für die ausgewählten Bauteile und deren Dokumentation. Die Analyseschritte werden durch die Inhalte des Produktdatenblattes vorgegeben (Anhang C). Neben Interviews werden die Arbeitspläne und Zeichnungssätze zur Datensammlung genutzt. Die Durchführung der Beanspruchungsanalysen erfolgt für jedes Bauteil im Team. Fallweise werden Mitarbeiter der Abteilungen "Spanende

Fertigung" (Erläuterung von Problembereichen der Herstellung) und "Marketing" (Formulierung der wichtigen Leistungsmerkmale) hinzugezogen. In diesem Zusammenhang wird noch einmal die Bedeutung der neuen Produkttechnologie, des Preises sowie des geringen Gewichtes für den Markterfolg quantifiziert. Ferner führen die gesteigerten Kundenwünsche hinsichtlich der Produktlebensdauer zu höheren Verschleißanforderungen. Die erhobenen Daten werden zentral mit Hilfe des EDV-Programmes "PDB-quick" {A23} erfaßt.

ALTERNATIVENSUCHE
Auf Basis der Produktdatenblätter werden im Team neue Lösungen abgeleitet {A32}. Korrespondierend zu den in dieser Arbeit vorgeschlagenen Instrumenten (Bild 26) werden in der Anfangsphase jeder Kreativsitzung die Mitglieder durch wertanalytische Fragen zum kreativen Denken angeregt. Zunächst wird jeweils die Bauteilgestalt mit den entsprechenden Schnittstellen kritisch in Frage gestellt. Dazu wird die Abstraktionstiefe in Form der Beanspruchungsanalyse im PDB genutzt (vgl. Anhang A.16). Da bei dem betrachteten Unternehmen die spanende Fertigung traditionell eine entscheidende Rolle spielt, sind fast alle relevanten PSE rotationssymmetrisch ausgeführt. Unter der Annahme, durch fertigungstechnisch effektivere Umformtechnologien prinzipielle Kosteneinsparpotentiale ausschöpfen zu können, wird die rotationsförmige Bauteilgestalt hinfällig. Vor diesem Hintergrund eröffnen anforderungsspezifische Werkstoffverteilungen ein Gewichtseinsparpotential von bis zu 65% bei einzelnen Bauteilen (Werkstoffwechsel: Aluminium, faserverstärkte Kunststoffe).

Für die unterschiedlichen Alternativen der optimierten Bauteilgestalt werden prinzipiell einsetzbare Fertigungstechnologien gesucht. Ausgehend von einer Kerntechnologie (Stanzbiegen) werden Zusatztechnologien (Kleben, spanende Nachbearbeitung) bestimmt, um eine vollständige, qualitätsgerechte Fertigung der Bauteile zu ermöglichen. Für zwei komplexere PSE ist der Aufbau eines "Technologie-Morphologischen Kastens" erforderlich, um die Lösungsalternativen abbilden zu können. Eine Diskussion der Ideen endet mit der Auswahl potentialträchtiger Ansätze {A33}: Dazu zählen je zwei Integral- und Partialbauweisen, Einsatz von Blechkonstruktionen, Stanz- und Umformtechnologien (Feinschneiden, Rundkneten etc.), Leichtmetalldruckguß, Hartglattwalzen (Erzeugung definierter Oberflächen ohne Maschinenwechsel) sowie Fügetechnologien (Laserstahlschweißen, Kleben, Clinchen).

VARIANTENKREATION {A41}
Eine Detaillierung der grundlegenden Ansätze wird durch Anfragen bei Zulieferern sowie Forschungseinrichtungen durchgeführt {A41, A42}. Am Beispiel der Ritzelwelle wird das Planungsergebnis dieser Phase exemplarisch aufgezeigt (Bild 28). Die Substitution der bisherigen Dreh- und Frästechnologie durch Rundkneten führt in der

konkreten Umsetzung wiederum auf mehrere Möglichkeiten. Eine geeignete Anlage zur weitergehenden Fertigbearbeitung der Ritzelwelle (Anlage MS700a) ist bei einem Zulieferer nutzbar. In dem betrachteten Unternehmen sind Kapazitäten für eine kleinere, leistungsschwächere Rundknetanlage (M300A) aus dem Geschäftsbereich Kupplungen verfügbar; damit werden jedoch zusätzliche Dreh- und Fräsoperationen erforderlich. Eine weitere grundsätzliche Lösung ist mit der Herstellung einer kompletten Ritzelwelle (Integration des Antriebsritzels) durch Präzisionsschmieden gegeben.

Die Ansätze und das Ergebnis von Prüfungen bzw. der eingeholten Angebote werden ebenfalls im Produktdatenblatt dokumentiert. Aufgrund der aufwendigen externen Anfragen benötigen die Planungsaktivitäten dieser Phase ca. 60% der gesamten Projektlaufzeit. In regelmäßigen Abständen werden die Ergebnisse im Team diskutiert und nicht umsetzbare Ansätze mit Angabe der Ausschlußgründe verworfen {A43}. Zum Ende der Variantenkreation existieren 35 Ansätze, bei denen ein Potential im Sinne der Zielsetzung der Methodikanwendung vorliegt.

BEWERTUNG UND STRATEGIENFINDUNG

Im ersten Teil dieser Planungsphase wird das Beurteilungs- und Bewertungssystem entsprechend der Innovationsstrategie und den Randbedingungen des Beispielunternehmens eingerichtet {A51}.

Aus Sicht des betrachteten Unternehmens stellen die Kostenreduzierung in der Fertigung, beim Material (Preis, Menge) und in den indirekten Bereichen sowie eine Gewichtseinsparung bei den Produkten einen Nutzen dar. Daher werden für die Messung dieses Aktivitätsparameters die vier in Bild 42 aufgeführten Kriterien herangezogen. Ein Paarvergleich der Kriterien mit der Eigenwertmethode nach SAATY führt auf die im Bild angegebenen Gewichtungsfaktoren {A512}.

Analog zur Vorgehensweise beim Aktivitätsparameter "Nutzen" werden auch die Kriterien für die übrigen Aktivitätsparameter festgelegt {A511} und gewichtet, wobei im Falle von weniger als zwei Kriterien ein direktes Rating (Schätzen) Anwendung findet. Für die ermittelten Kriterien werden unternehmensspezifisch Ausprägungen definiert {A513}. und im Sinne der Interpretation nach SAATY genutzt. Damit kann in der praktischen Anwendung die Urteilsfindung nicht auf ausschließlich kardinalem Skalenniveau angenommen werden, wodurch die theoretisch abgeleitete Notwendigkeit einer eingehenden Diskussion und Plausibilitätsprüfung aller ermittelten Normstrategien unterstrichen wird. Abschließend werden die Regeln zur Abbildung der Innovationsstrategie definiert.

Methodikanwendung - Fallbeispiel

Ist

PPM	dabit - TDB		Aufwandseffekte					Nut
			1	2	3	4	5	6	7

Nutzen/ Aufwand	Fertigungs-aufwand	61	"Negativ"-Sprung in der Kostenstruktur	verschlechterte Kostenstruktur	geringere Flexibilität	höhere Flexibilität	verbe Kosten
	Material-aufwand	12	erhöhter Materialeinsatz hinsichtlich			reduzierter Ma	
				Kosten / Menge			Me
	Gemeinkosten-aufwand	9	"Negativ"-Sprung in der Kostenstruktur	höhere Anzahl Prozessschritte	Verschlechterung d. Prozess-sicherheit	Erhöhung d. Prozess-sicherheit	Pr
	Kundenwirkung	18	Gewichts-erhöhung	verschlechterte funktionelle Eigenschaften	geringere Wert-anmutung	höhere Wert-anmutung	v

Gewichtung

| 1 | 2 | 3 | 4 | 5 | 6 |

Anwendung in best. Produkt... [vgl. Anhang E]

"Folger-Regelbasis"

| GN | Priorität | eigene | Einstiegs- |

Beurteilung je Ansatz

Ansatz	N	MP	RA	TE	TP
I	90	60	40	80	10
II	90	30	80	80	10
III	60	90	90	30	90
IV	60	30	20	50	90
V	20	90	90	30	10
VI	90	90	80	30	10
VII	90	60	80	75	90

straTECH

"Führer-Regelbasis"

GN	Priorität	eigene F&E	Einstiegs-zeitpunkt
91	71	82	80
89	81	78	80
81	57	63	61
61	28	33	72
31	23	8	33
95	73	89	33
91	82	82	86

[vgl. Anhang E]

graphische Auswertung "Folger-Regelbasis"

graphische Auswertung "Führer-Regelbasis"

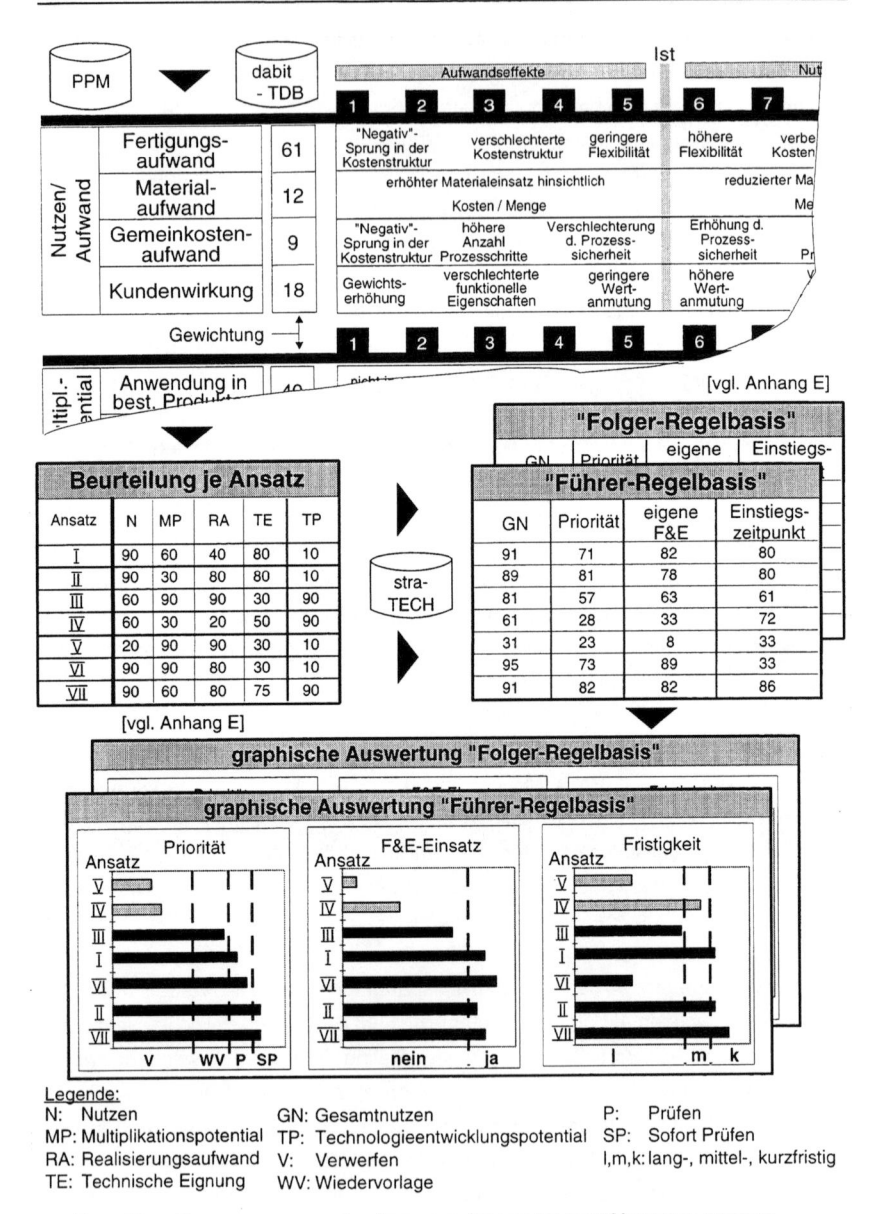

Ansatz — Priorität: V, IV, III, I, VI, II, VII — Skala: V, WV, P, SP

Ansatz — F&E-Einsatz: V, IV, III, I, VI, II, VII — Skala: nein, ja

Ansatz — Fristigkeit: V, IV, III, I, VI, II, VII — Skala: l, m, k

Legende:
N: Nutzen
MP: Multiplikationspotential
RA: Realisierungsaufwand
TE: Technische Eignung
GN: Gesamtnutzen
TP: Technologieentwicklungspotential
V: Verwerfen
WV: Wiedervorlage
P: Prüfen
SP: Sofort Prüfen
l,m,k: lang-, mittel-, kurzfristig

BILD 42   BEWERTUNG DER ANSÄTZE ZUR ABLEITUNG VON NORMSTRATEGIEN

Die im EDV-Programm "straTECH" abgelegten Regelschichten (Anhang E) werden für die idealtypische Innovationsstrategie "Führer" in der vorliegenden Form bestätigt {A514}. Bspw. beinhalten die Regeln in der Regelschicht zur Bestimmung des F&E-

Einsatzes (Regelschicht S4, Anhang E) die prinzipielle Bereitschaft der Entscheidungsträger, im Falle eines hohen Gesamtnutzens Forschung und Entwicklung zu betreiben (hinreichendes Kriterium).

Die Bewertung und Strategienfindung erfolgt notwendigerweise im Team, um ein "objektiveres" Meinungsbild je Ansatz zu erhalten. Auf Basis der Informationen in den Produktdatenblättern des planungsorientierten Produktmodells werden die Ansätze beurteilt. Je Kriterium wird ein Punktwert bestimmt {A521}. Eine Aggregation und Normierung (zu 100%) der Einzelpunktwerte führt auf die Beurteilungswerte in Bild 42. Exemplarisch dargestellt sind acht Ansätze mit idealtypischen Beurteilungen der Aktivitätsparameter {A522}. Die Bewertung der ermittelten Ausprägungen erfolgt mit der Regelbasis der entwickelten Fuzzysoftware "straTECH" {A523}. Für das gewählte Regelsystem "Führer" kann das Bewertungsergebnis in Form eines horizontalen Säulendiagramms je TK-Beschreibungsparameter angezeigt werden. Die drei Balkendiagramme (Bild 42, unten) werden dann durch vertikale Linien in Bereiche geteilt {A524-A526}. Entsprechend dieser "Interpretation" des Ranking führen die Ausprägungen (Balkenlänge) der TK-Beschreibungsparameter unmittelbar auf die Normstrategien (Wiedervorlage, F&E-Einsatz, Prüfen etc.). Dementsprechend werden die Ansätze mit grau schraffierten Balken im weiteren nicht mehr berücksichtigt (Verwerfen). Eine vollständige Auswertung bzw. Berechnung für die Ansätze des Fallbeispiels findet sich in Anhang E.

AKTIVITÄTENPROGRAMM

In der letzten Phase des Makrozyklus werden anhand der ermittelten TK-Beschreibungsparameter die Ansätze in den Technologiekalender eingeordnet. Die modifizierte Darstellung des Technologiekalenders in Bild 43 ermöglicht es, alle bedeutsamen Ergebnisse des Planungsprozesses in einem Informationsträger zu aggregieren.

Im Produktbereich ist der Stückzahlbedarf der betrachteten repräsentativen Produkte und die planungsrelevanten Bauteile abgebildet (Auszug). Die erörterte Integralbauweise "Ritzelwelle/Antriebsritzel" sowie eine Partialbauweise des derzeitigen Klinkensteckers sind symbolhaft aufgezeigt {A61}. Im Technologiebereich sind innovative Fertigungstechnologien abgebildet, die zukünftig zur wirtschaftlichen Herstellung der Produktstrukturelemente geeignet sind. Die Verbindung von Produkt und Technologiebereich ist jeweils durch das bezeichnete Bauteil gegeben {A62}. Die Normstrategien, welche die unternehmensspezifische Priorität eines Ansatzes repräsentieren, werden je Technologieansatz im linken Teil des Technologiebereiches wiedergegeben.

Ausgehend von der Darstellung des Technologiekalenders werden unternehmensspezifische Aktivitäten abgeleitet {A63}. Exemplarisch wird dies für den Ansatz VII aufgezeigt. Das Gehäuse wird bisher als dreiteiliges Graugußrohteil zerspanend bearbeitet und durch Schrauben verbunden. Eine Substitution dieser Technologie durch Spritzgießen von faserverstärkten Kunststoffen verspricht eine Gewichtsreduktion von bis zu 35 %. In dem relativ hohen Initialaufwand für einen Technologieeinstieg ist eine neue konstruktive Auslegung und eine spritzgerechte Gestaltung subsummiert. Der Werkzeugbau und die Fertigung erfolgen zunächst bei einem Zulieferer, da der Kapazitätsbedarf die kritische Masse für eine Investition in Spritzgußmaschinen nicht erreicht. Einerseits entsteht durch diese Form des Technologieeinstieges - abgesehen von den Werkzeugkosten - kein Finanzbedarf für Investitionen in Sachanlagen; andererseits kann mit geringerem Risiko zunächst Technologie-Know-how aufgebaut werden. Das Gehäuse wird einteilig ausgeführt, womit durch einen reduzierten Montageaufwand und geringere Fertigungskosten Einsparpotentiale erschlossen werden können. Die höheren spezifischen Materialpreise werden durch eine Konstruktion mit geringerem Materialbedarf in erster Näherung ausgeglichen. Im Zusammenhang mit der Gewichtseinsparung liegt darin der hohe Wert für den Aktivitätsparameter "Nutzen" begründet. Eine Multiplikationsmöglichkeit der Spritzgießtechnologie für das Gehäuse des neuen Getriebes ist zudem ab 1998 gegeben. In der Folge können Investitionen in eigene Anlagen durch entsprechende Auslastung rentabel werden.

Vor diesem Hintergrund hat die Bewertung die Priorität "Sofort Prüfen" ergeben, wobei eine Technologieentwicklung (hier Werkzeugentwicklung und Versuche zur Werkstoffschwindung) in Kauf genommen wird. Aufgrund hoher partieller Belastungen muß ein umspritztes Metallgewinde vorgesehen werden, das aus technischer Sicht derzeit problematisch erscheint (Technische Eignung "75"). Eine externe Lösung dieses konkreten Problems ist nicht zu erwarten; die Technologiedynamik ist bezogen auf dieses Technologieeinsatzkriterium gering.

Die Bedeutung der TEK als Führungsgröße im Technologieplanungsprozeß kann anhand der Wiedervorlage der Technologie "Präzisionsschmieden" verdeutlicht werden. Einer wirtschaftlichen Nutzung dieser Technologie über die Kompetenz eines Zulieferers (Ansatz III) stehen heute die zu hohen Wärmebehandlungskosten entgegen (Bild 43). Diese könnten zukünftig entweder durch einen höheren Stückzahlbedarf (unternehmensinterne Wirkung) oder als Ergebnisse bereits laufender öffentlicher Forschungsprojekte (einfachere Prozeßführung) reduziert werden.

Die Prüfungen bei der Wiedervorlage werden sich demnach zunächst auf diese beiden Kriterien konzentrieren. Als weitere Maßnahme wird für diese Technologie ebenso wie für die Wiedervorlage "Hartglattwalzen" ein Technologieverantwortlicher bestimmt. Dieser hat die Aufgabe, ein Technologiedatenblatt zu erstellen (Anhang D), kontinuierlich Informationen zu akquirieren (Fachmessen, Zeitschriften) und als Ansprechpartner

Methodikanwendung - Fallbeispiel   Seite 117

für diese Technologie innerhalb des betrachteten Unternehmens zur Verfügung zu stehen. Trotz des hohen Abstraktionsniveaus des Technologiekalenders kann jede Zeile im Detail nachvollzogen werden, denn anhand der Informationen in den Produkt- und Technologiedatenblättern ist die Planungshistorie personenunabhängig zu erfassen.

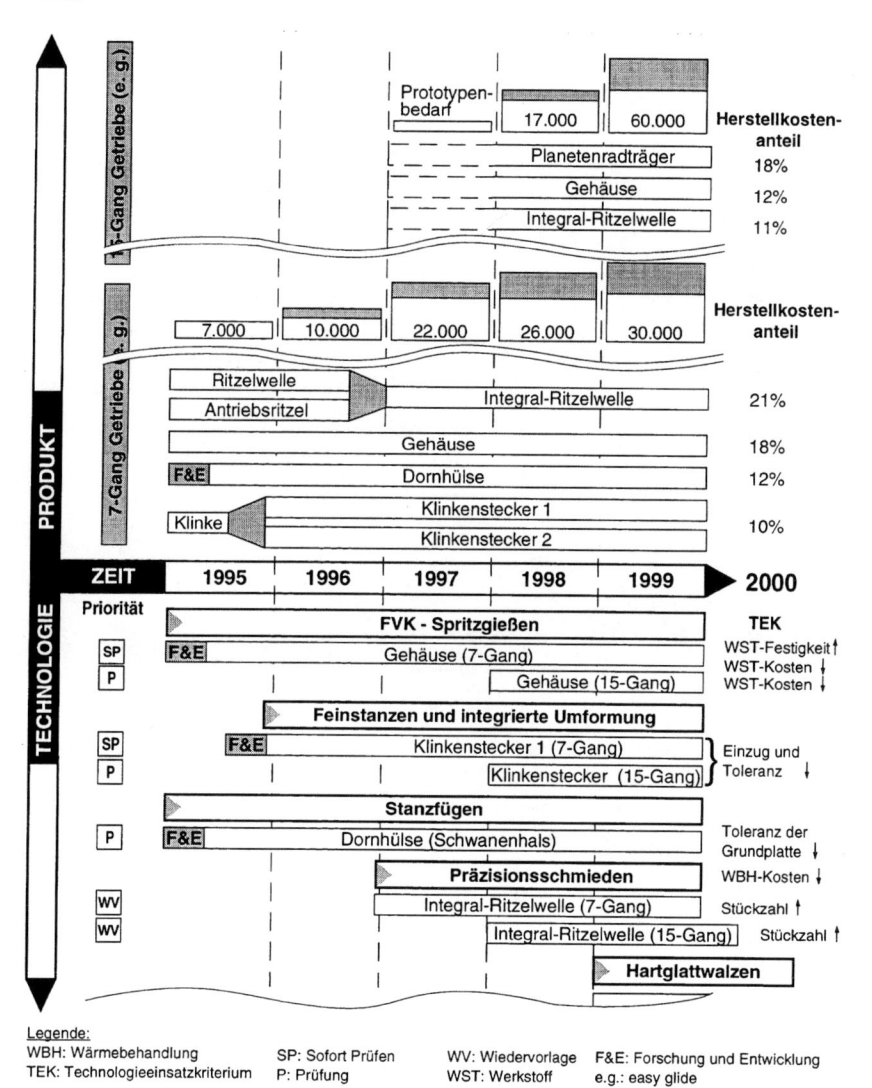

BILD 43 ABLEITUNG DES UNTERNEHMENSINDIVIDUELLEN TECHNOLOGIEKALENDERS (AUSZUG)

Legende:
WBH: Wärmebehandlung   SP: Sofort Prüfen   WV: Wiedervorlage   F&E: Forschung und Entwicklung
TEK: Technologieeinsatzkriterium   P: Prüfung   WST: Werkstoff   e.g.: easy glide

Obwohl der vorgestellte Planungsfall nur ausschnittweise betrachtet worden ist, zeigt sich deutlich der hohe Planungsumfang und die Komplexität des Problemlösungsprozesses bei der Planung innovativer Fertigungstechnologien. Es bleibt festzuhalten, daß die Anwendung der in dieser Untersuchung entwickelten Methodik durchgängig möglich ist.

①: Fahrrad-Komponente
[SACHS AG, Schweinfurt, D]

②: Bohr- und Setzgeräte
[HILTI AG, Schaan, FL]

③: Befestigungselemente
[HILTI AG, Schaan, FL]

④: Dieselmotor-Komponente
[MTU Friedrichshafen GmbH, D]

⑤: Zahnradbahn-Komponente
[SLM AG, Winterthur, CH]

⑥: Fahrzeugelektronik-Komponenten
(Prototypenfertigung)
[Fa. KOSTAL GmbH & Co. KG, Lüdenscheid, D]

- ca. 40 Produkte
- ca. 200 Ansätze 2ter Ordnung
  - davon bei 20 - 30% kurzfristiger Technologieeinsatz möglich

- Reduktion der Herstellkosten:
  - Produkt: 15 - 35%
  - Produktstrukturelement: 30 - 70%
- Identifikation von Kerntechnologien (Technologieverantwortlicher)
- Fertigungstiefenoptimierung, Nutzen von Zulieferer Kompetenzen
- Synchronisation von Produkt- und Prozeßgestaltung
- frühzeitiger Anstoß von Produkt- und Technologieentwicklungen

- hohe unternehmensweite Akzeptanz:
  - transparenter Planungsprozeß
  - nachvollziehbare Ergebnisse (Planungshistorie)
- effizienter Planungsablauf

Ergebnisse

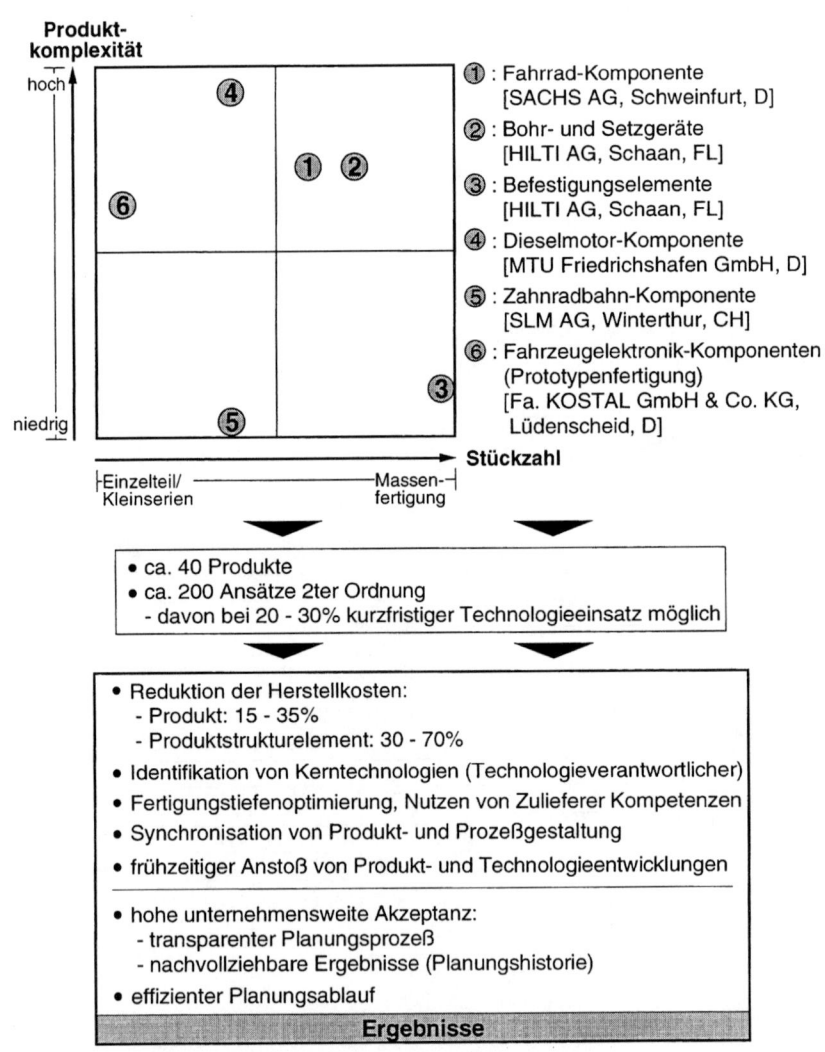

BILD 44 NUTZENPOTENTIALE EINER ANWENDUNG DER METHODIK ZUR STRATEGISCHEN PLANUNG INNOVATIVER FERTIGUNGSTECHNOLOGIEN

Durch die Aktivitäten, Instrumente und Planungsgrundsätze des Methodikmodells wird eine kreative Lösungsfindung unterstützt und eine systematische Komplexitätsreduktion gewährleistet. Die Methodik ist flexibel und situativ einzusetzen (Bild 44), da unternehmensindividuelle Randbedingungen effizient eingebunden werden können. Die Ergebnisse des gesamten Planungsprozesses werden strukturiert sowie transparent dokumentiert und können intersubjektiv - bei Bedarf auch im Detail - nachvollzogen werden.

5.2.2 ERGEBNISSE PRAKTISCHER METHODIKANWENDUNGEN

Die in der vorliegenden Untersuchung entwickelte Methodik zur strategischen Planung innovativer Fertigungstechnologien ist in produzierenden Unternehmen aus verschiedenen Branchen und bei Produkten mit unterschiedlicher Komplexität eingesetzt worden. Der Umfang der wahrgenommenen Planungsaktivitäten unterschied sich i.s. einer situativen Anwendung von Fall zu Fall.

Eine Charakterisierung der dem Problemlösungsprozeß zugrundeliegenden Produkte zeigt Bild 44. Durch die Anpaßbarkeit des Planungsmodells konnten gleichermaßen geringkomplexe Produkte (Massenfertigung), sehr komplexe Produkte mit typischer Serien- und Kleinserienfertigung wie auch Prototypen (Einzelfertigung) erfolgreich untersucht werden.

In *JEDER* Methodikanwendung konnte ein wirksamer Beitrag zu Erreichung der Innovationsziele geleistet werden. So konnten z.T. erhebliche Kosteneinsparpotentiale aufgezeigt werden, Bauteilgewichte durch neue Werkstoff/Technologie-Kombinationen reduziert und innovative Fertigungstechnologien mit strategischer Bedeutung für die Unternehmen identifiziert werden. Eine Zusammenfassung quantitativer und qualitativer Nutzenpotentiale der Anwendungen ist im unteren Teil des Bildes 44 wiedergegeben.

6 ZUSAMMENFASSUNG

Unternehmen in Hochlohnländern wie Deutschland werden durch gravierende Veränderungen in der globalen Wettbewerbslandschaft unter anderem zur Intensivierung technologischer Innovationen gezwungen. So belegen Studien, daß in produzierenden Unternehmen PROZEßINNOVATIONEN DURCH INNOVATIVE FERTIGUNGSTECHNOLOGIEN heute eine hohe Bedeutung beigemessen wird. Die Aktivitäten zur Ausschöpfung fertigungstechnischer Innovationspotentiale sind in der Praxis jedoch durch organisatorische, informatorische und methodische Defizite charakterisiert. Umfaßt die Bilanzgrenze der Technologieplanung mehr als eine Optimierung im Detail, weisen die Planungsprozesse eine hohe Komplexität und Informationsunsicherheit auf.

Die anstehenden Innovationsaufgaben erfordern einen explizit strategischen und unternehmensweiten Ansatz. Es hat sich gezeigt, daß dabei die Probleme weniger in der Formulierung einer Technologiestrategie liegen als in deren Umsetzung. Ein schleichender Verlust der technologischen Wettbewerbsfähigkeit ist in vielen Fällen die Folge.

Mit der vorliegenden Untersuchung wird daher die Zielsetzung verfolgt, eine praxisgerechte Methodik zur effektiven und effizienten PLANUNG DES EINSATZES INNOVATIVER FERTIGUNGSTECHNOLOGIEN zu entwickeln.

Ausgehend von der Abgrenzung und Präzisierung des Untersuchungsbereiches wurde in einer Diskussion bekannter Methoden und Modelle aufgezeigt, daß einerseits immer nur ein Ausschnitt der Planungsprozesse für innovative Fertigungstechnologien tangiert und unterstützt wird. Andererseits werden in den Beiträgen Sichtweisen verfolgt, die den relevanten Detailaspekten und den spezifischen Charakteristika des Planungsobjektes "innovative Fertigungstechnologie" nicht ausreichend Rechnung tragen.

Als Grundlage für die Methodikentwicklung wurde, basierend auf den Merkmalen der industriellen Planungspraxis und den Defiziten existierender Ansätze, ein forschungsleitendes Anforderungsprofil deduziert. Ferner wurden die Bausteine der Methodikentwicklung in Anlehnung an die Prinzipien des Systems Engineering definiert.

Den Kern der Arbeit bildeten die Konzeption und Detaillierung der Planungsmethodik. Dazu wurde ein Methodikmodell aufgebaut, in dem sechs Planungsphasen unterschieden werden (Makrozyklus). Das in der Detaillierung dieses Modells entwickelte

Zusammenfassung

Seite 121

Instrumentarium bietet von der Zieldefinition bis hin zur Ergebnisumsetzung eine durchgängige Unterstützung des Problemlösungsprozesses. In einem zukunftsgerichteten Planungsverständnis wurden sowohl operative und strategische Aspekte integriert als auch Top-down- und Bottom-up-Planungssichten verzahnt (Gegenstromverfahren). Die Inhalte der sechs Planungsphasen stellen sich wie folgt dar:

SITUATIONSANALYSE: Mittels Checklisten können die Zielsetzung für einen innovativen Technologieeinsatz sowie die Innovationsstrategie systematisch erfaßt und präzisiert werden. Die Eingrenzung eines Suchfeldes wird anhand weniger, definierter Bezugsgrößen vollzogen. Dies ermöglicht es dem Methodikanwender, in der Phase PRODUKTANALYSE zukunftsgerichtet diejenigen Produkte und Bauteile zu identifizieren, bei denen durch innovative Fertigungstechnologien ein Beitrag zur Erfüllung der Unternehmensziele erschlossen werden kann. Die sich anschließende systematische Erfassung aller planungsrelevanten Produktinformationen wird durch die Datenstruktur von Produktdatenblätter (PDB) wirkungsvoll unterstützt.

Mit der so geschaffenen, repräsentativen Planungsbasis stehen in der Phase ALTERNATIVENSUCHE die notwendigen Informationen zur Verfügung, um neue Zustände im Produkt/ Fertigungstechnologie-Möglichkeitsraum entwickeln zu können. Auf Basis der Analyse kreativer Denkprozesse sind die für diese Aufgabe geeigneten Instrumente konkret ausgewählt und in ihrer Anwendung modifiziert bzw. verknüpft worden. In dem so konzipierten Ablauf ist eine gegenseitige Ergänzung von intuitiven und systematischen Ideenfindungsmethoden vorgesehen; dieser trägt zur Ableitung grundsätzlich neuer Lösungen maßgeblich bei.

Um die bedeutsamsten Ideen hinsichtlich ihrer technischen und wirtschaftlichen Machbarkeit konkretisieren zu können (VARIANTENKREATION UND -REDUKTION), wurde eine Datenstruktur zur Technologieanalyse empirisch abgeleitet und in einer relationalen Datenbank als Informationsträger "Technologiedatenblatt" (TDB) umgesetzt. Durch den spezifischen Informationsinhalt der TDB wird ebenfalls die Suche nach neuen Technologieanwendungen unterstützt.

Zur BEWERTUNG UND STRATEGIENFINDUNG wurde auf Grundlage der Fuzzy-Set-Theory ein Beurteilungs- und Bewertungssystem entwickelt. Dessen Anwendung ermöglicht eine nachvollziehbare und effiziente Ableitung von Normstrategien je Ansatz. Als maßgebliche Stellgrößen gehen der Beitrag eines Ansatzes zur Erfüllung der Unternehmensziele sowie dessen Kongruenz zur Innovationsstrategie ein. Mit Hilfe eines Wirkungsnetzes wurden die wesentlichen Einflußgrößen für einen Technologieeinstieg identifiziert, so daß die Komplexität in der praktischen Anwendung reduziert werden kann.

Alle wesentlichen Erkenntnisse des durchlaufenen Planungsprozesses können in einem modifizierten *TECHNOLOGIEKALENDER* (TK) nachvollziehbar abgebildet werden. Durch die Gegenüberstellung, welche Produkte zukünftig mit welchen Fertigungstechnologien vorteilhaft hergestellt werden können, ist eine hohe Planungstransparenz gewährleistet. Das Planungsinstrument TK ermöglicht es, Produkt- und Prozeßinnovationen im langfristigen Planungshorizont zu synchronisieren. Anhand der Normstrategien können konkrete, unternehmensindividuelle Aktivitäten zur Ausschöpfung der im TK aufgezeigten Potentiale effektiv festgelegt und koordiniert werden. Da sowohl horizontal über Produkt- und Technologiebereiche als auch vertikal über zeitlich verschiedene Stufen hinweg geplant wird, trägt der Technologiekalender zu einer ganzheitlichen übergreifenden Sichtweise i.S. einer strategischen Planung bei.

Zur effizienten Handhabung der anfallenden Datenvolumina sind drei der konzipierten Planungsinstrumente EDV-technisch umgesetzt worden. Die Strukturen der Produkt- und Technologiedatenblätter wurde zwecks Erstellung und Pflege in einer relationalen Datenbank implementiert. Ferner wurde das regelgestützte Entscheidungsmodell in einer Fuzzy-Entwicklungssoftware umgesetzt, so daß die Bewertung und Strategienfindung auf Basis der Eingabedaten weitgehend automatisch erfolgen kann.

Die Praktikabilität und das Nutzenpotential der Planungsmethodik konnte anhand der Auswertung industrieller Fallbeispiele belegt werden. In Einzelfällen wurden Potentiale für eine 70%ige Herstellkostenreduktion (Bauteile) aufgezeigt. Ebenso waren die Umsetzung überlegener, bisher nicht realisierter Produktmerkmale oder die Identifikation der Kerntechnologien zum Aufbau technologischer Erfolgspositionen Ergebnisse der Methodikanwendung.

Damit stellt die entwickelte Methodik einen wichtigen Beitrag zur unternehmensindividuellen Planung innovativer Fertigungstechnologien dar. Durch die Systematik der Vorgehensweise werden die Bereitschaft zu technologischen Innovationen vergrößert und deren Erfolgsraten erhöht. Mit dem *TECHNOLOGIEKALENDER* als unternehmensweiter Diskussionsgrundlage und als Abbildung einer gemeinsam erarbeiteten Technologiestrategie kann die Transparenz und die unternehmensweite Akzeptanz der Planungsergebnisse nachhaltig verbessert werden. Der Erfolg einer Methodikanwendung stellt sich jedoch niemals automatisch ein, sondern verlangt Ideenreichtum, Kreativität, Innovationsbereitschaft und "persönliches Unternehmertum" aller involvierten Mitarbeiter.

IV LITERATURVERZEICHNIS

[ABER78]
ABERNATHY, W. J., UTTERBACK, J. M., Patterns of Industrial Innovation, in: Technology Review, (1978) Nr. 7, o.S.

[ABUO94]
ABUOSBA, M., Verarbeitung von unsicherem Wissen in CAD-Systemen, Carl Hanser Verlag, München, Wien, 1994.

[ADAM71]
ADAM, D., WITTE, T., Typen betriebswirtschaftlicher Modelle, in: WISU, (1971) Nr. 1, S. 11-18.

[ADL81]
ARTHUR D. LITTLE INTERNATIONAL (Hrsg.), The Strategic Management of Technology, European Management Forum, Davos, 1981.

[ADL88]
ARTHUR D. LITTLE INTERNATIONAL (Hrsg.), Innovation als Führungsaufgabe, Campus Verlag, Frankfurt/Main, New York, 1988.

[AKAO92]
AKAO, Y., QFD - Quality Function Deployment, dt. Übersetzung, Hrsg.: LIESEGANG, G., Verlag Moderne Industrie, Landsberg/Lech, 1992.

[ALB91]
ALBACH, H. (Hrsg.), Innovation und Erziehung, Verlag Gabler, Wiesbaden, 1991.

[ALTR91]
VON ALTROCK, C., Fuzzy Logic: Scharfe Theorie der unscharfen Mengen, in: c't Computer Technik, (1991) Nr. 3, Sonderdruck o.S.

[AMMA93]
AMMANN, J., Der rote Faden, in: VDI-Berichte Nr. 1064, S. 45-62, VDI-Verlag, Düsseldorf, 1993.

[ANDR75]
ANDRAE, O., Die Zielhierarchie des Betriebes, Verlag Lang, Bern, Frankfurt a. M., 1975.

[ANSH81]
ANSHOFF, H. J., Die Bewältigung von Überraschungen und Diskontinuitäten durch die Unternehmensführung, in: [STEIN81], S. 233-264.

[APPL76]
N.N., Application of SADT, Volume 1, SADT Author Guide, Third Edition, SofTech Inc., 1976.

[ASBY74]
ASHBY, W. R., Einführung in die Kybernetik, Suhrkamp Verlag, Frankfurt a. M., 1974.

[AWK87]
N.N., Integrierte Systeme der Produktionstechnik im wirtschaftlichen und sozialen Umfeld, in: Aachener Werkzeugmaschinen Kolloquium (Hrsg.), Produktionstechnik: Auf dem Weg zu integrierten Systemen, VDI Verlag, Düsseldorf, 1987, S. 523-574.

[AYRE71]
AYRES, R. U., Prognose und langfristige Planung in der Technik, Carl Hanser Verlag, München, 1971.

[BAAK89]
BAAKEN, T., Technology Marketing: A Response to Technological Change, in: [MIEG89], S. 158-162.

[BACK94]
BACKHAUS, K., SCHLÜTER, S., Wettbewerbsstrategien und Exportorientierung deutscher Investitionsgüterhersteller - eine empirische Analyse, Bericht Nr. 94 - 3, Betriebswirtschaftliches Institut für Anlagen und Systemtechnologie, Uni Münster, 1994.

[BALCK90]
BALCK, H., Neuorientierung im Projektmanagement, Verlag TÜV Rheinland, Köln, 1990.

[BENK89]
BENKENSTEIN, M., Modelle technologischer Entwicklungen als Grundlage für das Technologiemanagement, in: DBW, 49 (1989) Nr. 4, S. 497-511.

[BERG81]
BERGNER, H., Planung und Rechnungswesen in der Betriebswirtschaftslehre, Duncker und Humblot, Berlin, 1981.

[BERN80]
BERNS, H., Denkmodell für methodisches und wirtschaftliches Konstruieren, in: Konstruieren, (1980) Nr. 32, S. 13-18.

[BERT94]
BERTINGER, L., Informationssysteme als Mittel zur Einführung neuer Produktionstechnologien, Diss. TU Braunschweig, 1994.

[BLEI91]
BLEICHER, K., Das Konzept Integriertes Management: Das St. Galler Management-Konzept, Bd. 1, Campus Verlag, Frankfurt/Main, New York, 1991.

[BOOZ91]
BOOZ, ALLEN & HAMILTON (Hrsg.), Integriertes Technologie- und Innovationsmanagement, Erich Schmidt Verlag, Berlin, 1991.

[BRAN71]
BRANKAMP, K., Planung und Entwicklung neuer Produkte, Verlag de Gruyter, Berlin, 1971.

Literaturverzeichnis

[BROK89]
BROCKHOFF, K., Forschung und Entwicklung, 2. Aufl., Carl Hanser Verlag, München, Wien, 1989.

[BRON89]
BRONNER, A., Einsatz der Wertanalyse in Fertigungsbetrieben, Hrsg.: RKW, Eschborn, 1989.

[BRON92]
BRONNER, A., Handbuch der Rationalisierung, Bd. 331, Expert-Verlag, Ehringen bei Böblingen, 1992.

[BROS82]
BROSE, P., Planung, Bewertung und Kontrolle technologischer Innovationen, Erich Schmidt Verlag, Berlin, 1982.

[BRUN91]
BRUNS, M., Systemtechnik: Ingenieurwissenschaftliche Methodik zur interdisziplinären Systementwicklung, Springer Verlag, Berlin, Heidelberg, New York, 1991.

[BUCK89]
BUCKSCH, R., Wertanalyse im Umfeld des Jahres 2000, in: VDI-Berichte Nr. 760, S. 23-36, VDI-Verlag, Düsseldorf, 1989.

[BULL91]
BULLINGER, H. J. (Hrsg.), Paradigmenwechsel im Management - Ressourcen der Produktentwicklung, 3. F&E Management Forum, gfmt-Tagungsband, München, 1991.

[BULL94]
BULLINGER, H. J. (Hrsg.), Einführung in das Technologiemanagement, B.G. Teubner Verlag, Stuttgart, 1994.

[BUZZ89]
BUZZLES, R. D., GALE, B. T., Das PIMS-Programm: Strategien und Unternehmenserfolg, dt. Übersetzung, Gabler Verlag, Wiesbaden, 1989.

[CHEC85]
CHECKLAND, P., Systemdenken im Management, in: [PROB85], S. 181-204.

[CLEL92]
CLELAND, D. I., BURSIC, K. M., Strategic Technology Management - Systems for Products and Processes, AMACOM, New York, 1992.

[COOP85]
COOPER, R. G., Overall corporate strategies for new product programmes, in: Industrial Marketing Management, (1985) Nr. 14, S. 179-193.

[COST83]
COSTELLO, D., A practical Approach to R&D Project Selection, in: Technological Forecasting and Social Change, 23 (1983), S. 353-368.

[DEWE10]
DEWEY, J., How we think, Boston, 1910, Sekundärzitat aus: [SCHR95].

[DIEK78]
DIEKHÖRNER, G., Systematische Lösungsfindung mit Konstruktionskatalogen, in: VDI-Z, 120 (1978), S. 351-357.

[DIN8580]
N.N., DIN 8580, Einteilung der Fertigungsverfahren, Beuth Verlag, Berlin, 1965.

[DIN 66001]
N.N., DIN 66 001, Sinnbilder und ihre Anwendung, Beuth Verlag, Berlin, 1983.

[DIN69910]
N.N., DIN 69 910, Wertanalyse, Beuth Verlag, Berlin, 1987.

[DOMS89]
DOMSCH, M., GERPOTT, H., GERPOTT, T., Technologische Gatekeepers in der industriellen F&E, Schäffer Poeschel Verlag, Stuttgart, 1989.

[DUBO88]
DUBIOS, D. PRADE, H., Possibility Theory: An Approach to Computerized Processing of Uncertainty, PlenumPress, New York, London, 1988.

[DYCK92]
DYCKHOFF, H., Betriebliche Produktion: theoretische Grundlagen einer umweltorientierten Produktionswirtschaft, Springer Verlag, Berlin, Heidelberg, New York, Tokio, 1992.

[EDWI92]
EDWIN, K. W., Methoden der systemtechnischen Planung, Vorlesungsumdruck, 2. Aufl., RWTH Aachen, 1992.

[EG91]
O.V., Wertanalyse in der europäischen Gemeinschaft, Hrsg.: Kommission der Europäischen Gemeinschaft, Bericht EUR 13096 de, Luxemburg, 1991.

[EISE93]
EISENFÜHR, F., WEBER, M., Rationales Entscheiden, Springer Verlag, Berlin, Heidelberg, New York, Tokio, 1993.

[ELBL94]
ELBLING, O., KREUZER, C., Handbuch der strategischen Instrumente, Verlag Überreuter, Wien, 1994.

[ELIA93]
ELIASHBERG, J., LILIEN, G. L. (Hrsg.), Handbooks in Operations Research and Management Science, Vol. 5: Marketing, Worth-Holland Verlag, Amsterdam, 1993.

[EMME94]
EMMERT, D., Planung von Investitionsprogrammen, Verlag Wissenschaft und Praxis, Ludwigsburg, Berlin, 1994

[ERKE88]
ERKES, K.F., Gesamtheitliche Planung flexibler Fertigungssysteme mit Hilfe von Referenzmodellen, Diss. RWTH Aachen, 1988.

Literaturverzeichnis

[EVER90]
EVERSHEIM, W., SCHMETZ, R., Kostenvorteile durch technische Innovationen, in: Technische Rundschau, 82 (1990) Nr. 20, S. 26-33.

[EVER92]
EVERSHEIM, W., BÖHLKE, U., MARTINI, C., SCHMITZ, W., Wie innovativ sind Unternehmen heute? - Studie zur Einführung neuer Produktionstechnologien, in: Technische Rundschau, 84 (1992) Nr. 46, S. 100-105.

[EVER93a]
EVERSHEIM, W., BÖHLKE, U., MARTINI, C., SCHMITZ, W., Neue Technologien erfolgreich nutzen, Teil 1/2, in: VDI-Z, 135 (1993) Nr. 8/9, S. 78-81/47-52.

[EVER93b]
EVERSHEIM, W., SCHMITZ, W., ULLMANN, C., Bewertung innovativer Technologien, in: VDI-Z, 135 (1993) Nr. 11/12, S. 70-79.

[EVER94]
EVERSHEIM, W., SCHMITZ, W., DRESSE, S., Datenbank der Fertigungstechnologie, in: Technische Rundschau, 86 (1994) Nr. 49, S.18-21.

[EVER95a]
EVERSHEIM, W., SCHMITZ, W. Entscheidungsfindung bei technischen Problemlösungen, Tagungsband zum 10. Aachener Stahlkolloquium, Vortrag 7.2, Aachen, 1995.

[EVER95b]
EVERSHEIM, W., SCHMITZ, W., BÖHLKE, U., Innovationen in der Fertigungstechnologie - nur Kreativität und die richtigen Entscheidungen?, in: Die Arbeitsvorbereitung, (1995) Nr. 5, o.S.

[EWAL89]
EWALD, A., Organisation des strategischen Technologie-Managements: Stufenkonzept zur Implementierung einer integrierten Technologie- und Marktplanung, Erich Schmidt Verlag, Berlin, 1989.

[FORS89]
FORSTHUBER, W., KROPFBERGER, D., Kundenorientiertes Technologiemanagement, in: Marktforschung und Management, (1989) Heft 3, S. 67-71.

[FOST86]
FOSTER, R., Assessing a technological threat - working the S-Curve, in: Research Management, 29 (1989) Nr. 8/9, S. 17-21.

[FRIT91]
FRITSCH, M., Innovation und Strukturwandel, in: WISU, (1991) Nr. 3, S. 195-200.

[GEIS81]
Geist, M.N., Köhler, R. (Hrsg.), Die Führung des Betriebes, Poeschel-Verlag, Stuttgart, 1981.

[GEMÜ93]
GEMÜNDEN, G. (Hrsg.), KALUZA, B., PLESCHAK, F. (Hrsg.), Innovationsmanagement und Wettbewerbsfähigkeit, (Management von Prozeßinnovationen), Verlag Gabler, Wiesbaden, 1993.

[GILB86]
GILBERT, X., STREBEL, J., Flexibilität dank Überholstrategie, in: Politik und Wirtschaft, 1 (1986) Nr. 6, S. 61-64.

[GÖTZ91]
GÖTZ, K., Neue Produktpositionierung und drastische Kostensenkung - Neues, blühendes Leben für ein sterbendes Produkt, in: VDI-Berichte Nr. 918, S. 375-391, VDI-Verlag, Düsseldorf, 1991.

[GORD61]
GORDON, W. J. J., Synectics. The Development of Creative Capacity, Harper and Row (Verlag), Evanston, New York, 1961.

[GRAI85]
N.N., Presentation of GRAI Method, Laboratoire GRAI, Bordeaux, 1985.

[GUTE83]
GUTENBERG, E., Grundlagen der Betriebswirtschaftslehre, Bd. 1: Die Produktion, 24. Aufl., Springer Verlag, Berlin, Heidelberg, New York, 1983.

[HABE94]
HABERFELLNER, R.,BECKER, M., BÜCHEL, A., VON MASSOW, H., NAGEL, P., Systems Engineering, Hrsg.: Daenzer, W., Huber F., 8. Aufl., Verlag Industrielle Organisation, Zürich, 1994.

[HAMM74]
HAMMAN, P., KROEBER-RIEL, W., MEYER, C. W., Neuere Ansätze der Marketingtheorie, Erich Schmidt Verlag, Berlin, 1974.

[HÄND74]
HÄNDLE, F., JENSEN, ST. (Hrsg.), Systemtheorie und Systemtechnik, Aufsatzsammlung, Nymphenburger Verlagshandlung, München, 1974.

[HARK87]
HARKER, P. T., VARGAS, L. G., The Theory of Ratio Scale Estimation: SAATY´s Analytic Hierarchy Process, in: Management Science, 33 (1987) Nr. 11, S. 1383-1406.

[HARK89]
GOLDEN, B. L., WASIL, E. E., HARKER, P. T., The Analytic Hierarchy Process: Applications and Studies, Springer Verlag, Berlin, Heidelberg, New York, Tokio, 1989.

[HART89]
HARTUNG, J., ELPELT, B., Multivariate Statistik: Lehr- und Handbuch der angewandten Statistik, 3. Aufl., Verlag Oldenbourg, München, Wien, Oldenbourg, 1989.

[HAUS93]
HAUSCHILDT, J., Innovationsmanagement, Verlag Franz Vahlen, München, 1993.

Literaturverzeichnis

[HEDR95]
HEDRICH, P., SENG, S., WAGNER, P., ZEHNDER, T., Technologiekalender - Pilotanwendungen: Systematischer Aufbau von Technologiekompetenzen, in: io-Management, 64 (1995) Nr. 7/8, S. 77-80.

[HEIN90]
HEINEN, E., Industriebetriebslehre, 8. Aufl., durchges. Nachdruck., Verlag Gabler, Wiesbaden, 1990.

[HERT92]
HERTER, R. N., Berücksichtigung von Optionen bei der Bewertung von Investitionen, in: Controlling, (1992) Nr. 6, S. 320-327.

[HHOF89]
HÖLTERHOFF, K., Wissensbasierte Planung von Fertigungsanlagen innovativer Technologien, Diss. RWTH Aachen, 1989.

[HOIT89]
HOITSCH, H.-J., Strategisches Produktionscontrolling bei Einführung neuer Technologien, in: Controlling, (1989) Nr. 3, S. 158-165.

[HORV92]
HORVÁTH, P., SEIDENSCHWARZ, W., Die Methodik des Zielkostenmanagements, Controlling-Forschungsbericht Nr. 33, Universität Stuttgart, 1992.

[HUBK90]
HUBKA, V., Allgemeines Vorgehensmodell des Konstruierens, Verlag Fachpresse, Zürich, Goldach, 1980.

[ICAM81]
N.N., Integrated Computer Aided Manufacturing, in: Architecture Part II: Composite Function Model of Manufacturing Product (MFGO), Materials Laboratory, AF Wright, Aeronautical Laboratories, 1981.

[JAHN91]
JAHN, S., Entwicklungs-Engineering - zeitorientierte Produktkonzeption und integrierte Entwicklungsprozesse, in: [BULL91], S. 157-231.

[KAHL93]
KAHLERT, H., FRANK, H., Fuzzy-Logik und Fuzzy-Control, Vieweg-Verlag, Braunschweig, 1993.

[KERN77]
KERN, W., SCHRÖDER, H. H., Forschung und Entwicklung in der Unternehmung, Rowohlt Taschenbuchverlag, Hamburg, 1977.

[KOLL85]
KOLLER, R., Konstruktionslehre für den Maschinenbau, 2. Aufl., Springer Verlag, Berlin, Heidelberg, New York, 1985.

[KOSI75]
KOSIOL, E., Zur Problematik der Planung in der Unternehmung, in: [WILD75], S. 38-58.

[KRAM74]
KRAMER, F., APPELT, H. G., Die neuen Techniken der Produktinnovation, Verlag Moderne Industrie, München, 1974.

[KRAM89]
KRAMER, F., Wettbewerbsvorteile durch Technologiemanagement, in: Konstruktion, (1989) Nr. 41, S. 379-388.

[KREI89]
KREIKEBAUM, H., Strategische Unternehmensplanung, 3. Aufl., Verlag Kohlhammer, Stuttgart, Berlin, Köln, 1989.

[KRÜG92]
KRÜGER, W., Organisationsmethodik, in: HWO, 3. Aufl., 1992, S. 1572-1589.

[KUHN95]
KUHN, J., Das zeitgesteuerte Unternehmen, Campus Verlag, Frankfurt/Main, New York, 1995.

[KUTT93]
KUTTIG, D., Rechnergestützte Funktions- und Wirkstrukturverarbeitung beim Konzipieren, Diss. TU Berlin, 1993.

[LANG90]
LANG, P., Technologieorientierung im strategischen Management, in: [TSIK90], S. 31-70.

[LEHM92]
LEHMANN, F., Störungsmanagement in der Einzel- und Kleinserienmontage, Diss. RWTH Aachen, Shaker Verlag, Aachen, 1992.

[LITT78]
LITTOW, E., Die Planung des Technologietransfers bei Produktionsverlagerungen in der Investitionsgüterindustrie, Diss. RWTH Aachen 1978

[MALI92]
MALIK, F., Strategie des Management komplexer Systeme, 4. Aufl., Verlag Paul Haupt, Bern, Stuttgart, Wien, 1992.

[MARC88]
MARCA, D. A., MCGOWAN, C. L., SADT: Structured Analysis and Design Technique, McGraw-Hill (Verlag), New York, 1988.

[MARC93]
MARCZINSKI, G., Verteilte Modellierung von NC-Planungsdaten, Diss. RWTH Aachen, Shaker Verlag, Aachen, 1993.

[MARK59]
MARKOWITZ, H. M.; Portfolio Selection, Yale University Printing, New Haven, New York, 1959.

[MARR73]
MARR, R., Innovation und Kreativität, Gabler Verlag, Wiesbaden 1973.

Literaturverzeichnis

[MART95]
MARTINI, C., Marktorientierte Bewertung neuer Produktionstechnologien, Diss. Hochschule St. Gallen, 1995.

[MATE93]
MATERNE, J., Prognoseverfahren und -ergebnisse zur Technikentwicklung in der Produktionswissenschaft, Carl Hanser Verlag, München, Wien, 1993.

[MCKI68]
MAC KINNON, D. W., Creativity: Psychological Aspects, in: International Enzyclopedia of the Social Sciences, o.O., 1968, S. 435-459, Sekundärzitat aus: [MARR73].

[MEFF74]
MEFFERT, H., Interpretation und Aussagewert des Lebenszykluskonzeptes, in: [HAMM74], S. 85-134.

[MICH87]
MICHEL, K., Technologie im strategischen Management, Erich Schmidt Verlag, Berlin, 1987.

[MILE64]
MILES, L. D., Value Engineering: Wertanalyse, die praktische Methode der Kostensenkung, Verlag Moderne Industrie, München, 1964.

[MÜLL93]
MÜLLER, G., Entwicklung einer Systematik zur Analyse und Optimierung eines EDV-Einsatzes im planenden Bereich, Diss. RWTH Aachen, 1993.

[NADL69]
NADLER, G., Arbeitsgestaltung - zukunftsbewußt, Carl Hanser Verlag, München, 1969.

[NEME89]
NEMETH, T., SCHÖNTHALER, F., STUCKY, W., Formale Spezifikation und Rapid Prototyping - Flexible Systementwicklung mit INCOME, Eigendruck, Karlsruhe, 1989.

[ORTH68]
ORTH, H., Die Wertanalyse als Methode industrieller Kostensenkung und Produktgestaltung, Gabler Verlag, Wiesbaden, 1968.

[OSTE89]
OSTEN, H. VON DER, Technologie-Transaktionen: Die Akquisitionen von technologischer Kompetenz durch Unternehmen, Verlag Vandenhoek & Ruprecht, Göttingen, 1989.

[PAHL86]
PAHL, G., BEITZ, W., Konstruktionslehre, 2. Aufl., Springer Verlag, Berlin, Heidelberg, New York, London, Paris, Tokio, 1986.

[PEIF92]
PEIFFER, S., Technologie-Frühaufklärung, Steuer- und Wirtschafts-Verlag, Hamburg, 1992.

[PERI87]
PERILLIEUX, R., Der Zeitfaktor im strategischen Technologiemanagement, Erich Schmidt Verlag, Berlin, 1987.

[PETE71]
PETERS, L., Simultane Produktionsplanung mit Hilfe der Portfolio-Selection, Duncker & Humblot Verlag, Berlin, 1971.

[PETR62]
PETRI, C. A., Kommunikation mit Automaten, Diss. Universität Bonn, 1962.

[PFEI81]
PFEIFFER, W., BISCHOF, P., Produktlebenszyklen - Instrument jeder strategischen Planung, in: [STEIN81], S. 133-166.

[PFEI83]
PFEIFFER, W., METZE, G., SCHNEIDER, W., AMLER, R., Technologie-Portfolio zum Management strategischer Zukunftsgeschäftsfelder, Verlag Vandenhoek & Ruprecht, Göttingen, 1983.

[PFEI90]
PFEIFFER, W., WEISS, E., Technologie-Management, Erich Schmidt Verlag, Göttingen, 1990.

[PFEI92]
PFEIFFER, W., WEISS, E., Internationaler High-Tech-Wettbewerb: Herausforderungen, Lösungen, Erfahrungen, Verlag Vandenhoek & Ruprecht, Berlin, 1992.

[PFEI95]
PFEIFFER, W., WEISS, E., Methoden zur Analyse und Bewertung technologischer Alternativen, in: [ZAHN95], S. 663-677.

[PIES94]
PIESKE, R., Benchmarking: Das Lernen von den anderen und seine Begrenzungen, in: io-Management Zeitschrift, 93 (1994) Nr. 6, Zürich, S. 19-23.

[PLIN94]
PLINKE, W., WEIBER, R., Multivariate Analysemethoden, 7. Aufl., Springer Verlag, Berlin, Heidelberg, New, York, Tokio, 1994.

[PORT90]
PORTER, A. L, Forecasting and Management of Technology, John Wiley & Sons Inc., New York, Chichester, Brisbane, Toronto, 1990.

[POPP94]
POPPER, K.R., Logik der Forschung, 10. verb. Aufl., J.C.B. Mohr (Verlag), Tübingen, 1994 (Erstausgabe von 1935).

[PORT92]
PORTER, M. E.; Wettbewerbsvorteile: Spitzenleistungen erreichen und behaupten, dt. Übersetzung, JAEGER, A., 3. Aufl., Campus Verlag, Frankfurt/Main, New York, 1992.

Literaturverzeichnis Seite XIX

[PRAH91]
PRAHALAD, C. K, HAMEL, G., Nur Kernkompetenzen sichern das Überleben, in: Havard Business Manager, 13 (1991) Nr. 2, S. 66-78.

[PROB85]
PROBST, G. J. B. VON, SIEGWART, H. (Hrsg.), Integriertes Management, Verlag Paul Haupt, Bern, Stuttgart, Wien, 1985.

[PROB89]
PROBST, G. J. B., GOMEZ, P., Vernetztes Denken, Verlag Gabler, Wiesbaden 1989.

[PÜMP91]
PÜMPIN, C., PRANGE, J., Management der Unternehmensentwicklung: Phasengerechte Führung und Umgang mit Krisen, Campus Verlag, Frankfurt/Main, New York, 1991.

[PÜMP92]
PÜMPIN, C., Strategische Erfolgspositionen: Methodik der dynamischen strategischen Unternehmensführung, Verlag Paul Haupt, Bern, Stuttgart, 1992.

[RAAS93]
RAASCH, J., Systementwicklung mit strukturierten Methoden - ein Leitfaden für Praxis und Studium, 3. Aufl., Carl Hanser Verlag, München, Wien, 1993.

[REFA91]
N.N., Methodenlehre der Betriebsorganisation, Hrsg.: REFA, Carl Hanser Verlag, München, 1991.

[REIB91]
REIBNITZ, U. von, Szenario-Technik, Gabler Verlag, Wiesbaden, 1991.

[RINZ77]
RINZA, P., SCHMITZ, R., Nutzwert-Kosten-Analyse, VDI Verlag, Düsseldorf, 1977.

[ROPO79]
ROPOHL, G., Eine Systemtheorie der Technik, Nymphenburger Verlagshandlung GmbH, München, Wien, 1979.

[ROPO74]
ROPOHL, G., Systemtechnik als umfassende Anwendung kybernetischen Denkens in der Technik, in: [HÄND74], S. 191-214.

[ROSC77]
ROSS, D. T., SCHOMAN, K. E., Structured Analysis for Requirements Definition, in: IEEE Transaction on Software Engineering, 3 (1977) Nr.1, S. 6-15.

[ROSS77]
ROSS, D. T., Structured Analysis (SA): A Language for Communicating Ideas, in: IEEE Transaction on Software Engineering, 3 (1977) Nr.1, S. 16-34.

[ROTH82]
ROTH, K., Konstruieren mit Konstruktionskatalogen, Systematisierung und zweckmäßige Aufbereitung technischer Sachverhalte für das methodische Konstruieren, Springer Verlag, Berlin, Heidelberg, New York, 1982.

[SCHA92]
SCHARLACKEN, J. W., The Advantages of Manufacturing Technology Planning, in: Quality Progress, (1992) Nr. 7, S. 57-62.

[SCHI93]
SCHIERENBECK, H., Grundzüge der Betriebswirtschaftslehre, 11. Aufl., Verlag Oldenbourg, München, Wien, Oldenbourg, 1993.

[SCHM77]
SCHMIDT, R. B., Wirtschaftslehre der Unternehmung, Bd. 1, 2. Aufl., Schäffer Poeschel Verlag, Stuttgart, 1977.

[SCHM92]
SCHMETZ, R., Planung innovativer Werkstoff- und Verfahrensanwendungen, Diss. RWTH Aachen, VDI Verlag, Düsseldorf, 1992.

[SCHR95]
SCHRÖDER, H., Kreativitätsorientiertes Forschungs- und Entwicklungs (F&E)- Management, Tagungsband zum 10. Aachener Stahlkolloquium, Vortrag 7.1, Aachen, 1995.

[SCHÜ91]
SCHÜTT, J. M., Verfahrensintegration im Rahmen der technischen Investitions-planung, Diss. RWTH Aachen, 1991.

[SCHU92]
SCHUH, G., BÖHLKE, U., MARTINI, C., SCHMITZ, W., Technologiemanagement mit Hilfe eines Technologiekalenders, in: io-Management, 61 (1992) Nr. 3, S. 31-35.

[SCHW83]
SCHWAB, K.D., Ein auf dem Konzept der unscharfen Mengen basierendes Entscheidungsmodell bei mehrfacher Zielsetzung, Diss. RWTH Aachen, 1983.

[SCHZ95]
SCHMITZ, W., PELZER, W., Die Potentiale neuer Technologien frühzeitig erkennen und nutzen, in: Handelsblatt, (1995) Nr. 157, S. B9.

[SCRE88]
SCHREUDER, S., UPMANN, R., Wirtschaftlichkeit von CIM, in: CIM-Management, (1988) Nr. 4, S. 10-16.

[SEID93]
SEIDENSCHWARZ, W., Target Costing, Verlag Franz Vahlen, München, 1993.

[SERV85]
SERVATIUS, H. G., Methodik des strategischen Technologie-Managements, Erich Schmidt Verlag, Berlin, 1985.

[SFB361]
N.N., Modelle und Methoden zur integrierten Produkt- und Prozeßgestaltung, Arbeits- und Ergebnisbericht 1993/1994, SFB361 an der RWTH Aachen, 1995.

Literaturverzeichnis

[SFTT90]
STEINFATT, E., Ein Expertensystem zur Investitionsplanung, Diss. RWTH Aachen, 1990.

[SHWA91]
SCHWARZ, W. J., Unternehmensentwicklung durch Value Management: Eine praktische Vertiefung nach dem Konzept der 3M-Erfolgsfaktoren, in: VDI-Berichte Nr.1016, S. 629-648, VDI-Verlag, Düsseldorf, 1991.

[SLIK89]
SCHLICKSUPP, H., Innovation, Kreativität und Ideenfindung, 3. überarbeitete und erweiterte Auflage, Vogel, Würzburg, 1989.

[SOMM83]
SOMMERLATTE, T., WALSH, I. S., Das strategische Management von Technologien, in: [TÖPF83], S. 298-321.

[SOMM87]
SOMMERVILLE, I., Software Engineering, Verlag Addison-Wesley, Bonn, 1987.

[SOUD72]
SOUDER, W. E., Scoring Methodology for Assessing the Suitability of Management Science Models, in: Management Science, 18 (1972) Nr. 6, S. 526-543.

[SPEC92]
SPECHT, G., Technologiemanagement, in: DBW, 52 (1992) Nr. 4, S. 547-566.

[STAC73]
STACHOVIAK, H., Allgemeine Modelltheorie, Springer Verlag, Wien, New York, 1973.

[STAU86]
STAUDT, E., Das Management von Innovationen, Frankfurter Allgemeine Zeitung, Frankfurt, 1986.

[STEIN81]
STEINMANN, H. (Hrsg.), Planung und Kontrolle, Verlag Franz Vahlen, München, 1981.

[STUE89]
STÜRMER, U., Ein semantisches Informationsmodell zur Darstellung funktionaler und wirkstruktureller Zusammenhänge für das Konzipieren im Maschinenbau, Diss. TU Berlin, 1989.

[SZYP80]
SZYPERSKI, N., WINAND, U., Grundbegriffe der Unternehmensplanung, B.G. Teubner Verlag, Stuttgart, 1980.

[THOM80]
THOM, N., Grundlagen des betrieblichen Innovationsmanagement, Verlag Hanstein, Königstein, 1980.

[TÖPF83]
TÖPFER, A., AHLFELD, H. (Hrsg.), Praxis der strategischen Unternehmensplanung, Verlag Metzner, Frankfurt, 1983.

[TRÄN90]
TRÄNCKNER, J.-H., Entwicklung eines prozeß- und elementorientierten Modells zur Analyse und Gestaltung der technischen Auftragsabwicklung von komplexen Produkten, Diss. RWTH Aachen, 1990.

[TROM90]
TROMMSDORFF, V., (Hrsg.), Innovationsmanagement in kleinen und mittleren Unternehmen, Verlag Franz Vahlen, München, 1990.

[TRUX84]
TRUX, W., MÜLLER, G., KIRSCH, W. (Hrsg.), Das Management strategischer Programme, 2. Halbband, Verlag W. Kirsch, München, 1984.

[TRUX85]
TRUX, W., MÜLLER, G., KIRSCH, W. (Hrsg.), Das Management strategischer Programme, 1. Halbband, 2. Aufl., Verlag W. Kirsch, München, 1985.

[TSIK90]
TSCHIRKY, H., HESS, W., Technologie-Management: Erfolgsfaktor von zunehmender Bedeutung, Verlag Industrielle Organisation, Zürich, 1990.

[TSIK91]
TSCHIRKY, H., Technologiemanagement - ein integrierter Ansatz, in: io-Management, 60 (1991) Nr. 11, S. 27-31.

[ULLM95]
ULLMANN, C., Technologieplanung für innovative Fertigungsverfahren, Diss. RWTH Aachen, Verlag Shaker, Aachen, 1995.

[ULRI81]
ULRICH, H., Die Betriebswirtschaftslehre als anwendungsorientierte Sozialwissenschaft, in: [GEIS81], S. 1-25.

[ULRI92]
ULRICH, P., FLURI, E., Management: eine konzentrierte Einführung, 6. Aufl., Verlag Haupt, Bern, Stuttgart, 1992.

[URB93]
URBAN, G. L., HAUSER, J. R., Design and Marketing of New Products, 2. Aufl., Verlag Prentice Hall, Englewood Cliffs, New York, 1993.

[VDI 7380]
N.N., VDI-Richtlinie 7380, Technikbewertung: Begriffe und Grundlagen, Beuth Verlag, Berlin, 1991.

[WAGN74]
WAGNER, A. P., Der Schlüssel zum erfolgreichen Produkt, Management Script Bd.7, Deutscher Betriebswirte-Verlag, Wien, 1974.

Literaturverzeichnis

[WAND84]
WANDERSLEB, M., Zur Berücksichtigung von nicht oder nur schwer quantifizierbaren Einflußfaktoren bei der Investitionsentscheidung, Diss. Universität Würzburg, 1984.

[WEIN91]
WEINERT, F., Der aktuelle Stand der psychologischen Kreativitätsforschung, in: [ALB91], S. 67-91.

[WEIS75]
WESSER, J., Planung: Zur Klärung wichtiger Begriffe, in: [WILD75], S. 22-37.

[WERN93]
WERNERS, B.; Unterstützung der strategischen Technologieplanung durch wissensbasierte Systeme, Habilitation RWTH Aachen, 1993.

[WEST87]
WESTKÄMPER, E., Strategische Investitionsplanung mit Hilfe eines Technologiekalenders, in: [WILD87b], S.143-181.

[WGL95]
WENGLER, M. M., EVERSHEIM, W., OGRODOWSKI, U., Qualitätsprobleme wie von selbst gelöst?, in: Qualität und Zuverlässigkeit QZ, 40(1995) Nr. 9, S. 1050-1056.

[WILD75]
WILD, J., Unternehmungsplanung, Rowohlt Taschenbuchverlag, Hamburg, 1975.

[WILD81]
WILD, J., Grundlagen der Unternehmungsplanung, 3. Aufl., Westdeutscher Verlag, Opladen, 1981.

[WILD87a]
WILDEMANN, H., Strategische Investitionsplanung: Methoden zu Bewertung neuer Produktionstechnologien, Verlag Gabler, Wiesbaden, 1987.

[WILD87b]
WILDEMANN, H. (Hrsg.), Strategische Investitionsplanung für neue Technologien in der Produktion, Bd. 3, Verlag gfmt, Stuttgart, 1987.

[WILD93]
WILDEMANN, H., Fertigungsstrategien: Reorganisationskonzepte für eine schlanke Produktion und Zulieferung, Verlag gfmt, München, 1993.

[WÖHE90]
WÖHE, G., Einführung in die allgemeine Betriebswirtschaftslehre, 17. Aufl., Verlag Franz Vahlen, München, 1990.

[WOLF91]
WOLFRUM, B., Strategisches Technologiemanagement, Verlag Gabler, Wiesbaden, 1991.

[WOLF92]
WOLFRUM, B., Grundgedanken: Formen und Aussagewert von Technologieportfolios (I,II), in: WISU, (1992) Nr.4, S. 312-320, Nr.5, S.403-407.

[YEOM84]
YEOMANS, P. H., Improving Quality and Productivity in System Development, in: Using the IDEF Methodologies, MicroMatch Ltd., Crowthorne, 1984.

[ZADE65]
ZADEH, L. A., Fuzzy-Sets, in: Information and Control, (1965) Nr. 8, S. 338-353.

[ZAHN81]
ZAHN, E., Entwicklungstendenzen und Problemfelder der strategischen Planung, in: [BERG81], S. 145-190.

[ZAHN95]
ZAHN, E. (Hrsg.), Handbuch Technologiemanagement, Schäffer Poeschel Verlag, Stuttgart, 1995.

[ZÄPF89]
ZÄPFEL, G., Strategisches Produktions-Management, Verlag de Gruyter, Berlin, New York, 1989.

[ZIMM91]
ZIMMERMANN, H.-J., GUTSCHE, L., Multi-Criteria Analyse, Springer Verlag, Berlin, Heidelberg, New York, Tokyo, 1991.

[ZIMM92]
ZIMMERMANN, H.J., Fuzzy-Set-Theory and it´s Application, 3. Aufl., Kluwer-Nijhoff Publishing, Boston, Dordrecht, London, 1993.

[ZIMM93a]
ZIMMERMANN, H. J., Fuzzy Technologien: Prinzipien, Werkzeuge, Potentiale, VDI Verlag, Düsseldorf, 1993.

[ZIMM93b]
ZIMMERMANN, H. J., Paradigmenwechsel führt zur unscharfen Logik, in: Elektronik plus, Sonderheft Basiswissen, 1993, S. 7-17.

[ZÖRG83]
ZÖRGIEBEL, W. W., Technologie in der Wettbewerbsstrategie, Verlag de Gruyter, Berlin, 1983.

[ZWA91]
N.N., Wertanalyse: Idee - Methode - System, Hrsg.: VDI - Zentrum Wertanalyse, VDI Verlag, Düsseldorf, 1991.

[ZWIC66]
ZWICKY, F., Entdecken, Erfinden, Forschen im morphologischen Weltbild, 1. Aufl., Droemersche Verlagsanstalt, München, Zürich, 1966.

Bei der Erstellung der vorliegenden Untersuchung wurden die Ergebnisse folgender unveröffentlichter Studien- und Diplomarbeiten genutzt:

ALBRECHT, T., Erarbeitung von Technologiedatenblättern für ausgewählte innovative Produktionstechnologien, Studienarbeit WZL, RWTH Aachen, 1993.

BREIT, H., Potentialanalyse für ausgewähte innovative Fertigungstechnologien, Studienarbeit WZL, RWTH Aachen, 1995.

BRÖKER, F., Bewertung von innovativen Produktionstechnologien zur unternehmensindividuellen Selektion von Investitionsprojekten - Technologiekalender, Diplomarbeit WZL, RWTH Aachen, 1994.

BURK, A., Einsatzmöglichkeit der Wertanalyse für die strategische Technologieplanung, Studienarbeit WZL, RWTH Aachen, 1993.

DAMM, K., Analyse der Einsatzmöglichkeiten innovativer Fertigungstechnologien zur Herstellung von Produkten aus dem Bauhaupt- und nebengewerbe, Studienarbeit WZL, RWTH Aachen, 1995.

FUHRMANN, J., Anwendung der Technologiekalender-Methode zur strategischen Technologieplanung und Ableitung von Schwachstellen der Methodenanwendung, Studienarbeit WZL, RWTH Aachen, 1995.

HENSE, J., Bewertung einer innovativen Betriebsmittelkombination und Ableitung eines Marketingkonzeptes, Diplomarbeit WZL, RWTH Aachen, 1993.

KIPP, R., Analyse der Einsatzmöglichkeiten innovativer Fertigungstechnologien und Ableitung einer unternehmensspezifischen Technologiestrategie am Beispiel eines Getriebes, Diplomarbeit WZL, RWTH Aachen, 1995.

KÖSTER, M., Eignung der Szenariotechnik zur strategischen Technologiebewertung, Studienarbeit WZL, RWTH Aachen, 1993.

LINCK, J., Strategische Technologiebewertung unter Berücksichtigung unsicherer Daten, Studienarbeit WZL, RWTH Aachen, 1995.

MARTINI, C., Innovationsmanagement mit Hilfe eines Technologiekalenders, Diplomarbeit ITEM-HSG, Hochschule St. Gallen, 1992.

WEY, G., Analyse der Einsatzpotentiale innovativer Fertigungstechnologien am Beispiel eines Unternehmens des Bauhaupt- und -nebengewerbes, Diplomarbeit WZL, RWTH Aachen, 1993.

INHALTSVERZEICHNIS DES ANHANGS

A. Idealisiertes Vorgehensmodell der Planungsmethode (SADT) A.3

B. Vorgehensplan zur Ermittlung von Produktgrundfunktionen A.17

C. Umsetzung des planungsorientierten Produktmodells A.19

D. Umsetzung des Technologiemodells A.25

E. Idealtypische Vorlagen zur Kalibrierung des Bewertungssystems A.37

Anhang A:

Idealisiertes Vorgehensmodell der Planungsmethode (SADT)

Legende

Knotenhierarchie

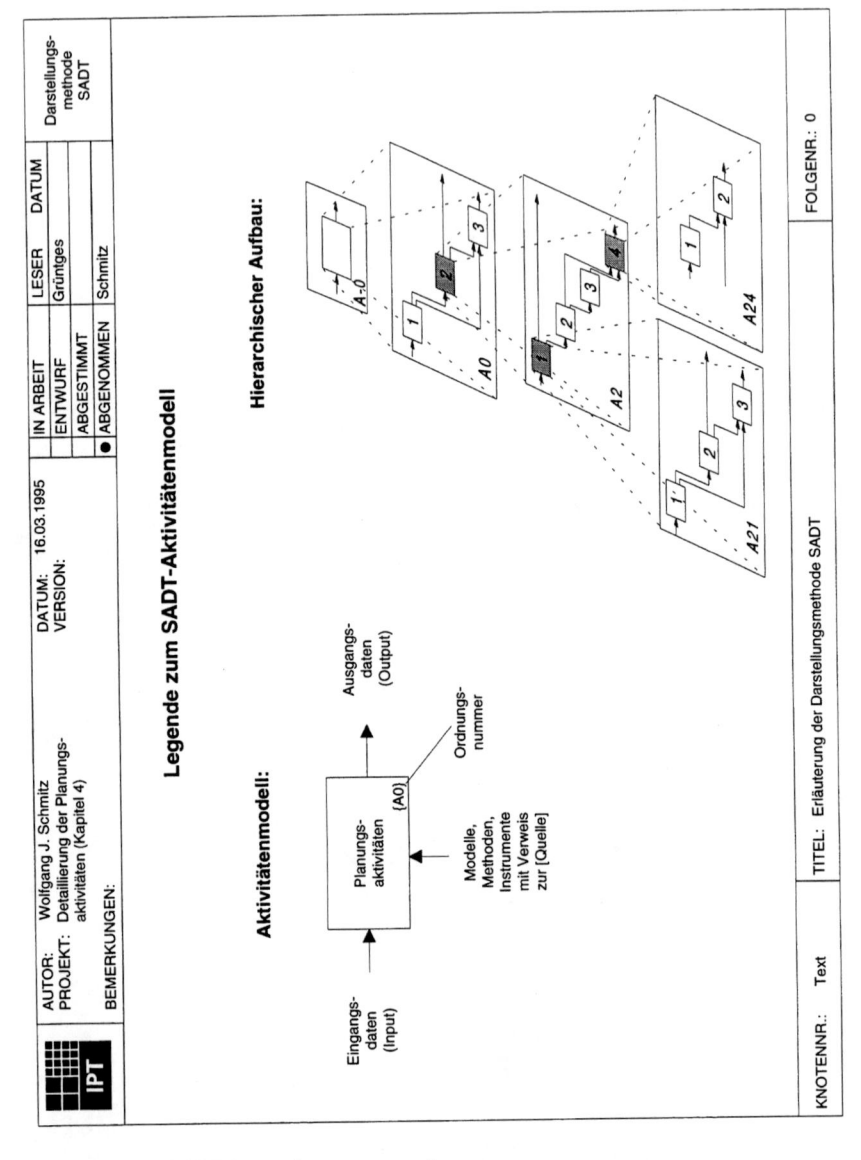

ANHANG A: SADT AKTIVITÄTENMODELL - LEGENDE

- {A0} **Strategische Technologieplanung**
  - {A1} **Situationsanalyse**
    - {A11} Ableitung technologiebezogener Fundamental- und Instrumentalziele
    - {A12} Eingrenzung des Suchfeldes für den innovativen Technologieeinsatz
      - {A121} Datenerhebung und -auswertung
      - {A122} Positionierung im Produktlebenszyklus
      - {A123} Ermittlung des Nachfragerwachstums (qualitativ)
      - {A124} Vorselektion der relevanten Produkte
      - {A125} Ermittlung der Produktionszahlen (quantitativ)
      - {A126} Ermittlung der Multiplikationsmöglichkeiten
    - {A13} Auswahl der relevanten Produkte
  - {A2} **Produktanalyse**
    - {A21} Informationsanalyse: relevante Produkte
    - {A22} Auswahl der relevanten Produktstrukturelemente
    - {A23} Informationsanalyse und -strukturierung: Produktstrukturelemente
  - {A3} **Alternativensuche**
    - {A31} Festlegen der Suchrichtung
    - {A32} Lösungsfindung für Funktions-, Gestalt- und Technologiealternativen
    - {A33} Ideenordnung und -verdichtung (Ansätze 1ter Ordnung)
  - {A4} **Variantenkreation und -reduktion**
    - {A41} Variantenkreation
    - {A42} variantenbezogene Informationsakquisition
    - {A43} Variantenreduktion (Ansätze 2ter Ordnung)
  - {A5} **Bewertung und Strategienfindung**
    - {A51} Aufbau des Beurteilungs- und Bewertungssystems
      - {A511} Bestimmung der Zielkriterien
      - {A512} Gewichtung der Zielkriterien
      - {A513} Linguistische Skalierung der Zielkriterien
      - {A514} Modifikation der Regelschichten S1-S4
      - {A515} Definition linguistischer Variabeln
    - {A52} Bewertung der Ansätze, Ableitung von Handlungsempfehlungen
      - {A521} Beurteilung je Zielkriterium
      - {A522} Aggregation und Normierung
      - {A523} Bewertung im fuzzy-Tool "straTECH"
      - {A524-A526} Ableitung: Empfehlung für Priorität, F&E-Einsatz, etc.
  - {A6} **Aktivitätenprogramm**
    - {A61} Einordnung produktbezogener Daten
    - {A62} Einordnung und Verknüpfung fertigungstechnologiebez. Daten
    - {A63} Ableitung unternehmungsspezifischer Aktivitäten

ANHANG A: *SADT AKTIVITÄTENMODELL - KNOTENHIERARCHIE*

Seite A.6 — Anhang

AUTOR: Wolfgang J. Schmitz	DATUM: 16.03.1995	IN ARBEIT	LESER	DATUM	KONTEXT
PROJEKT: Detaillierung der Planungsaktivitäten (Kapitel 4)	VERSION:	ENTWURF	Grüntges		Top
		ABGESTIMMT			
BEMERKUNGEN:		● ABGENOMMEN	Schmitz		

Eingaben (Inputs):
- Unternehmungsziele
- Wettbewerbsstrategie
- Unternehmungsdaten
- Marktforschungsdaten
- Produktdaten
- externe Daten [allgemein]

Aktivität: **Strategische Technologieplanung** (A0)

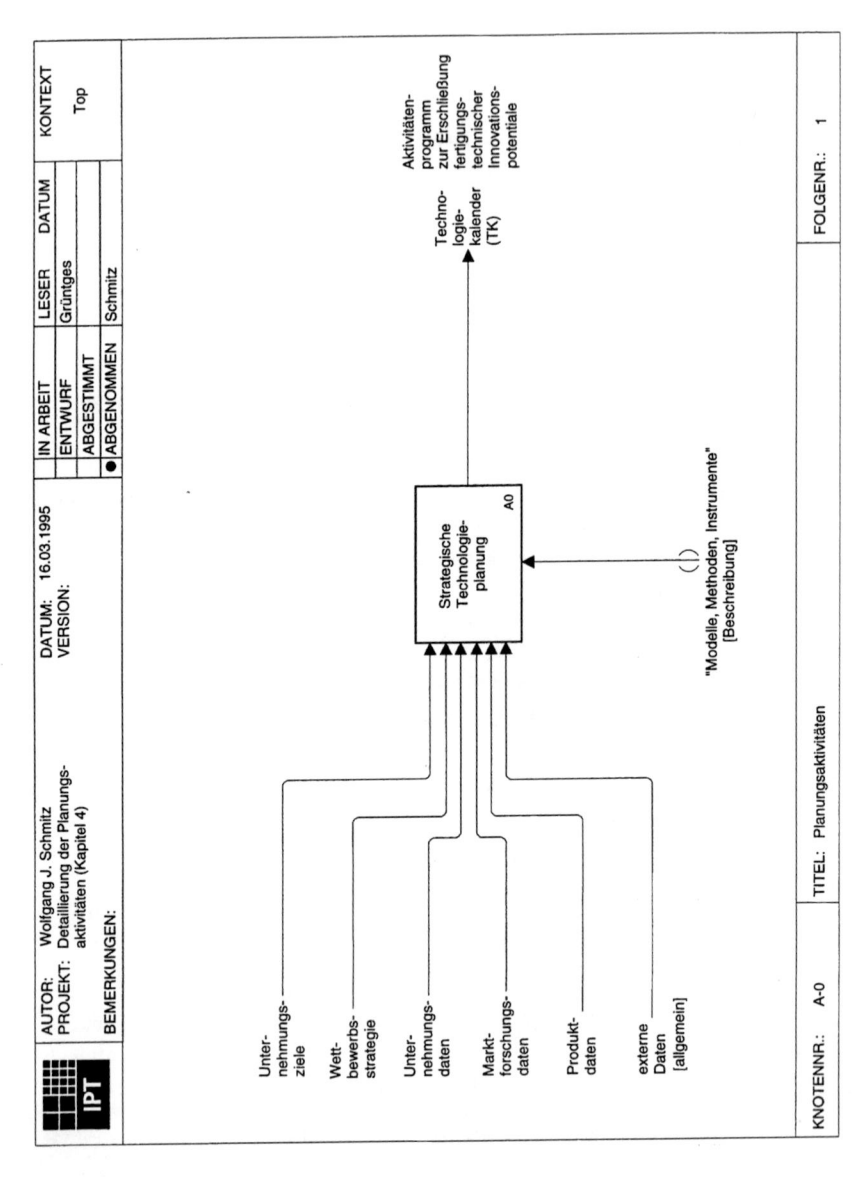

Mechanismus: "Modelle, Methoden, Instrumente" [Beschreibung]

Ausgaben (Outputs):
- Technologiekalender (TK)
- Aktivitätenprogramm zur Erschließung fertigungstechnischer Innovationspotentiale

| KNOTENNR.: A-0 | TITEL: Planungsaktivitäten | FOLGENR.: 1 |

ANHANG A: SADT AKTIVITÄTENMODELL

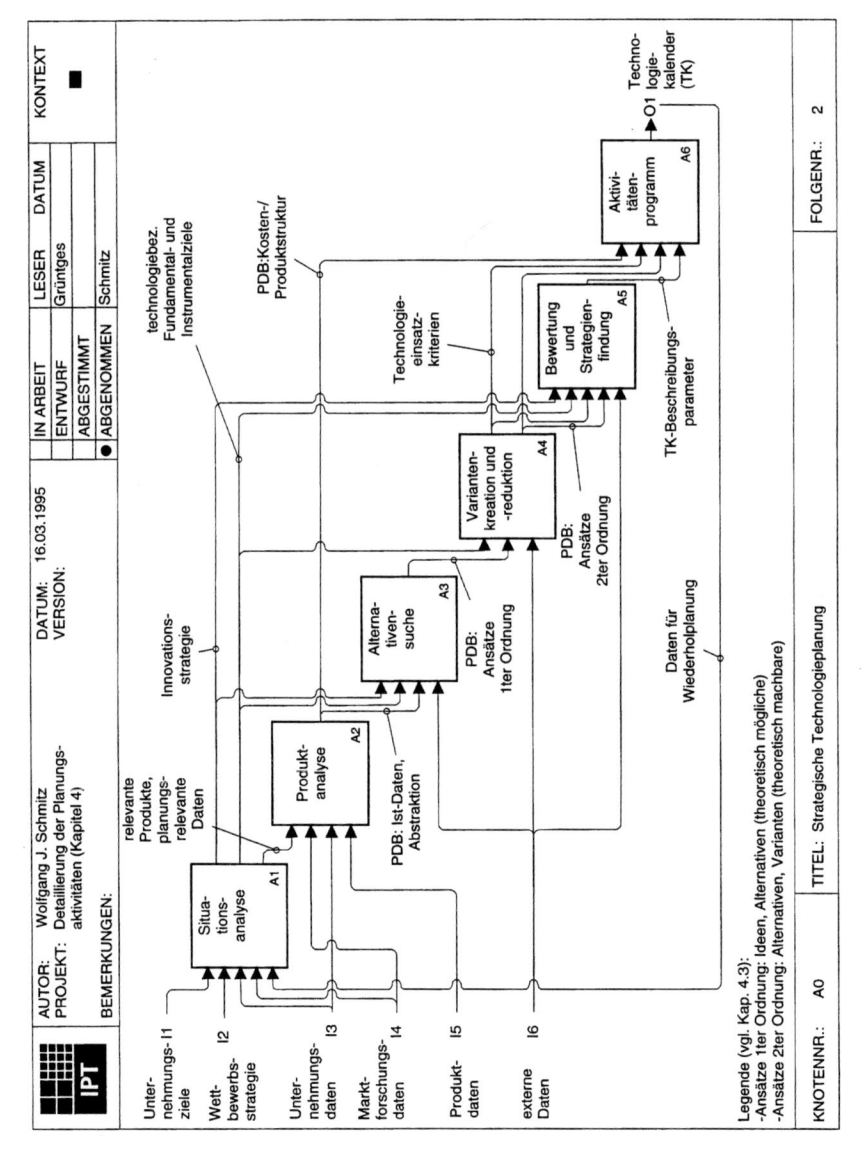

Anhang   Seite A.7

ANHANG A: SADT AKTIVITÄTENMODELL

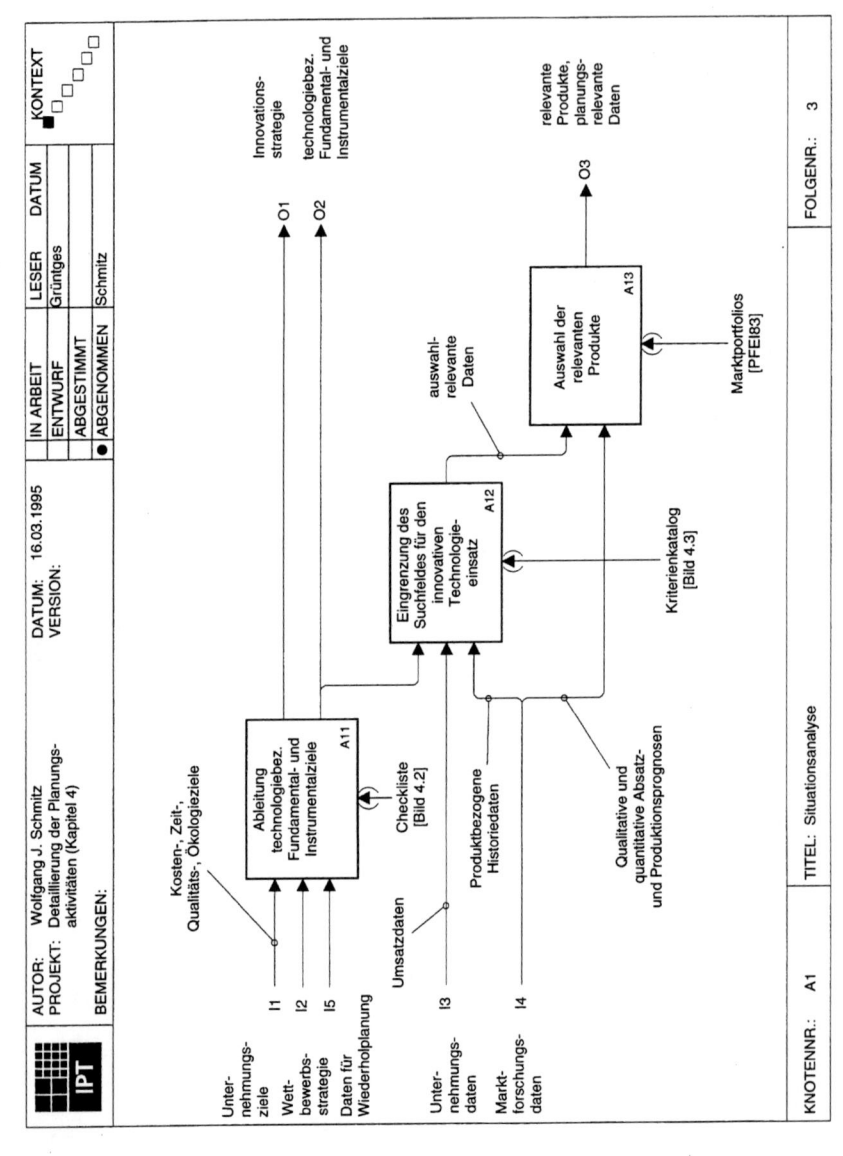

Seite A.8   Anhang

AUTOR:	Wolfgang J. Schmitz	DATUM: 16.03.1995	IN ARBEIT	LESER	DATUM	KONTEXT
PROJEKT:	Detaillierung der Planungsaktivitäten (Kapitel 4)	VERSION:	ENTWURF	Grüntges		
			ABGESTIMMT			
BEMERKUNGEN:			● ABGENOMMEN	Schmitz		

Inputs (links):
- I1: Unternehmungsziele
- Wettbewerbsstrategie
- I5: Daten für Wiederholplanung
- Kosten-, Zeit-, Qualitäts-, Ökologieziele
- Umsatzdaten
- I3: Unternehmungsdaten
- Produktbezogene Historiedaten
- I4: Marktforschungsdaten
- Qualitative und quantitative Absatz- und Produktionsprognosen

Aktivitäten:
- A11: Ableitung technologiebez. Fundamental- und Instrumentalziele — Checkliste [Bild 4.2]
- A12: Eingrenzung des Suchfeldes für den innovativen Technologieeinsatz — Kriterienkatalog [Bild 4.3]
- A13: Auswahl der relevanten Produkte — Marktportfolios [PFEI83]

Outputs (rechts):
- O1: Innovationsstrategie
- O2: technologiebez. Fundamental- und Instrumentalziele
- auswahlrelevante Daten
- O3: relevante Produkte, planungsrelevante Daten

| KNOTENNR.: A1 | TITEL: Situationsanalyse | FOLGENR.: 3 |

ANHANG A: *SADT AKTIVITÄTENMODELL*

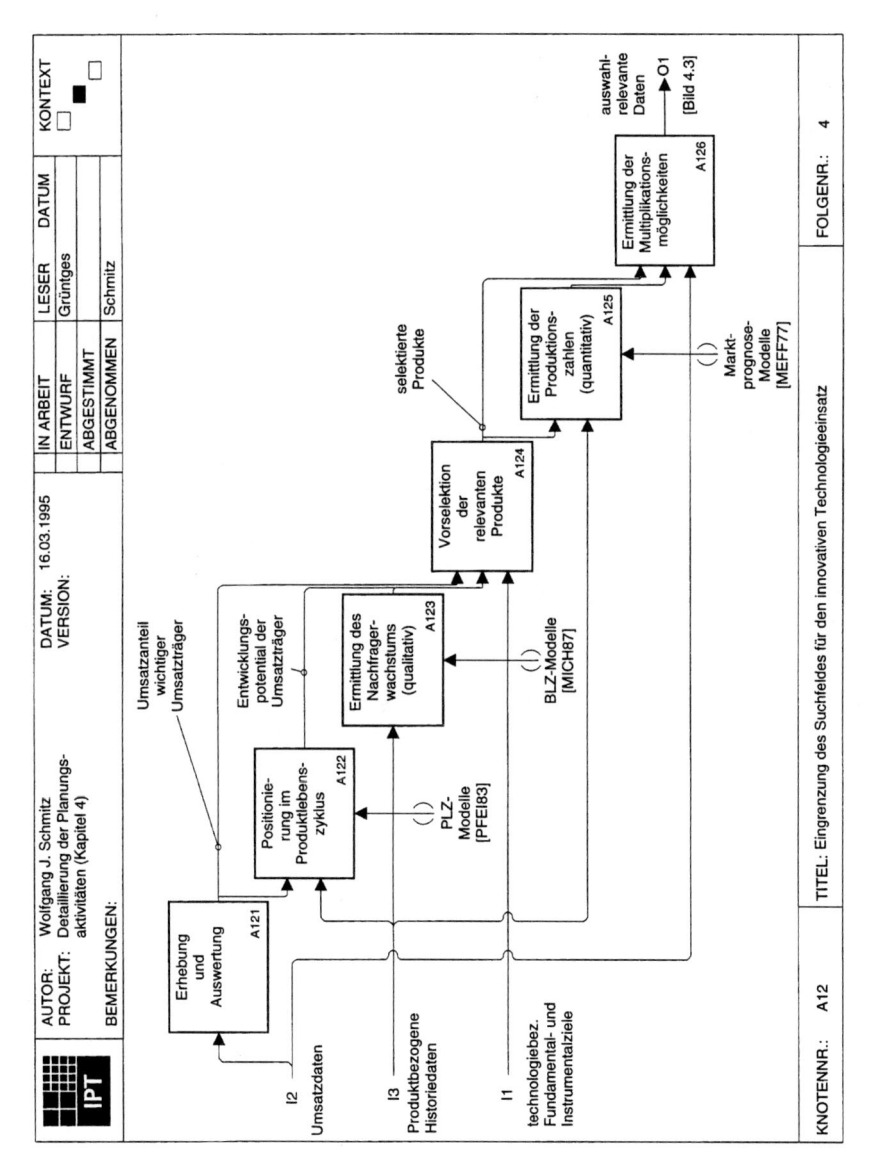

Anhang   Seite A.9

AUTOR:	Wolfgang J. Schmitz	DATUM: 16.03.1995	IN ARBEIT	LESER	DATUM	KONTEXT
PROJEKT:	Detaillierung der Planungsaktivitäten (Kapitel 4)	VERSION:	ENTWURF	Grüntges		
			ABGESTIMMT			
BEMERKUNGEN:			ABGENOMMEN	Schmitz		

A121 Erhebung und Auswertung
A122 Positionierung im Produktlebenszyklus
A123 Ermittlung des Nachfragerwachstums (qualitativ)
A124 Vorselektion der relevanten Produkte
A125 Ermittlung der Produktionszahlen (quantitativ)
A126 Ermittlung der Multiplikationsmöglichkeiten

Eingangsgrößen:
- I2 Umsatzdaten
- I3 Produktbezogene Historiedaten
- I1 technologiebez. Fundamental- und Instrumentalziele

Zwischengrößen:
- Umsatzanteil wichtiger Umsatzträger
- Entwicklungspotential der Umsatzträger
- selektierte Produkte

Mechanismen:
- PLZ-Modelle [PFEI83]
- BLZ-Modelle [MICH87]
- Marktprognose-Modelle [MEFF77]

Ausgang:
- O1 auswahlrelevante Daten [Bild 4.3]

KNOTENNR.: A12 | TITEL: Eingrenzung des Suchfeldes für den innovativen Technologieeinsatz | FOLGENR.: 4

ANHANG A: SADT AKTIVITÄTENMODELL

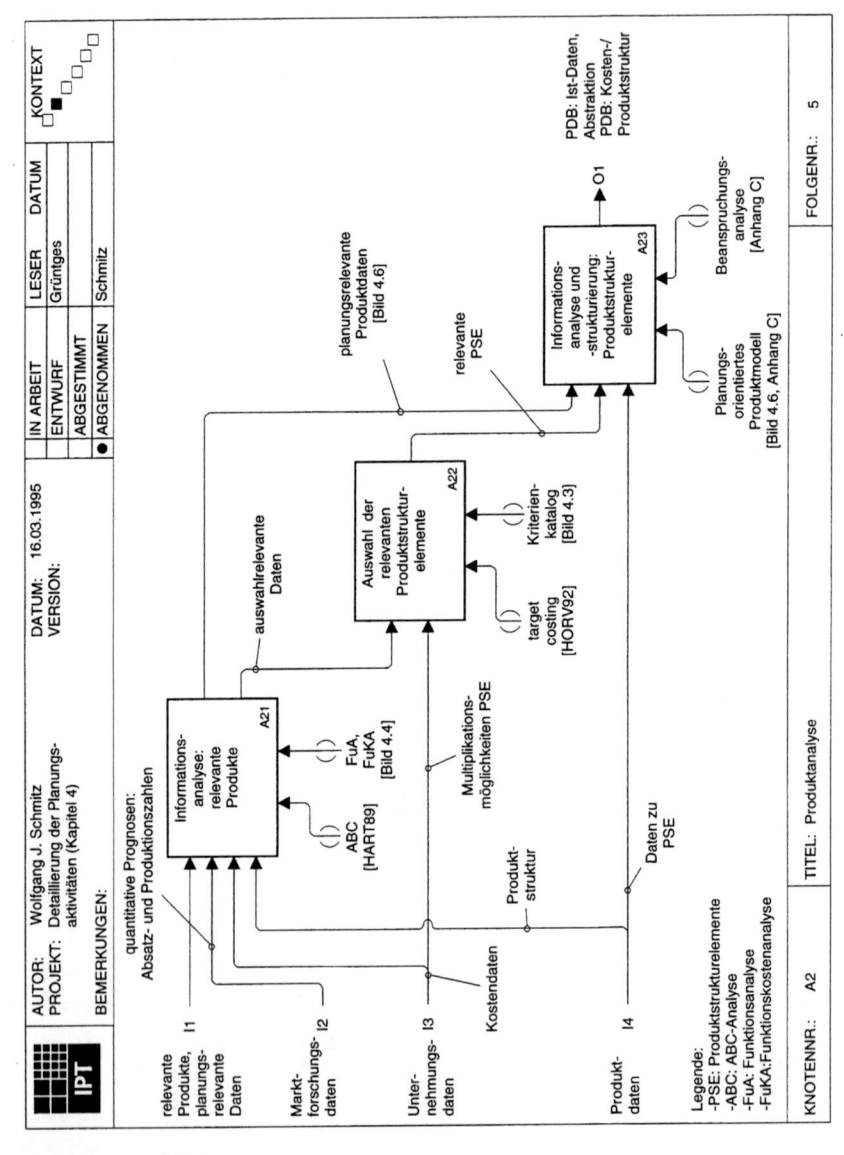

Seite A.10 — Anhang

AUTOR: Wolfgang J. Schmitz	DATUM: 16.03.1995	IN ARBEIT		LESER	DATUM	KONTEXT
PROJEKT: Detaillierung der Planungsaktivitäten (Kapitel 4)	VERSION:	ENTWURF		Grüntges		
		ABGESTIMMT				
BEMERKUNGEN:		● ABGENOMMEN		Schmitz		

Eingänge:
- I1: relevante Produkte, planungsrelevante Daten
- I2: Marktforschungsdaten
- I3: Unternehmensdaten
- I4: Produktdaten

Aktivitäten:
- A21: Informationsanalyse: relevante Produkte
  - Mechanismen: ABC [HART89], FuA, FuKA [Bild 4.4]
  - Ausgänge: auswahlrelevante Daten, Multiplikationsmöglichkeiten PSE
- A22: Auswahl der relevanten Produktstrukturelemente
  - Mechanismen: target costing [HORV92], Kriterienkatalog [Bild 4.3]
  - Ausgänge: planungsrelevante Produktdaten [Bild 4.6], relevante PSE
- A23: Informationsanalyse und -strukturierung: Produktstrukturelemente
  - Mechanismen: Planungsorientiertes Produktmodell [Bild 4.6, Anhang C], Beanspruchungsanalyse [Anhang C]
  - Ausgang O1: PDB: Ist-Daten, Abstraktion; PDB: Kosten-/Produktstruktur

Weitere Flüsse: quantitative Prognosen: Absatz- und Produktionszahlen; Produktstruktur; Kostendaten; Daten zu PSE

Legende:
- PSE: Produktstrukturelemente
- ABC: ABC-Analyse
- FuA: Funktionsanalyse
- FuKA: Funktionskostenanalyse

KNOTENNR.: A2	TITEL: Produktanalyse	FOLGENR.: 5

ANHANG A: SADT AKTIVITÄTENMODELL

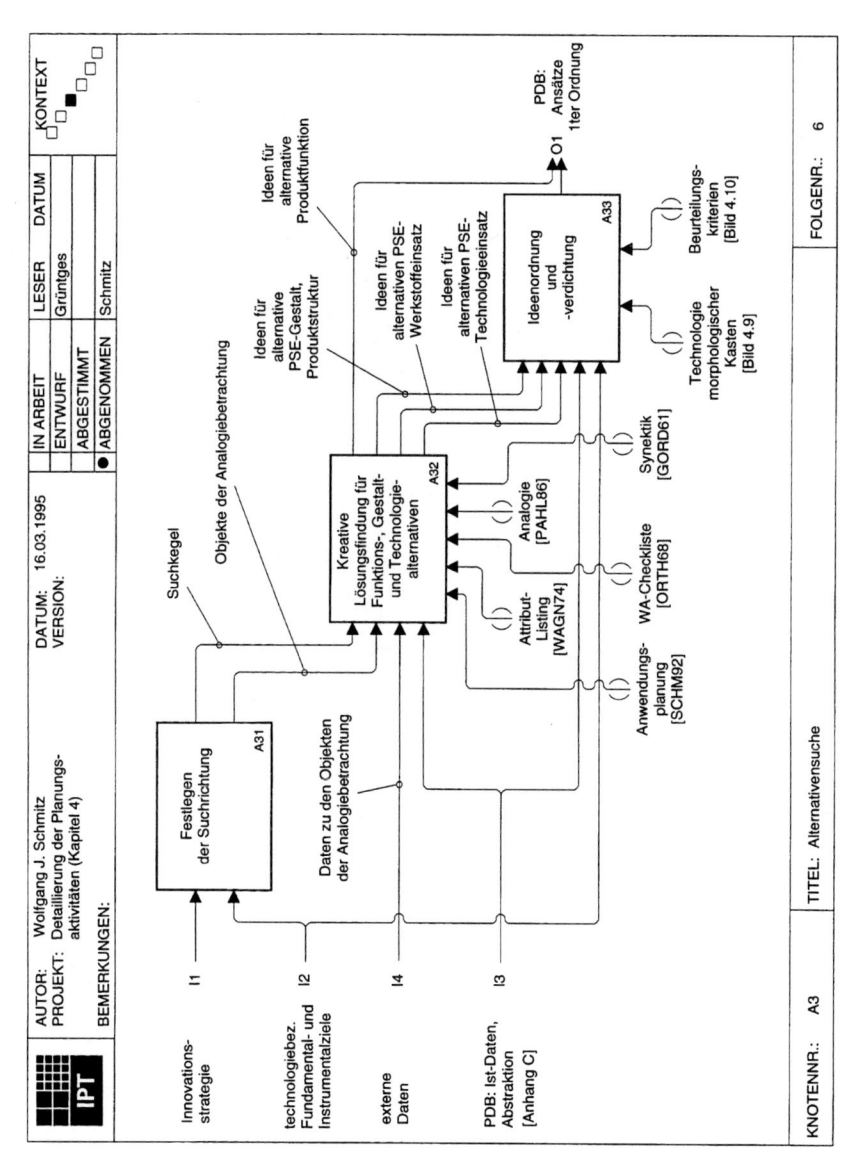

Anhang   Seite A.11

AUTOR:	Wolfgang J. Schmitz	DATUM: 16.03.1995	IN ARBEIT		LESER	DATUM	KONTEXT
PROJEKT:	Detaillierung der Planungs- aktivitäten (Kapitel 4)	VERSION:	ENTWURF		Grüntges		
			ABGESTIMMT				
BEMERKUNGEN:			● ABGENOMMEN		Schmitz		

Eingänge (I):
- I1: Innovationsstrategie
- I2: technologiebez. Fundamental- und Instrumentalziele
- I4: externe Daten
- I3: PDB: Ist-Daten, Abstraktion [Anhang C]

A31: Festlegen der Suchrichtung
- Suchkegel
- Objekte der Analogiebetrachtung
- Daten zu den Objekten der Analogiebetrachtung

A32: Kreative Lösungsfindung für Funktions-, Gestalt- und Technologiealternativen
- Attribut-Listing [WAGN74]
- Anwendungsplanung [SCHM92]
- WA-Checkliste [ORTH68]
- Analogie [PAHL86]
- Synektik [GORD61]

A33: Ideenordnung und -verdichtung
- Ideen für alternative Produktfunktion
- Ideen für alternative PSE-Gestalt, Produktstruktur
- Ideen für alternativen PSE-Werkstoffeinsatz
- Ideen für alternativen PSE-Technologieeinsatz
- Technologie morphologischer Kasten [Bild 4.9]
- Beurteilungskriterien [Bild 4.10]

O1: PDB: Ansätze 1ter Ordnung

KNOTENNR.: A3   TITEL: Alternativensuche   FOLGENR.: 6

ANHANG A: SADT AKTIVITÄTENMODELL

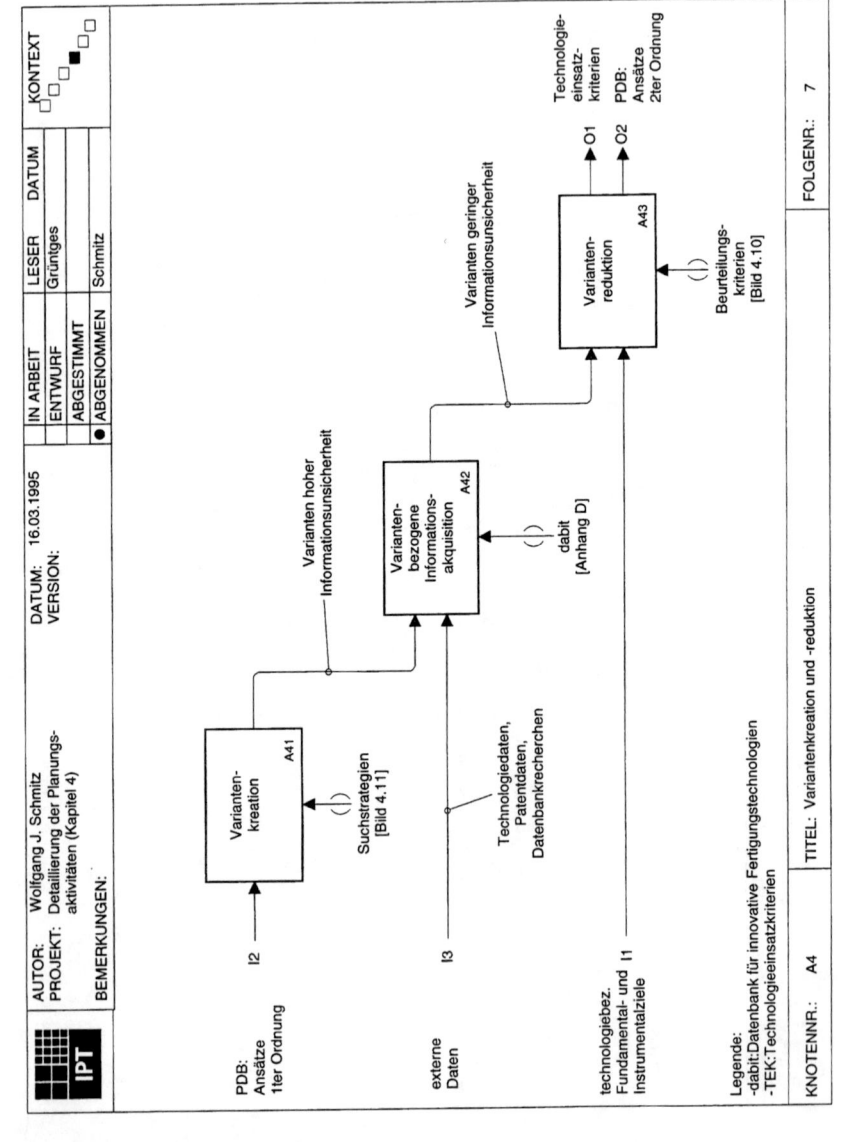

Seite A.12 — Anhang

AUTOR: Wolfgang J. Schmitz	DATUM: 16.03.1995	IN ARBEIT	LESER	DATUM	KONTEXT
PROJEKT: Detaillierung der Planungsaktivitäten (Kapitel 4)	VERSION:	ENTWURF	Grüntges		
		ABGESTIMMT			
BEMERKUNGEN:		● ABGENOMMEN	Schmitz		

A41 Variantenkreation
- I2: PDB: Ansätze 1ter Ordnung
- Suchstrategien [Bild 4.11]
- → Varianten hoher Informationsunsicherheit

A42 Variantenbezogene Informationsakquisition
- I3: externe Daten
- Technologiedaten, Patentdaten, Datenbankrecherchen
- dabit [Anhang D]
- → Varianten geringer Informationsunsicherheit

A43 Variantenreduktion
- I1: technologiebez. Fundamental- und Instrumentalziele
- Beurteilungskriterien [Bild 4.10]
- O1: Technologieeinsatzkriterien
- O2: PDB: Ansätze 2ter Ordnung

Legende:
- dabit:Datenbank für innovative Fertigungstechnologien
- TEK:Technologieeinsatzkriterien

| KNOTENNR.: A4 | TITEL: Variantenkreation und -reduktion | FOLGENR.: 7 |

ANHANG A: SADT AKTIVITÄTENMODELL

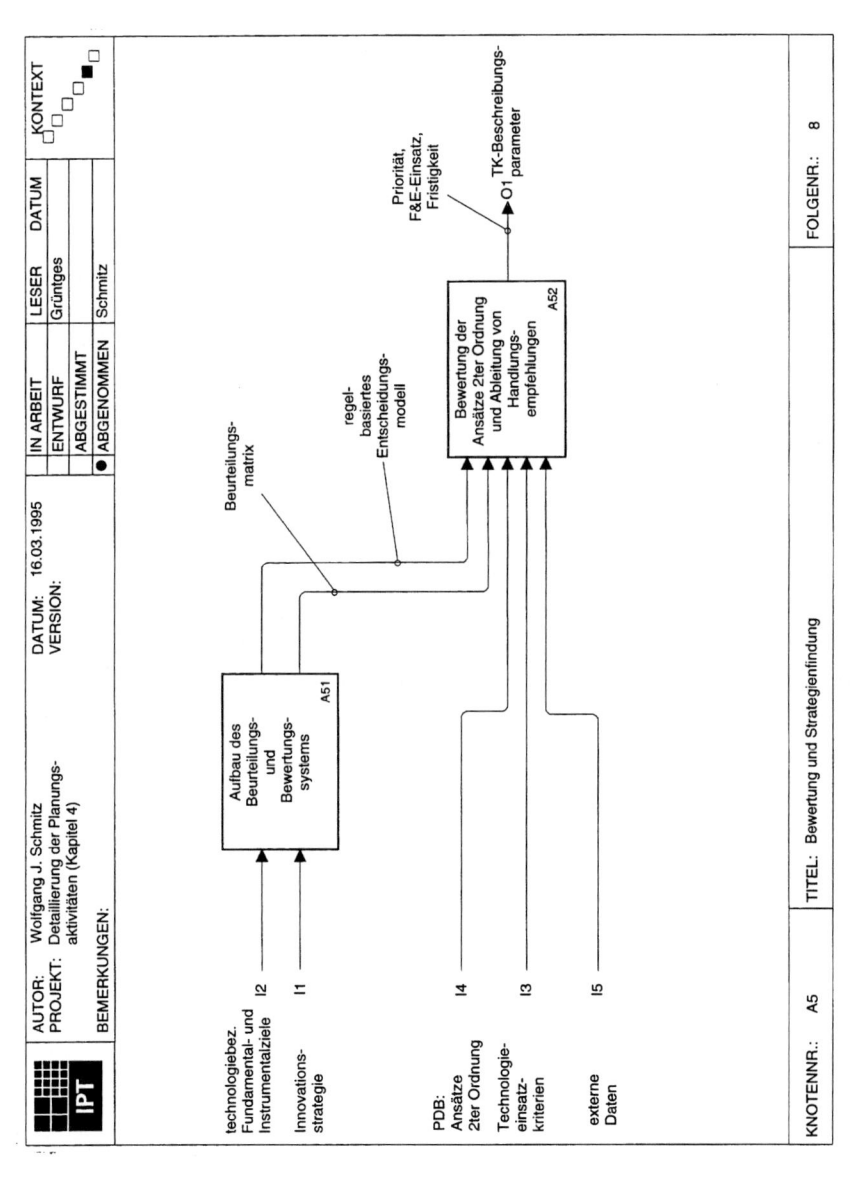

Anhang Seite A.13

	AUTOR: Wolfgang J. Schmitz	DATUM: 16.03.1995	IN ARBEIT	LESER	DATUM	KONTEXT
IPT	PROJEKT: Detaillierung der Planungsaktivitäten (Kapitel 4)	VERSION:	ENTWURF	Grüntges		
			ABGESTIMMT			
	BEMERKUNGEN:		● ABGENOMMEN	Schmitz		

Eingänge:
- I2 technologiebez. Fundamental- und Instrumentalziele
- I1 Innovationsstrategie
- I4 PDB: Ansätze 2ter Ordnung
- I3 Technologieeinsatzkriterien
- I5 externe Daten

Aktivitäten:
- A51 Aufbau des Beurteilungs- und Bewertungssystems
- A52 Bewertung der Ansätze 2ter Ordnung und Ableitung von Handlungsempfehlungen

Zwischengrößen:
- Beurteilungsmatrix
- regelbasiertes Entscheidungsmodell

Ausgang:
- O1 TK-Beschreibungsparameter (Priorität, F&E-Einsatz, Fristigkeit)

KNOTENNR.: A5	TITEL: Bewertung und Strategienfindung	FOLGENR.: 8

ANHANG A: SADT AKTIVITÄTENMODELL

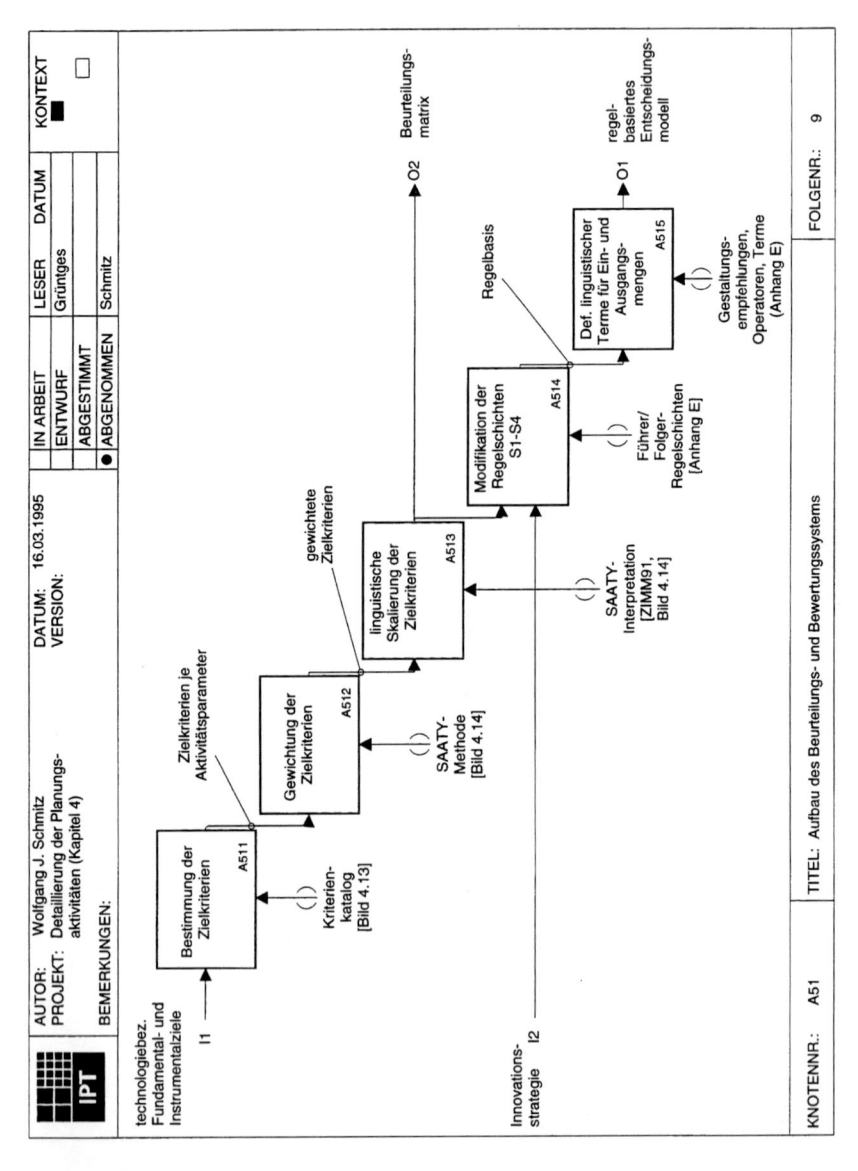

Seite A.14 — Anhang

AUTOR:	Wolfgang J. Schmitz	DATUM:	16.03.1995	IN ARBEIT	LESER	DATUM	KONTEXT
PROJEKT:	Detaillierung der Planungs-aktivitäten (Kapitel 4)	VERSION:		ENTWURF	Grüntges		☐
				ABGESTIMMT	Schmitz		■
BEMERKUNGEN:				● ABGENOMMEN			

Eingänge:
- I1: technologiebez. Fundamental- und Instrumentalziele
- I2: Innovationsstrategie

Aktivitäten:
- A511: Bestimmung der Zielkriterien
  - Kriterienkatalog [Bild 4.13]
- A512: Gewichtung der Zielkriterien
  - Zielkriterien je Aktivitätsparameter
  - SAATY-Methode [Bild 4.14]
- A513: linguistische Skalierung der Zielkriterien
  - gewichtete Zielkriterien
  - SAATY-Interpretation [ZIMM91, Bild 4.14]
- A514: Modifikation der Regelschichten S1-S4
  - Regelbasis
  - Führer/Folger-Regelschichten [Anhang E]
- A515: Def. linguistischer Terme für Ein- und Ausgangsmengen
  - Gestaltungsempfehlungen, Operatoren, Terme (Anhang E)

Ausgänge:
- O2: Beurteilungsmatrix
- O1: regelbasiertes Entscheidungsmodell

| KNOTENNR.: A51 | TITEL: Aufbau des Beurteilungs- und Bewertungssystems | FOLGENR.: 9 |

ANHANG A: SADT AKTIVITÄTENMODELL

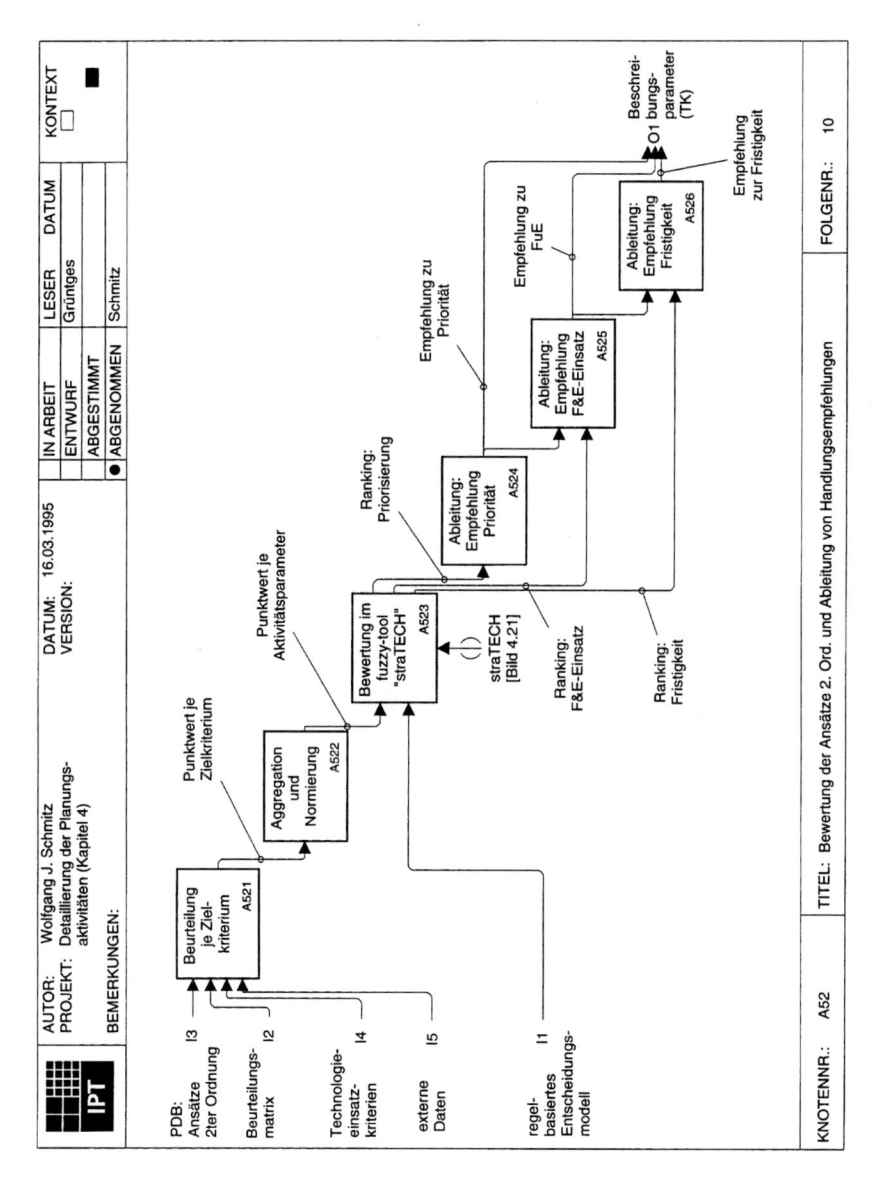

Anhang Seite A.15

AUTOR:	Wolfgang J. Schmitz	DATUM: 16.03.1995	IN ARBEIT	LESER	DATUM	KONTEXT
PROJEKT:	Detaillierung der Planungsaktivitäten (Kapitel 4)	VERSION:	ENTWURF	Grüntges		
			ABGESTIMMT			
BEMERKUNGEN:			● ABGENOMMEN	Schmitz		

PDB: Ansätze 2ter Ordnung — I3
Beurteilungsmatrix — I2
Technologieeinsatzkriterien — I4
externe Daten — I5
regelbasiertes Entscheidungsmodell — I1

- **Beurteilung je Zielkriterium** A521
- **Aggregation und Normierung** A522 — Punktwert je Zielkriterium
- **Bewertung im fuzzy-tool "straTECH"** A523 — Punktwert je Aktivitätsparameter — straTECH [Bild 4.21]
- **Ableitung: Empfehlung Priorität** A524 — Ranking: Priorisierung — Empfehlung zu Priorität
- **Ableitung: Empfehlung F&E-Einsatz** A525 — Ranking: F&E-Einsatz — Empfehlung zu FuE
- **Ableitung: Empfehlung Fristigkeit** A526 — Ranking: Fristigkeit — Empfehlung zur Fristigkeit
- O1 Beschreibungsparameter (TK)

KNOTENNR.: A52 — TITEL: Bewertung der Ansätze 2. Ord. und Ableitung von Handlungsempfehlungen — FOLGENR.: 10

ANHANG A: *SADT AKTIVITÄTENMODELL*

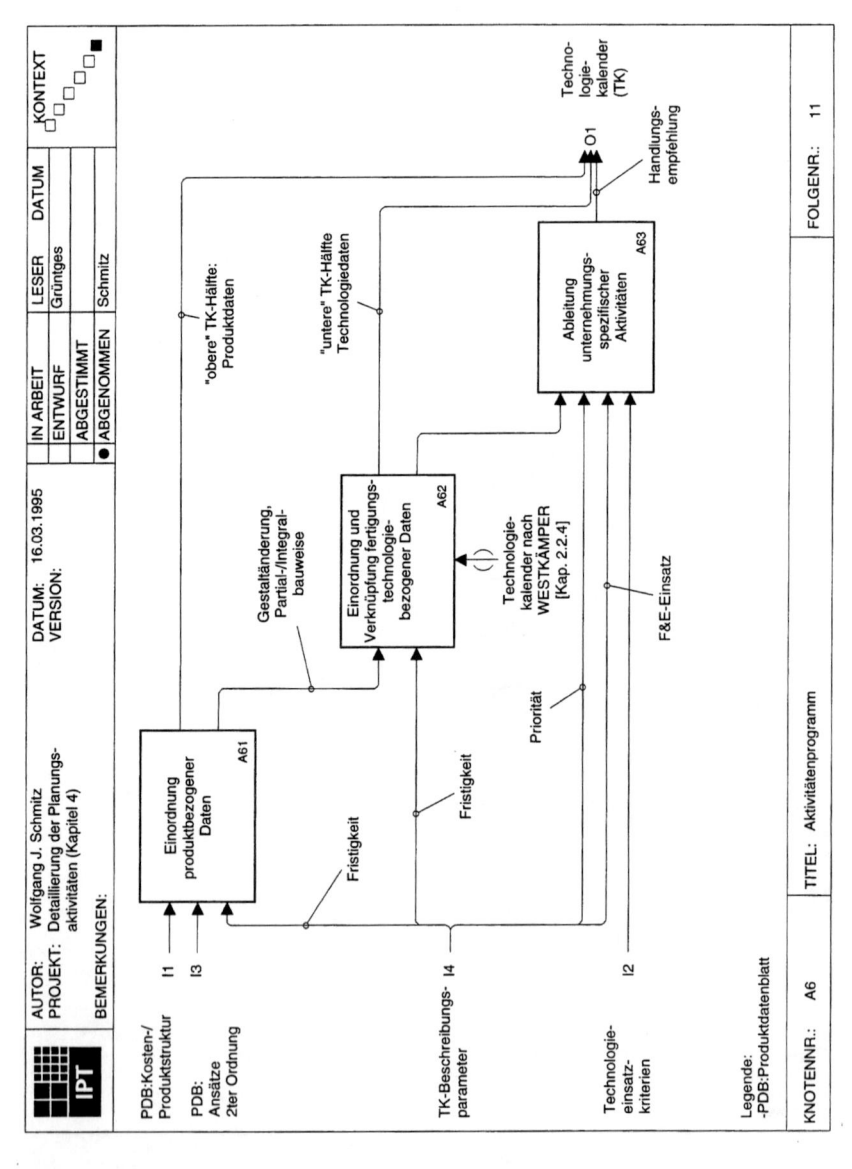

Seite A.16   Anhang

AUTOR:	Wolfgang J. Schmitz	DATUM: 16.03.1995	IN ARBEIT		LESER	DATUM	KONTEXT
PROJEKT:	Detaillierung der Planungsaktivitäten (Kapitel 4)	VERSION:	ENTWURF		Grüntges		
			ABGESTIMMT				
BEMERKUNGEN:			● ABGENOMMEN		Schmitz		

Inputs:
- I1: PDB:Kosten-/Produktstruktur
- I3: PDB: Ansätze 2ter Ordnung
- I4: TK-Beschreibungsparameter
- I2: Technologieeinsatzkriterien

Aktivitäten:
- A61: Einordnung produktbezogener Daten
- A62: Einordnung und Verknüpfung fertigungstechnologiebezogener Daten [Kap. 2.2.4]
- A63: Ableitung unternehmensspezifischer Aktivitäten

Flüsse:
- "obere" TK-Hälfte: Produktdaten
- "untere" TK-Hälfte Technologiedaten
- Gestaltänderung, Partial-/Integralbauweise
- Technologiekalender nach WESTKÄMPER
- Priorität
- Fristigkeit
- F&E-Einsatz
- O1: Technologiekalender (TK)
- Handlungsempfehlung

Legende:
-PDB:Produktdatenblatt

| KNOTENNR.: A6 | TITEL: Aktivitätenprogramm | FOLGENR.: 11 |

ANHANG A: SADT AKTIVITÄTENMODELL

ANHANG B:

VORGEHENSPLAN ZUR ERMITTLUNG VON PRODUKTGRUNDFUNKTIONEN

Vorgehensplan zur Bestimmung der Elementarfunktionen

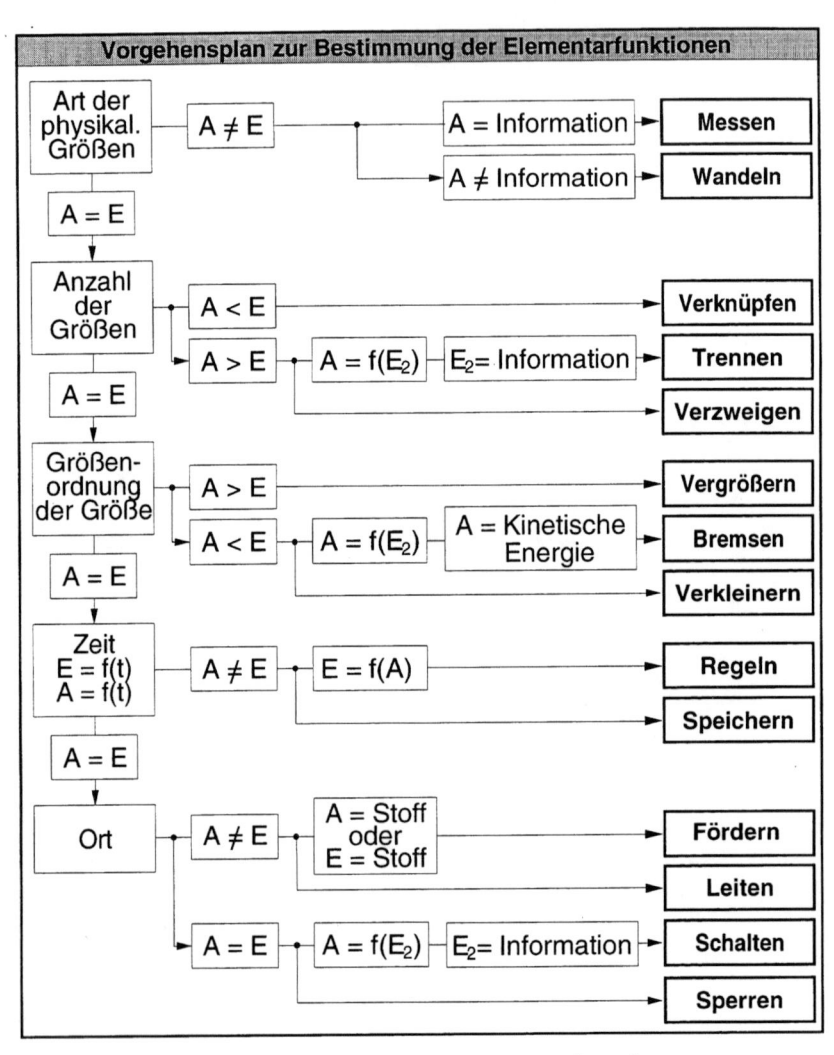

| Art der physikal. Größen | $A \neq E$ | | $A = $ Information | → | Messen |
| | | | $A \neq $ Information | → | Wandeln |

$A = E$ ↓

Anzahl der Größen	$A < E$				Verknüpfen
	$A > E$	$A = f(E_2)$	$E_2 = $ Information	→	Trennen
					Verzweigen

$A = E$ ↓

Größenordnung der Größe	$A > E$				Vergrößern
	$A < E$	$A = f(E_2)$	$A = $ Kinetische Energie	→	Bremsen
					Verkleinern

$A = E$ ↓

| Zeit $E = f(t)$ $A = f(t)$ | $A \neq E$ | $E = f(A)$ | | | Regeln |
| | | | | | Speichern |

$A = E$ ↓

Ort	$A \neq E$	$A = $ Stoff oder $E = $ Stoff			Fördern
					Leiten
	$A = E$	$A = f(E_2)$	$E_2 = $ Information	→	Schalten
					Sperren

Legende:
A : Ausgangsgröße
E : Eingangsgröße
→ Stoff, Energie, Information

ANHANG B: FUNKTIONSANALYSE [QUELLE: KUTT93]

ANHANG C:

STRUKTUR DER RELATIONALEN DATENBANK (PDB-QUICK)

RELATIONEN IN DER DATENBANK

PRODUKTDATENBLATT (AUSDRUCK)

Produkt
- Lfd_Nr_Produkt
- Produkt
- Auswahl

PSE_Struktur
- Lfd_Nr_Produkt
- Lfd_Nr_PSE
- Datum_Extern
- Datum_Kommentar
- Kürzel_Extern
- Kürzel_Kommentar
- PSE
- Auswahl

(1 : ∞ Beziehung zwischen Produkt und PSE_Struktur)

Produkt_Daten
- Lfd_Nr_Produkt
- Lfd_Nr_PSE
- Lfd_Nr_Bereich
- Lfd_Nr_Teilbereich
- Daten_Extern
- Daten_Kommentar

Produkt_Bilder
- Lfd_Nr_Produkt
- Lfd_Nr_PSE
- Lfd_Nr_Bild
- Titel
- Nr
- Bild

Inhalt (Produkt_Daten)
Einbinden von Textdateien mittels OLE-Verknüpfung (bspw. WinWord u.ä.)

Inhalt (Produkt_Bilder)
Einbinden von Graphiken mittels OLE-Verknüpfung (bspw. Designer u.ä.)

Teilbereichsstruktur
- Lfd_Nr_Bereich
- Lfd_Nr_Teil
- Teilbereich
- Auswahl
- Kurzinfo
- Hilfe

Bereichsstruktur
- Lfd_Nr_Bereich
- Bereich
- Auswahl
- Info

Inhalt (Teilbereichsstruktur)
1 1 Organisatorische Daten
1 2 Bauteilfunktion/ Schnittstelle
1 3 Variante/ Repräsentativität
1 4 Stückzahl/ Absatzprognose
1 5 Vergleichsdaten: Produktion
1 6 Prozeßketten

Inhalt (Bereichsstruktur)
1 IST-Daten
2 Abstraktion
3 Ansätze

Legende:
PSE Produktstrukturelement
Lfd laufende
∞—1 Beziehungsverhältnis

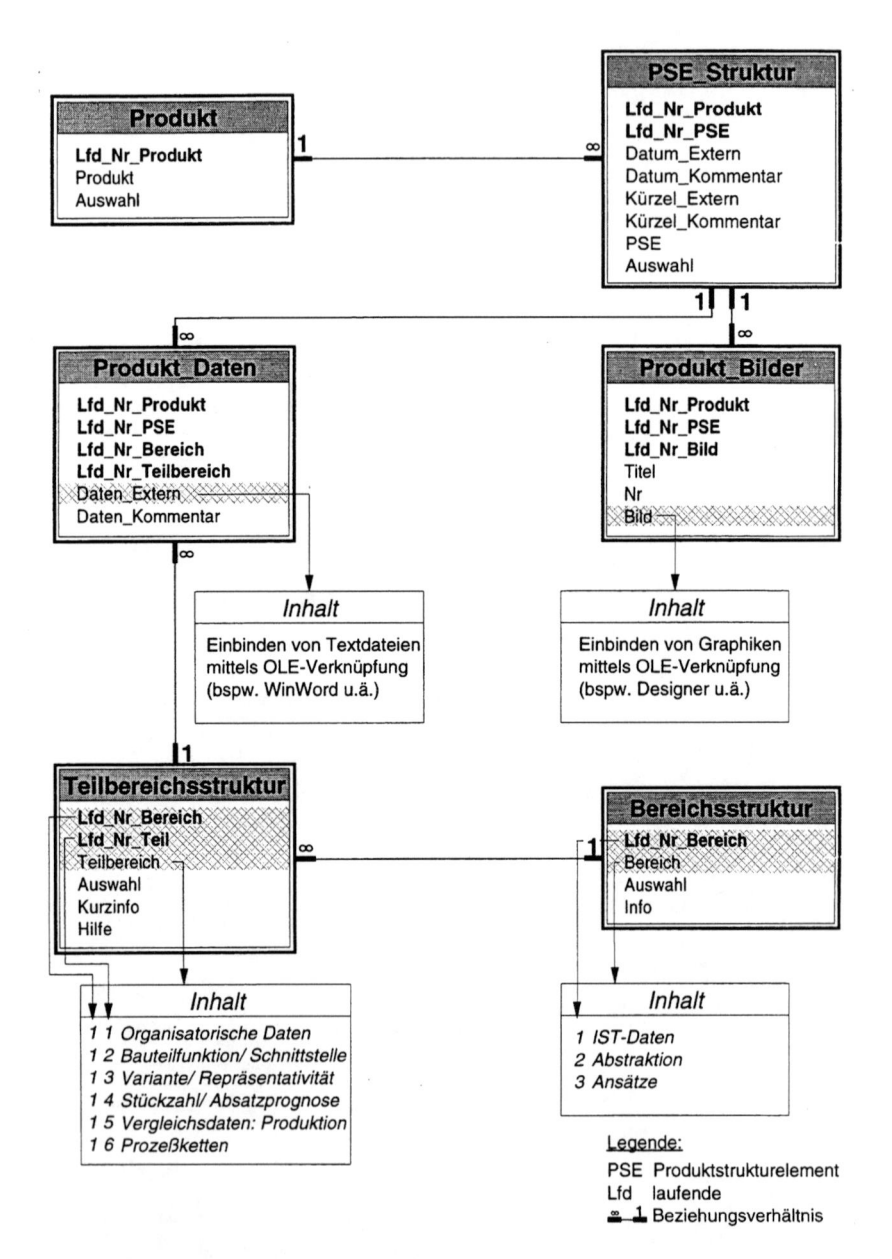

ANHANG C: HIERARCHISCHE STRUKTUR DES PRODUKTDATENMODELLS (RELATIONALE DATENBANK "PDB-QUICK")

Anhang

[C:\ACCESS\PDBQUICK\PDBQU_DB.MDB].Reference

Produkt		PSE_Struktur
Lfd_Nr_Produkt	1 ———— ∞	Lfd_Nr_Produkt

Attribute: 1:n; Mit referentieller Integrität; Inherited

[C:\ACCESS\PDBQUICK\PDBQU_DB.MDB].Reference_Produkt_Bilder

PSE_Struktur		Produkt_Bilder
Lfd_Nr_Produkt	1 ———— ∞	Lfd_Nr_Produkt
Lfd_Nr_PSE	1 ———— ∞	Lfd_Nr_PSE

Attribute: 1:n; Mit referentieller Integrität; Inherited

[C:\ACCESS\PDBQUICK\PDBQU_DB.MDB].Reference_Produkt_Daten

PSE_Struktur		Produkt_Daten
Lfd_Nr_Produkt	1 ———— ∞	Lfd_Nr_Produkt
Lfd_Nr_PSE	1 ———— ∞	Lfd_Nr_PSE

Attribute: 1:n; Mit referentieller Integrität; Inherited

[C:\ACCESS\PDBQUICK\PDBQU_DB.MDB].Reference1_Produkt_Daten

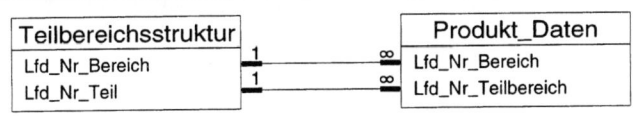

Teilbereichsstruktur		Produkt_Daten
Lfd_Nr_Bereich	1 ———— ∞	Lfd_Nr_Bereich
Lfd_Nr_Teil	1 ———— ∞	Lfd_Nr_Teilbereich

Attribute: 1:n; Mit referentieller Integrität; Inherited

[C:\ACCESS\PDBQUICK\PDBQU_DB.MDB].Reference3

Bereichsstruktur		Teilbereichsstruktur
Lfd_Nr_Bereich	1 ———— ∞	Lfd_Nr_Bereich

Attribute: 1:n; Mit referentieller Integrität; Inherited

Legende:
PSE   Produktstrukturelement
Lfd   laufende
1 ∞   Beziehungsverhältnis

ANHANG C: RELATIONEN DES PRODUKTDATENMODELLS (RELATIONALE DATENBANK "PDB-QUICK")

WZL Erörterung der Feldinhalte

Produkt: PDB -Quick
FhG IPT

Organisatorische Daten
Schwerpunkt: Ist - Daten

> Klassifikationsnummer
> Nummer Konstruktionsunterlagen / Arbeitsplan / Kalkulationsunterlagen
> Entwicklungsstatus (abgeschlossen, in Entwicklung, ...)

Kommentar:
Ermöglicht schnellen Rückgriff auf betriebsinterne Planungsunterlagen.

Bauteilfunktion/Schnittstelle
Schwerpunkt: Ist - Daten

> Kurze Funktionsbeschreibung des Bauteils
> Aufzählung sämtlicher Schnittstellen des Bauteils

Kommentar:
Die Erfassung der Bauteilfunktion ist Grundlage für die spätere Abstraktion und unterstützt Denkprozesse. Konstruktive Gestaltänderungen am PSE (Gestalt) und an der Produktstruktur haben Änderungen an den Produktschnittstellen zur Folge.

Varianten/Repräsentativität
Schwerpunkt: Ist - Daten

> Anzahl der Varianten (Teilefamilien)
> Erläuterung der Variantencharakteristika (Multiplikatoren-PSE)
> Repräsentativität der einzelnen Varianten (Anzahl PSE)

Kommentar:
Ermöglicht eine Beurteilung, ob die Technologie das Variantenspektrum abdecken kann und ob weiteres, multiplikatives Einsatzpotential im Unternehmen vorhanden ist.

Stückzahl/Absatzprognose
Schwerpunkt: Ist - Daten

> aktuelle Stückzahl
> Absatzplan für die nächsten fünf Jahre

Kommentar:
Die Stückzahlen haben eine hohe Bedeutung für die grundlegenden Einsatzpotentiale und die Wirtschaftlichkeit eines Fertigungstechnologieeinsatzes. Um die zukunftsgerechten Aspekte zu berücksichtigen, ist der langfristige Absatzplan erforderlich.

Vergleichsdaten: Produktion
Schwerpunkt: Ist - Daten

> make / buy
> Werkstoffart und -kennwerte
> Wärmebehandlung / Beschichtung / anteilige Herstellkosten
> kurze Begründung für die Wahl des Werkstoffs
> Werkstoffbezugspreis
> Herstellkosten

Kommentar:
Zwischen den eingesetzten bzw. geplanten Werkstofftechnologien und der Prozeßtechnologie besteht eine Wechselbeziehung, die in der Planung zu berücksichtigen ist.

Prozeßketten
Schwerpunkt: Ist - Daten

> Beschreibung vergleichbarer Prozeßketten bzw. aktueller Arbeitsvorgangsfolgen (Teilprozeß/ Kostenstelle/ Zeit/ Kosten)
> Erläuterung geplanter Arbeitsvorgangsfolgen zur Erzeugung des Bauteils
> Erörterung einzelner Varianten von Arbeitsvorgangsfolgen
> Mögliche Prozeßketten bei Stückzahländerung

Seite: 1 von: 3   Bearbeiter: smw   Datum: 30.08.1995 (Ausdruck) / 30.08.1995 (Änderung)   © FhG-IPT, WZL, 1994

ANHANG C: AUFBAU EINES PRODUKTDATENBLATTES

Anhang   Seite A.23

WZL Erörterung der Feldinhalte — Produkt: PDB -Quick — FhG IPT

Kommentar:
Die Analyse der Ist-Prozeßketten sowie die Dokumentation der Erfahrung aus vergangenen Planungen ist die Grundlage um geistige "Doppelarbeit" zu vermeiden.

Problembereich Herstellung — Schwerpunkt: Abstraktion

> Beschreibung kritischer Verfahrensschritte und Probleme bei der Herstellung des Bauteils z.B. Losgrößenflexibilität, Oberflächentoleranzen.

Kommentar:
Sammeln von Anhaltspunkten für notwendige Verbesserungen zur Erreichung des Soll-Zustandes.

Problembereich Anwendung — Schwerpunkt: Abstraktion

> Beschreibung der in der Produktanwendung aufgetretenen Probleme, soweit sie das PSE betreffen ("wie, warum und wo versagt das Bauteil bei der Anwendung")

Leistungsmerkmale/Kundensicht — Schwerpunkt: Abstraktion

> Zielgruppe und Kundenstruktur definieren (ABC-Analyse)
> Spezielle technische Anforderungen an das Bauteil festlegen und gewichten
> Qualitative und quantitative Leistungsmerkmale definieren, die Kunden veranlassen, genau dies Produkt zu erwerben z.b. Preis, Design, Gewicht, Service, Lebensdauer, ...

Kommentar:
Die Kenntnis der Marktstruktur und die Formulierung der Marktanforderungen ist notwendige Bedingung, um Kerntechnologien identifizieren zu können.

Anforderungs/Belastungsanalyse — Schwerpunkt: Abstraktion

> Verfremdung der Produktionsaufgabe durch eine Abstraktion der Produktbeschreibung auf Bauteilanforderungen. Diese resultieren einerseits aus der Funktion des PSE im Produkt und andererseits aus den Leistungsmerkmalen. Bauteilanforderungen sind Oberflächengüte, Toleranz, Verschleiß, Belastung, Sicherheitsanforderung, Schnittstellen, Gestaltfreiheit, Temperaturempfindlichkeit, Masse etc.
> Für jede Bauteilanforderung existiert ein Logo. In einer technischen Skizze des Bauteils sind die Anforderungen zu markieren (siehe Bild 1)

Kommentar:
Durch Konzentration auf diese Charakteristika des Problemsachverhaltes wird es möglich, sich von der konkreten Gestalt des Bauteils zu lösen und Alternativen hinsichtlich Konstruktion und Technologieeinsatz zu finden.

Gestalt — Schwerpunkt: Ansätze

> Beschreibung der Gestaltänderungsansätze, Gründe für Verwerfen etc.

Kommentar:
Schriftliche und strukturierte Dokumentation aller Ansätze stellt sicher, daß kein Ansatz vorschnell verworfen wird; Abbildung der Planungshistorie; ergänzende Erläuterung des TK.

Werkstoff — Schwerpunkt: Ansätze

> Beschreibung der alternativen Werkstoffansätze

Prozeßketten — Schwerpunkt: Ansätze

> Beschreibung der alternativen Prozeßketten und deren Varianten mit Ergebnissen bzw. dem Stand der Prüfungen

Seite: 2 von: 3   Bearbeiter: smw   Datum: 30.08.1995 (Ausdruck) 30.08.1995 (Änderung)   © FhG-IPT, WZL 1994

ANHANG C: AUFBAU EINES PRODUKTDATENBLATTES

Seite A.24 — Anhang

WZL Erörterung der Feldinhalte
Produkt: PDB -Quick

Bild: 1 Ritzelwelle

- Oberfläche
- Toleranz
- Verschleiss (μ)
- Belastung
- Schnittstelle
- G — Gestaltungsfreiheit
- Umgebungseinfluß / Medienbeständigkeit
- Temperatur (°C)
- Gewicht
- Sicherheitsanforderungen

Reibung durch Ritzelstifte (μ)
Aufnahme der Ritzelstifte

Hohlrad

Maß +0,2
Koaxialität 0,05

Bohrung oder Zapfen
G

G
Montageübergang

R_z 6,3 geschliffen

Biegung + Torsion

Härten der Gewindes als Verschleißschutz (μ)

Klinkeneingriff 400 N
=> Biegung, $\sigma_V = 280$ N/mm^2
Hertz'sche Pressung 1500 N

Seite: 1 von: 1   Datum: 25.08.1995 (Ausdruck)   © FhG-IPT, WZL, 1994

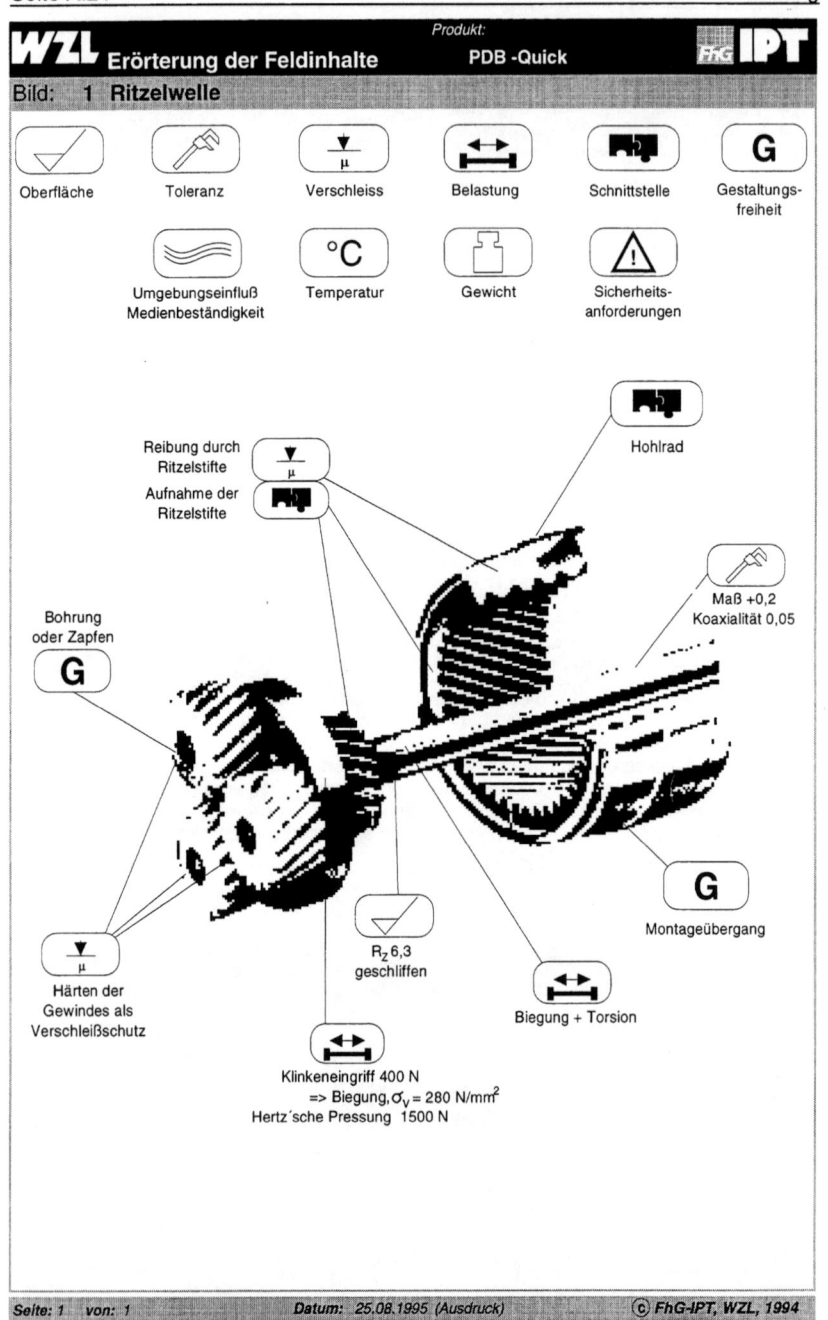

ANHANG C: AUFBAU EINES PRODUKTDATENBLATTES (BEANSPRUCHUNGSANALYSE)

ANHANG D:

STRUKTUR DER RELATIONALEN DATENBANK (DABIT)

RELATIONEN IN DER DATENBANK

STRUKTUR DER INFORMATIONSEINHEITEN

ABLAUF EINER DATENBANKABFRAGE

TECHNOLOGIEDATENBLATT: HARTGLATTWALZEN

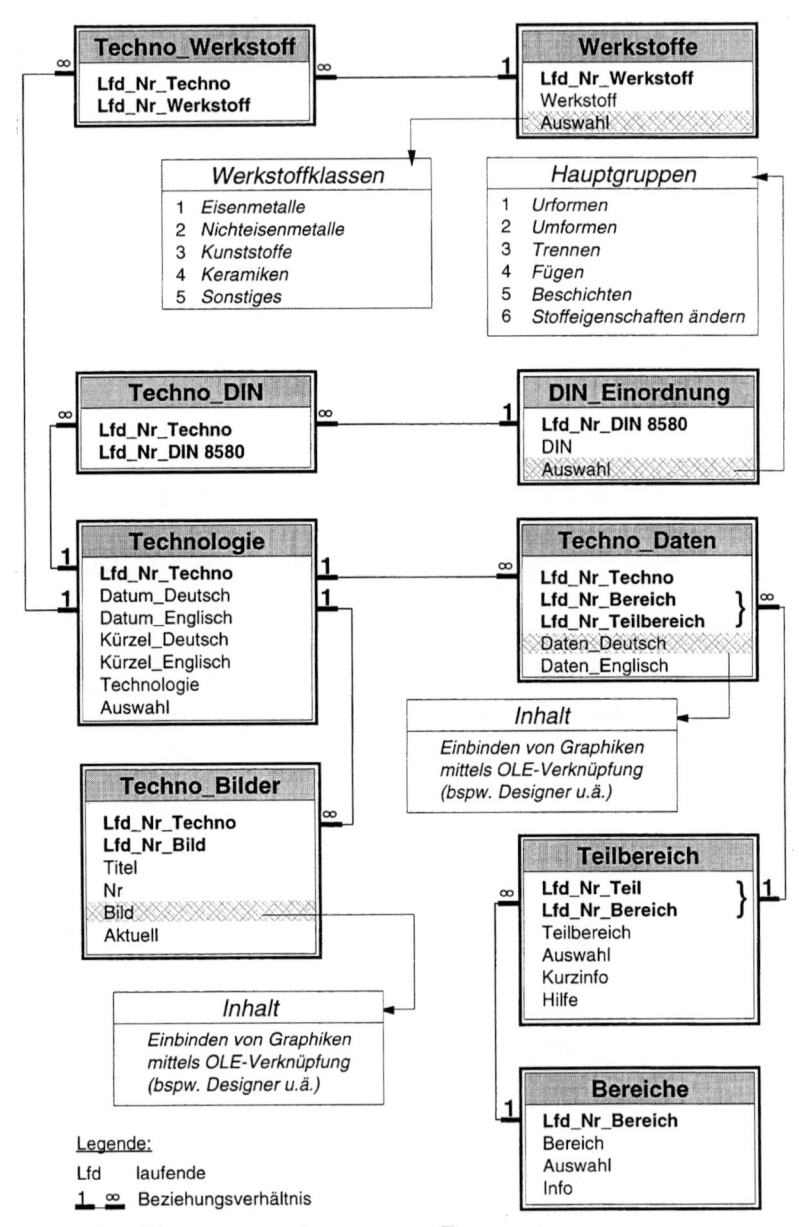

Techno_Werkstoff
Lfd_Nr_Techno
Lfd_Nr_Werkstoff

Werkstoffe
Lfd_Nr_Werkstoff
Werkstoff
Auswahl

Werkstoffklassen
1 Eisenmetalle
2 Nichteisenmetalle
3 Kunststoffe
4 Keramiken
5 Sonstiges

Hauptgruppen
1 Urformen
2 Umformen
3 Trennen
4 Fügen
5 Beschichten
6 Stoffeigenschaften ändern

Techno_DIN
Lfd_Nr_Techno
Lfd_Nr_DIN 8580

DIN_Einordnung
Lfd_Nr_DIN 8580
DIN
Auswahl

Technologie
Lfd_Nr_Techno
Datum_Deutsch
Datum_Englisch
Kürzel_Deutsch
Kürzel_Englisch
Technologie
Auswahl

Techno_Daten
Lfd_Nr_Techno
Lfd_Nr_Bereich
Lfd_Nr_Teilbereich
Daten_Deutsch
Daten_Englisch

Inhalt
Einbinden von Graphiken
mittels OLE-Verknüpfung
(bspw. Designer u.ä.)

Techno_Bilder
Lfd_Nr_Techno
Lfd_Nr_Bild
Titel
Nr
Bild
Aktuell

Teilbereich
Lfd_Nr_Teil
Lfd_Nr_Bereich
Teilbereich
Auswahl
Kurzinfo
Hilfe

Inhalt
Einbinden von Graphiken
mittels OLE-Verknüpfung
(bspw. Designer u.ä.)

Bereiche
Lfd_Nr_Bereich
Bereich
Auswahl
Info

Legende:
Lfd   laufende
1 ∞   Beziehungsverhältnis

ANHANG D: HIERARCHISCHE STRUKTUR DES TECHNOLOGIEDATENMODELLS (RELATIONALE DATENBANK "DABIT")

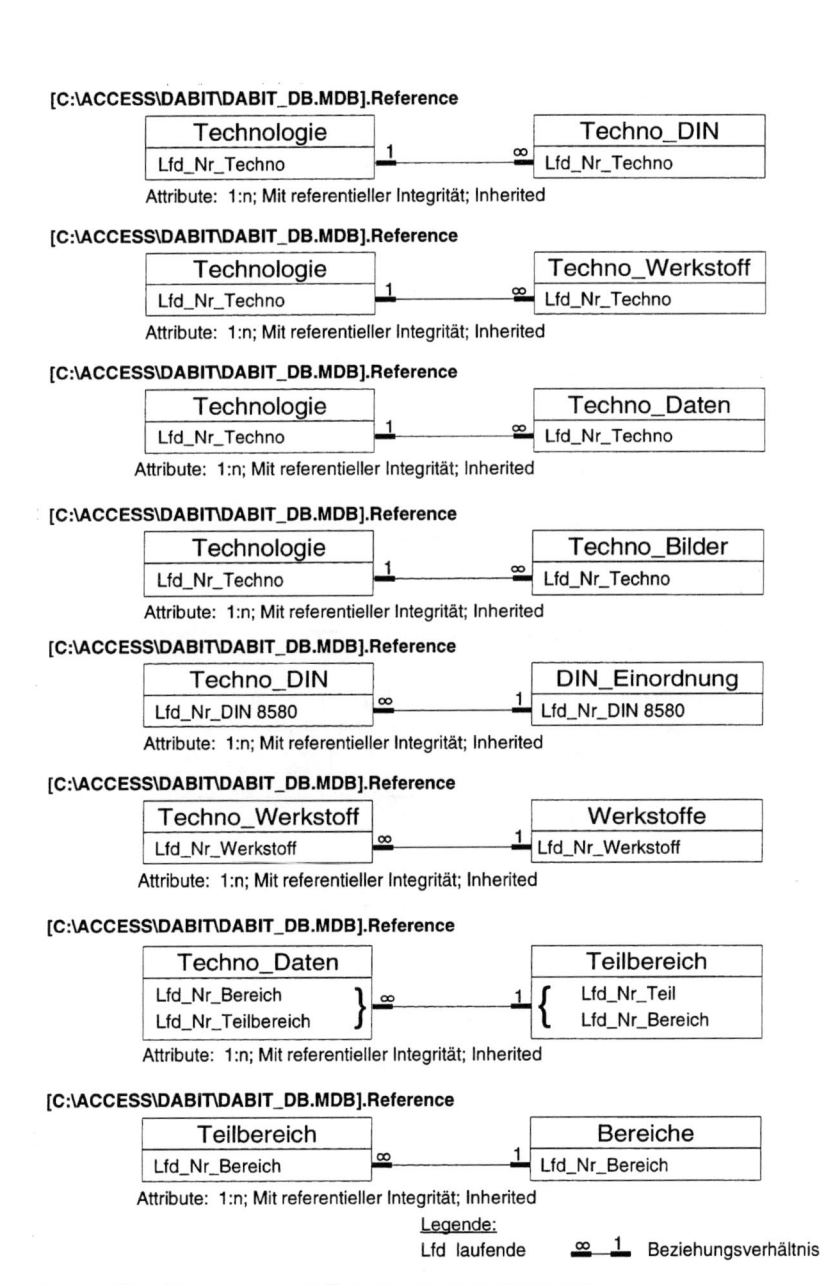

Anhang

[C:\ACCESS\DABIT\DABIT_DB.MDB].Reference

Technologie		Techno_DIN
Lfd_Nr_Techno	1 ──────── ∞	Lfd_Nr_Techno

Attribute: 1:n; Mit referentieller Integrität; Inherited

[C:\ACCESS\DABIT\DABIT_DB.MDB].Reference

Technologie		Techno_Werkstoff
Lfd_Nr_Techno	1 ──────── ∞	Lfd_Nr_Techno

Attribute: 1:n; Mit referentieller Integrität; Inherited

[C:\ACCESS\DABIT\DABIT_DB.MDB].Reference

Technologie		Techno_Daten
Lfd_Nr_Techno	1 ──────── ∞	Lfd_Nr_Techno

Attribute: 1:n; Mit referentieller Integrität; Inherited

[C:\ACCESS\DABIT\DABIT_DB.MDB].Reference

Technologie		Techno_Bilder
Lfd_Nr_Techno	1 ──────── ∞	Lfd_Nr_Techno

Attribute: 1:n; Mit referentieller Integrität; Inherited

[C:\ACCESS\DABIT\DABIT_DB.MDB].Reference

Techno_DIN		DIN_Einordnung
Lfd_Nr_DIN 8580	∞ ──────── 1	Lfd_Nr_DIN 8580

Attribute: 1:n; Mit referentieller Integrität; Inherited

[C:\ACCESS\DABIT\DABIT_DB.MDB].Reference

Techno_Werkstoff		Werkstoffe
Lfd_Nr_Werkstoff	∞ ──────── 1	Lfd_Nr_Werkstoff

Attribute: 1:n; Mit referentieller Integrität; Inherited

[C:\ACCESS\DABIT\DABIT_DB.MDB].Reference

Techno_Daten		Teilbereich
Lfd_Nr_Bereich Lfd_Nr_Teilbereich	} ∞ ──────── 1 {	Lfd_Nr_Teil Lfd_Nr_Bereich

Attribute: 1:n; Mit referentieller Integrität; Inherited

[C:\ACCESS\DABIT\DABIT_DB.MDB].Reference

Teilbereich		Bereiche
Lfd_Nr_Bereich	∞ ──────── 1	Lfd_Nr_Bereich

Attribute: 1:n; Mit referentieller Integrität; Inherited

Legende:
Lfd laufende   ∞ 1   Beziehungsverhältnis

ANHANG D: RELATIONEN DES TECHNOLOGIEDATENMODELLS (RELATIONALE DATENBANK "DABIT")

Informationsbedarf	Informationseinheiten
Technologie-beschreibung	- Technologieeinordnung - Technologiekurzbeschreibung - Vor-/ Nachteile - Vor-/ Nachbearbeitungsverfahren
Anwendungsfelder der Technologie	- Geometrie - Werkstoff - Erzielbare Bearbeitungsergebnisse - Operationszeiten - Stückzahleignung - Besondere Verfahrensgrenzen - Fallbeispiele - F&E-Tendenzen
Wirtschaftlichkeit der Technologie	- Investitionen - Betriebskosten - Typischer Maschinenstundensatz
Technologiequellen	- Kontakte zu Forschung und Beratung, Technologieanbieter, Lohnfertiger

ANHANG D: EMPIRISCHE ABLEITUNG DER STRUKTUR DER INFORMATIONSEINHEITEN [VGL. EVER 94]

Anhang   Seite A.29

```
┌─────────────────────────┐                    ┌──────────────────────────┐
│ • Bestimmung der Ver-   │    Auswahl-        │ Ermittlung der zur Rea-  │
│   fahrenshauptgruppe(n) │──attribute────────▶│ lisierung der Fertigungs-│
│   nach DIN 8580         │                    │ aufgabe geeigneten       │
│                         │         ▼          │ Fertigungsechnologien    │
│ • Bestimmung der        │         ▲          │                          │
│   Werkstoffklasse(n)    │                    │ Kriterium:               │
│                         │                    │ technische Machbarkeit   │
└─────────────────────────┘                    └──────────────────────────┘
                                                           ▲
┌─────────────────────────┐   geeignete                    │
│ Analyse der ermittelten │◀──Fertigungstechnologien───┐   │
│ Technologien anhand:    │                            │   │
│ • Bezeichnung           │                          ┌─┴───┴──────┐
│ • Geometriemerkmale     │   technologiespezifische │klassifi-   │
│ • Werkstoffmerkmale     │◀──Daten──────────────────│zierende    │◀──┐
│ •                       │                          │Daten       │   │
└─────────────────────────┘                          └────────────┘   │
           │                                                          │
           ▼                                                          │
┌─────────────────────────┐                                           │
│ Auswahl der relevanten  │                                           │
│ Fertigungstechnologie(n)│                                           │
└─────────────────────────┘                          ┌────────────┐   │
           │                                         │organisato- │   │
           ▼                                      ┌─▶│rische      │   │
┌─────────────────────────┐   Informations-       │  │Daten       │   │
│ Bestimmung der          │──einheiten────────────┘  │            │   │
│ Informationseinheit     │                          └─────┬──────┘   │
└─────────────────────────┘                                │          │
           │                                        Informations-     │
           ▼                                          einheiten       │
┌─────────────────────────┐                                ▼          │
│ Ausgabe der Daten als   │   Inhalt der             ┌────────────┐   │
│ Technologiedatenblatt   │──Informationseinheiten──▶│ Stamm-     │◀──┘
│                         │                          │ daten      │
└─────────────────────────┘                          └────────────┘
```

Legende:
▶ Ablauf

→ Informationsfluß

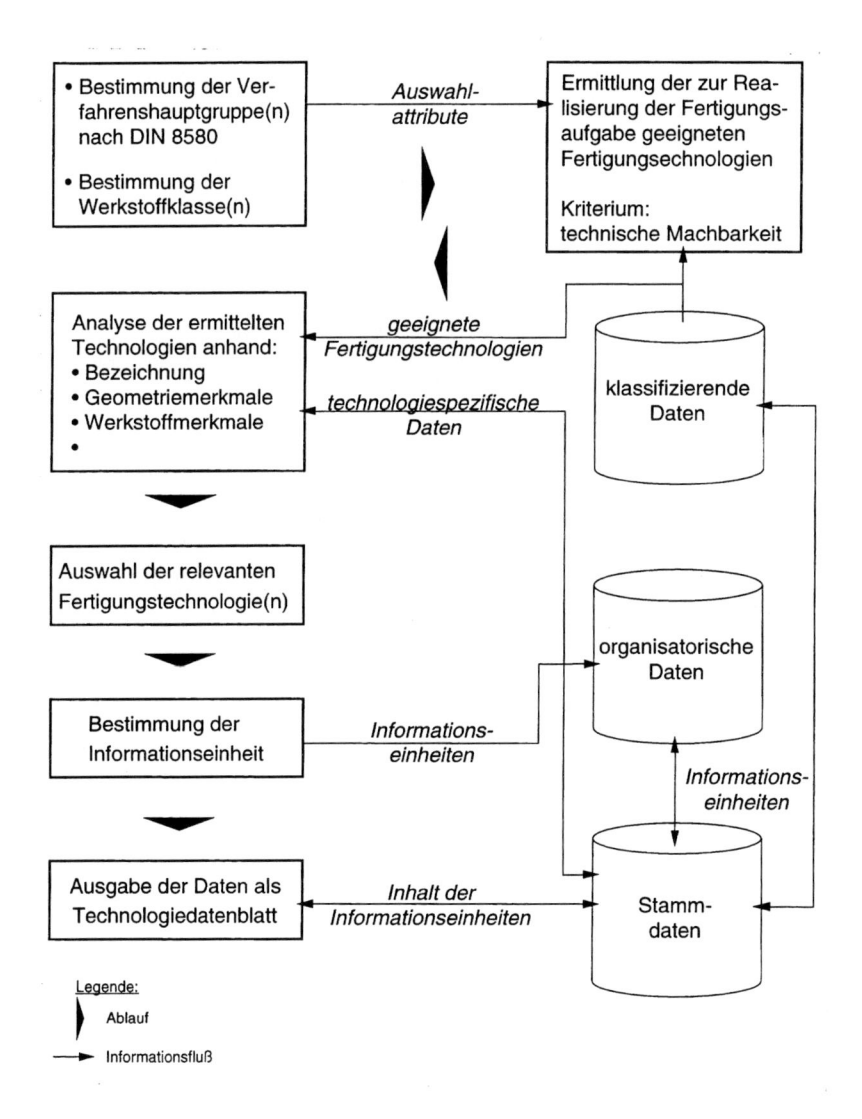

ANHANG D: ABLAUF EINER DATENBANKABFRAGE

Hartglattwalzen

Technologieeinordnung — *Schwerpunkt:* Technologiebeschreibung

>Das Hartglattwalzen dient zum Erzeugen glatter und noch härterer Oberflächen. Es gehört nach DIN 8580 zur Hauptgruppe 2 (Umformen), darin zur Untergruppe 2.1 (Druckumformen, DIN 8583 T1 bis T6).

>In- und ausländische Schutzrechte bei der Wilhelm Hegenscheidt GmbH

>engl.: burnishing (englischer Handelsname "ballpoint")

Kurzbeschreibung — *Schwerpunkt:* Technologiebeschreibung

>Kernstück des Hartglattwalzwerkzeuges ist eine spezielle Hartstoffkugel, die in einem Kugelhalter hydrostatisch gelagert ist und somit in drei Achsen quasi reibungsfrei rotieren kann. Sie wird von der Rückseite mit einem Druck von bis zu 400 bar beaufschlagt. Hierdurch entsteht die Walzkraft, mit der die Kugel gegen das Werkstück gedrückt wird, um dort die Oberfläche umzuformen. Dies führt zu einer Verbesserung der Oberflächengüte, zudem wird die Werkstückrandzone kaltverfestigt. Das Hartglattwalzen soll die Finishbearbeitungen Schleifen und Honen ersetzen.

>Einsatz auf CNC-Maschinen, die über eine Vorrichtung für angetriebene Werkzeuge verfügen, oder auf konventionellen Drehbänken. Ein externes Hydraulikzusatzaggregat ist dann erforderlich.

Vor- und Nachteile — *Schwerpunkt:* Technologiebeschreibung

>Vorteile:

>Ohne Umspannen Endbearbeitung im Anschluß an die Vorbearbeitung möglich

>Vermeidung von Zerspanabfällen

>Hohe Flexibilität aufgrund nicht formgebundener Werkzeuge, kleinster Kugeldurchmesser (6 mm) bestimmt den minimal bearbeitbaren Durchmesser des Werkstücks, Radien nur bis 5 mm bearbeitbar.

>Geringe Werkzeugkosten (kleiner 11.000.- DM)

>Leichte Handhabbarkeit und Adaption der Technologie auf Werkzeugmaschinen

>Hoher Traganteil der Oberfläche des Werkstücks

>Geringe Energiekosten gegenüber Honen und Schleifen

>Form- und Lagetoleranzen bleiben unverändert, Maßänderung gering.

>Nachteile:

>Die zu bearbeitende Kontur ist abhängig vom Durchmesser der eingesetzten Hartstoffkugel, Radien, Freistiche schlecht bis nicht walzbar.

>Werkstückdeformation bei Druck durch Prozeßkräfte bei verformungsempfindlichen Bauteilen (Ringe, dünnwandige Rohre)

>Radialbohrungen können nicht überwalzt werden.

ANHANG D: TECHNOLOGIEDATENBLATT (AUSDRUCK)

Anhang   Seite A.31

Hartglattwalzen — FhG IPT

>Trotz möglicher vorangehender Trockenbearbeitung ist Kühlschmierstoff (KSS) als Hydraulikflüssigkeit zum Hartglattwalzen erforderlich.

>Zusätzliche Reinigung des vorgeschalteten Partikelfilters (< 40 µm)

Vor- und Nachbearbeitungsverfahren — *Schwerpunkt:* Technologiebeschreibung

>Drehen - Härten - Hartglattwalzen

>Drehen - Härten - Hartdrehen (4-5 mal Fertigrauhtiefe) - Hartglattwalzen

>Drehen - Härten - Schleifen (2-2.5 mal Fertigrauhtiefe) - Hartglattwalzen

>Oberfläche muß vor dem Walzen partikelfrei sein, damit keine Partikel in die Oberfläche eingewalzt werden.

>Entscheidend für die Endrauhigkeit der Oberfläche ist die Ausgangsrauhigkeit vor dem Hartglattwalzen (Aufmaßdurchmesser gleich Rauhtiefe der Vorbearbeitung Rz/µm).

Geometrie — *Schwerpunkt:* Anwendungsfelder

>Innenbearbeitung: Innendurchmesser D>19, Walzlänge T unbegrenzt

>Außenbearbeitung: Außendurchmesser D>5, Walzlänge T unbegrenzt

>Siehe Bild 2 (Mögliche Geometrien beim Hartglattwalzen)

Werkstoffe — *Schwerpunkt:* Anwendungsfelder

>Alle plastisch verformbaren metallischen Werkstoffe sind hartglattwalzbar.

>Gehärteter Stahl und andere ausgehärtete Legierungen bis 65 HRC (durchgehärtet oder oberflächengehärtet)

>Bedingt geeignet sind Eisengußwerkstoffe (Hartguß), die jedoch trotz ihres spröden Verhaltens oberflächennah plastisch verformbar sind.

>Ungeeignet sind fast alle extrem spröden und druckspannungsempfindlichen Werkstoffe (Keramik).

Erzielbare Bearbeitungsergebnisse — *Schwerpunkt:* Anwendungsfelder

>Siehe Bild 3 (Erzielbare Bearbeitungsergebnisse)

Operationszeiten — *Schwerpunkt:* Anwendungsfelder

>Siehe Bild 4 (Erzielbare Bearbeitungsergebnisse)

>Es wird allgemein eine Umfangsgeschwindigkeit ("Schnittgeschwindigkeit") zwischen 80 und 150 m/min empfohlen.

> Es liegt die gleiche Berechnungsformel wie beim Außenlängsdrehen zugrunde:
  Hauptzeit: thaupt = (Länge * pi *Durchmesser) / (Vorschub * Schnittgeschwindigkeit)

>Rüstzeit wie beim Drehprozeß, ca. 20 Minuten

>Nebenzeit wie beim Drehen, 5 Sekunden bei CNC-Maschinen, 2 Minuten bei konventionellen Drehmaschinen.

ANHANG D: TECHNOLOGIEDATENBLATT (AUSDRUCK)

Hartglattwalzen — IPT

>Taktzeit richtet sich nach dem gesamten Prozeß, nicht anders als beim Drehen auch.

Stückzahleignung — *Schwerpunkt:* Anwendungsfelder
>Klein-, Mittel- und Großserienfertigung

Besondere Verfahrensgrenzen — *Schwerpunkt:* Anwendungsfelder
>Konturelemente siehe Feld Anwendungsfelder / Geometrie

>Werkstoffe siehe Feld Anwendungsfelder / Werkstoffe

>Zur Erhöhung der Dauerfestigkeit von Bauteilen ist das Hartglattwalzen prinzipiell einsetzbar, der Einfluß auf die wälzbelastete Oberfläche (Laufflächen von Lagerringen) ist noch nicht bekannt.

Fallbeispiele — *Schwerpunkt:* Anwendungsfelder
>Gelenkbauteile für Maschinenbau, Fahrzeugbau, Hydraulik und Endoprothetik werden hauptsächlich unter Gleitbewegung eingesetzt. Niedrige Gleitgeschwindigkeiten und hohe Belastungen sind typisch für diese Einsatzfälle.

>Kegelsitz bei Rückschlagventilen, die sonst geschliffen werden.

>Bearbeitung von Kugelkuppen und Planflächen bis zum Zentrum.

F&E - Tendenzen — *Schwerpunkt:* Anwendungsfelder
>Der Einfluß des Hartglattwalzens auf die Dauerfestigkeit wälzbelasteter Oberflächen ist noch nicht hinreichend erforscht.

>Der Einfluß des Festwalzens auf die Festigkeit von schwingend belasteten Bauteilen ist momentan Gegenstand der Forschung. Durch Optimierung der Berabeitungsparameter beträchtliche Steigerung der Dauerschwingfestigkeit erreichbar.

Investitionen — *Schwerpunkt:* Wirtschaftlichkeit
>Personal wie beim Drehprozeß, 1 qualifizierter Dreher

>Werkzeugkosten am Beispiel des Werkzeugs HG 6-9 R-SL20
1 hydraulisch beaufschlagtes Hartglattwalzwerkzeug,
  Typ HG 6-9 R-SL20 mit Spannleiste   ca.   3.306.- DM
1 Kugeleinsatz HG6 (Ersatz)   ca.   377.- DM
1 Hydraulikaggregat HGP.1-380V-50 Hz   ca.   8.932.- DM

Betriebskosten — *Schwerpunkt:* Wirtschaftlichkeit
>Siehe Bild 1 (Fertigungskosten über Rauhtiefe)

>Ein Kugeleinsatz (HG6) als Ersatz ca. 400.- DM

>Standzeit der Hartmetallkugel hoch.

>Faustformel:
Ein Werkzeugsatz kann ein zylindrisches Bauteil von einem Meter Durchmesser einen Meter hartglattwalzen, bevor er gewechselt werden muß.

ANHANG D: TECHNOLOGIEDATENBLATT (AUSDRUCK)

Anhang   Seite A.33

Hartglattwalzen   FhG **IPT**

Maschinenstundensatz   *Schwerpunkt:* **Wirtschaftlichkeit**

>Kann nicht angegeben werden, richtet sich nach dem Drehprozeß.

>Siehe auch Feld Wirtschaftlichkeit / Betriebskosten.

Kontakte   *Schwerpunkt:* **Technologiequellen**

>Firma X.Y
Herr Müller
Telefon: 05141/830-18/-19
Telefax: 05141/881440
Postfach 2242
52062 Aachen

>...

ANHANG D: TECHNOLOGIEDATENBLATT (AUSDRUCK)

Hartglattwalzen

Bild: 1 Fertigungskosten über Rauhtiefe

Kosten vs. Rauhtiefe (Rz):
- Superfinish, Läppen
- Honen
- Schleifen
- Drehen
- Hartglattwalzen

Rauhtiefe (Rz): 0.1 — 1.0 — 10 — 100

Bild: 2 Mögliche Geometrien beim Hartglattwalzen

Datum: 29.09.1995 (Ausdruck) © FhG-IPT, ITEM-HSG, 1994

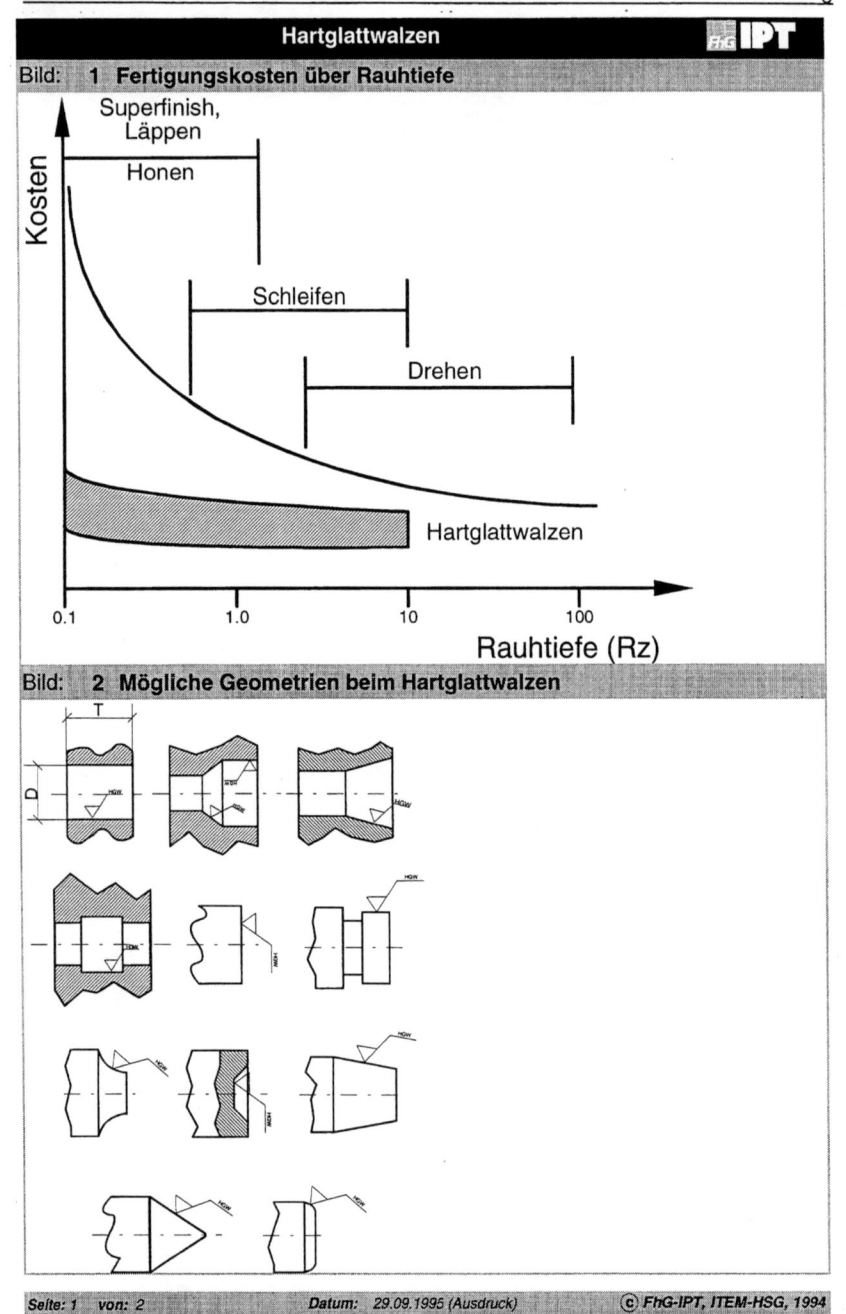

ANHANG D: TECHNOLOGIEDATENBLATT (AUSDRUCK)

Hartglattwalzen

Bild: 3 Erzielbare Bearbeitungsergebnisse

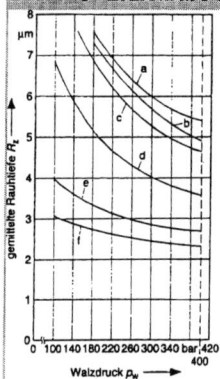

Bild 4: Rauhtiefe und Walzdruck beim Bearbeiten von Stahl C 60 mit 64 HRC (Parameter außer R_{zA} und f_z wie in Bild 2).
a R_{zA} 16,2 µm, f_z 0,5 mm/U;
b 12,3 µm, 0,4 mm/U; c 11,5 µm, 0,3 mm/U; d 9,8 µm, 0,2 mm/U; e 4,8 µm, 0,1 mm/U;
f 4,6 µm, 0,05 mm/U

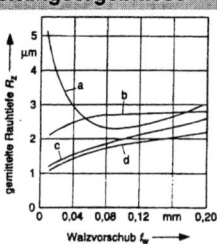

Bild 5: Einfluß des Walzvorschubes auf das Bearbeitungsergebnis beim Hartglattwalzen.
a Werkstück aus ungehärtetem Stahl C 60, p_w 80 bar;
b aus C 60 mit 44 HRC, p_w 260 bar, c aus C 60 mit 58 HRC, p_w 300 bar; d aus C 60 mit 60 bis 64 HRC, p_w 400 bar

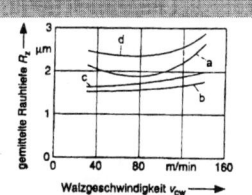

Bild 6: Einfluß der Walzgeschwindigkeit auf das Bearbeitungsergebnis beim Hartglattwalzen (a bis d mit Werten wie in Bild 5, gemittelte Ausgangsrauhtiefe 5,76 µm, 5,21 µm, 4,79 µm und 4,64 µm).

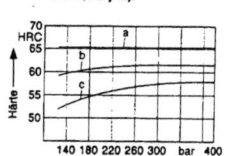

Bild 6: Zunahme der Härte beim Hartglattwalzen (f_z 0,5 mm/U).
a Werkstück aus C 60 mit einer Ausgangshärte von 64 HRC, b von 58 HRC, c von 48 HRC

Bild: 4 Erzielbare Bearbeitungsergebnisse

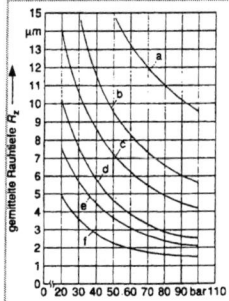

Bild 1: Gemittelte Rauhtiefe R_z und Walzdruck p_w beim Hartglattwalzen von ungehärtetem Stahl C 60 (Durchmesser von Kugel und Werkstück 6 und 80 mm, Walzvorschub f_z 0,05 mm/U, Walzgeschwindigkeit v_{cw} 65 m/min, Eckenradius r_e 0,4 mm).
a Ausgangsrauhtiefe R_{zA} 31,6 µm, Drehvorschub f_z 0,6 mm/U; b 19,9 mm, 0,5 mm/U; c 16,2 µm, 0,4 mm/U; d 12,2 µm, 0,3 mm/U; e 8,5 µm, 0,2 mm/U; f 6,1 µm, 0,1 mm/U

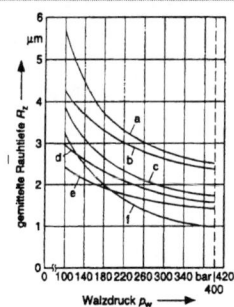

Bild 2: Rauhtiefe und Walzdruck beim Bearbeiten von Stahl C 60 mit 48 HRC (Parameter wie in Bild 1, außer R_{zA} und f_z sowie f_z 0,05 mm/U und r_e 1,0 mm).
a R_{zA} 17,7 µm, f_z 0,5 mm/U;
b 17,2 µm, 0,4 mm/U; c 10,4 µm, 0,3 mm/U; d 6,3 µm, 0,05 mm/U; e 10,2 µm, 0,2 mm/U; f 5,6 µm, 0,1 mm/U

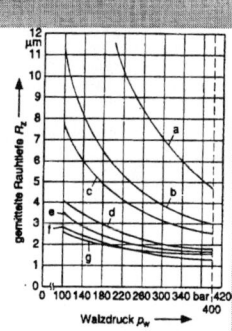

Bild 3: Rauhtiefe und Walzdruck beim Bearbeiten von Stahl C 60 mit 58 HRC (Parameter außer R_{zA} und f_z wie in Bild 2).
a R_{zA} 24,3 µm, f_z 0,5 mm/U;
b 18,7 µm, 0,4 mm/U; c 11,4 µm, 0,3 mm/U; d 8,6 µm, 0,2 mm/U; e 4,7 µm, 0,1 mm/U; f 3,1 µm, 0,07 mm/U; g 2,9 µm, 0,05 mm/U

ANHANG D: TECHNOLOGIEDATENBLATT (AUSDRUCK)

ANHANG E:

IDEALTYPISCHE REGELSCHICHTEN UND LINGUISTISCHE VARIABLEN

BEWERTUNGSERGEBNIS (FALLBEISPIEL)

BEURTEILUNGSMATRIX (FALLBEISPIEL)

Regelsystem zur Ermittlung des Gesamtnutzens			
Regel-Nr.	Nutzen	Multiplikations-potential	Gesamt-nutzen
1	positiv	hoch	sehr hoch
2	positiv	niedrig	sehr hoch
3	neutral	hoch	hoch
4	neutral	niedrig	mittel
5	negativ	hoch	niedrig
6	negativ	niedrig	niedrig

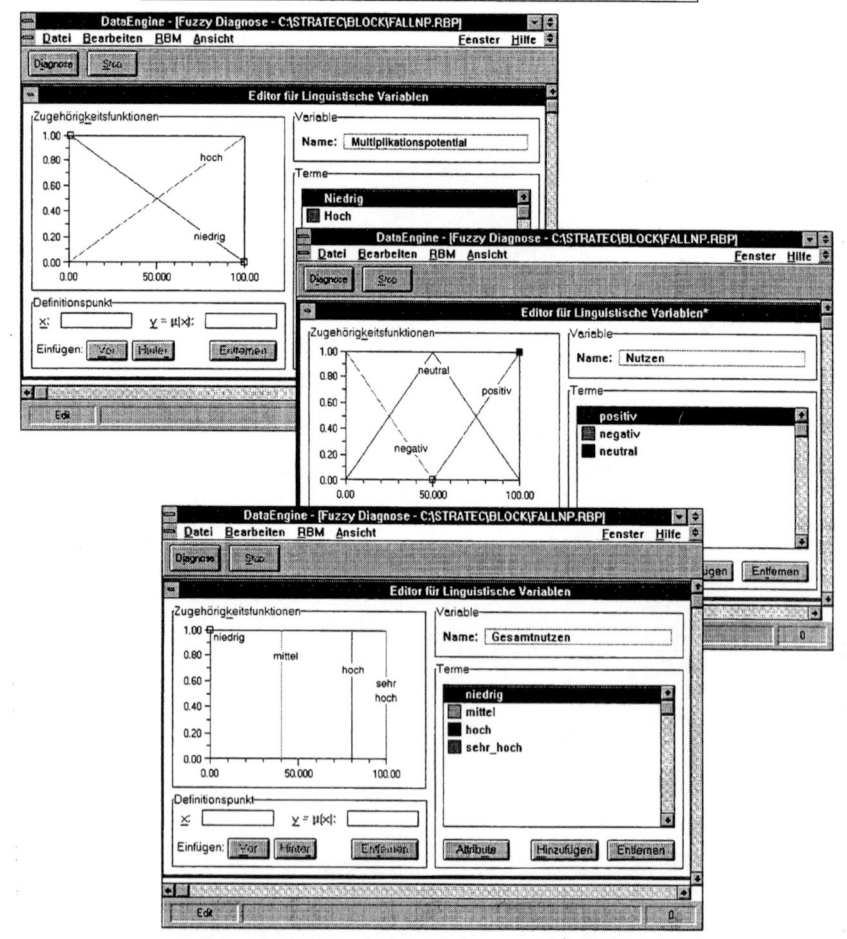

ANHANG E: REGELSCHICHT S1 UND DIE LINGUISTISCHE VARIABLEN ZUR ERMITTLUNG DER DEFINITORISCHEN ZUSTANDSGRÖSSE GESAMTNUTZEN

Anhang   Seite A.39

Regelsystem zur Ermittlung der Prioritäten der Ansätze						
Regel-Nr.	Gesamt-nutzen	Realisierungs-aufwand	Technische Eignung	Priorität nach Führer	Priorität nach Folger
1	positiv	niedrig	hoch	sofort Prüfen	sofort Prüfen
2	positiv	niedrig	niedrig	Prüfen	Prüfen
3	positiv	hoch	hoch	Prüfen	Wiedervorlage
4	positiv	hoch	niedrig	Prüfen	Wiedervorlage
5	negativ	niedrig	hoch	Prüfen	Prüfen
6	negativ	niedrig	niedrig	Verwerfen	Verwerfen
7	negativ	hoch	hoch	Verwerfen	Verwerfen
8	negativ	hoch	niedrig	Verwerfen	Verwerfen

Idealtypische Innovationsstrategie		
Merkmal	Führer	Folger
F&E-Einsatz	hoch	niedrig
Ertragsaussichten	hoch	niedrig
Risiko	hoch	niedrig

nach [SPEC92]

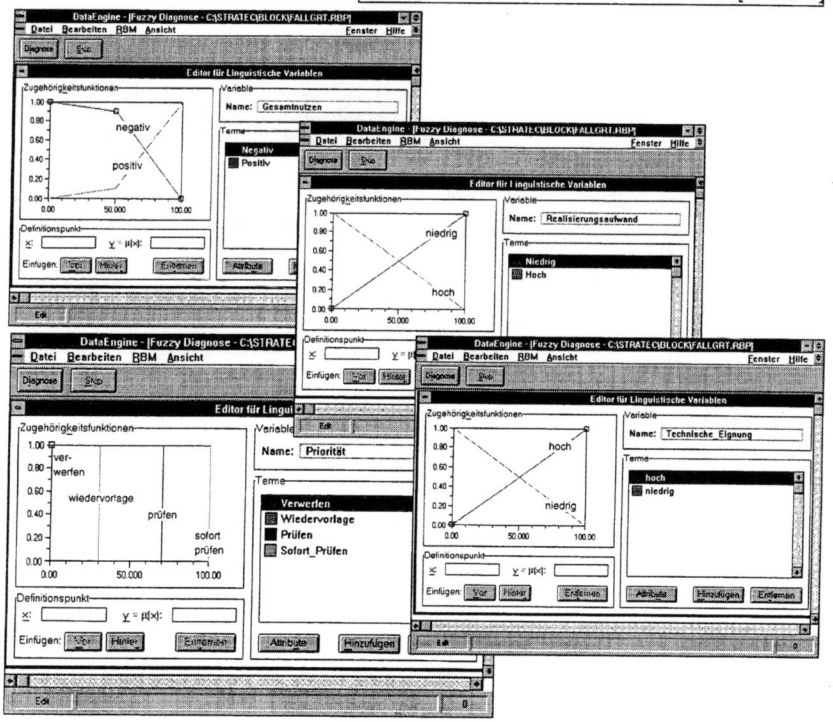

ANHANG E: REGELSCHICHT S2 UND DIE LINGUISTISCHE VARIABLEN ZUR ERMITTLUNG DER PRIORITÄT

Regelsystem zur Bestimmung eigener F&E-Aktivitäten					
Regel-Nr.	Gesamt-nutzen	Technische Eignung	Entwicklungs-potential	eigene F&E nach Führer	eigene F&E nach Folger
1	positiv	hoch	hoch	ja	nein
2	positiv	hoch	niedrig	ja	ja
3	positiv	niedrig	hoch	ja	nein
4	positiv	niedrig	niedrig	ja	nein
5	negativ	hoch	hoch	nein	nein
6	negativ	hoch	niedrig	nein	nein
7	negativ	niedrig	hoch	nein	nein
8	negativ	niedrig	niedrig	nein	nein

Idealtypische Innovationsstrategie		
Merkmal	Führer	Folger
F&E-Einsatz	hoch	niedrig
Ertragsaussichten	hoch	niedrig
Risiko	hoch	niedrig

nach [SPEC92]

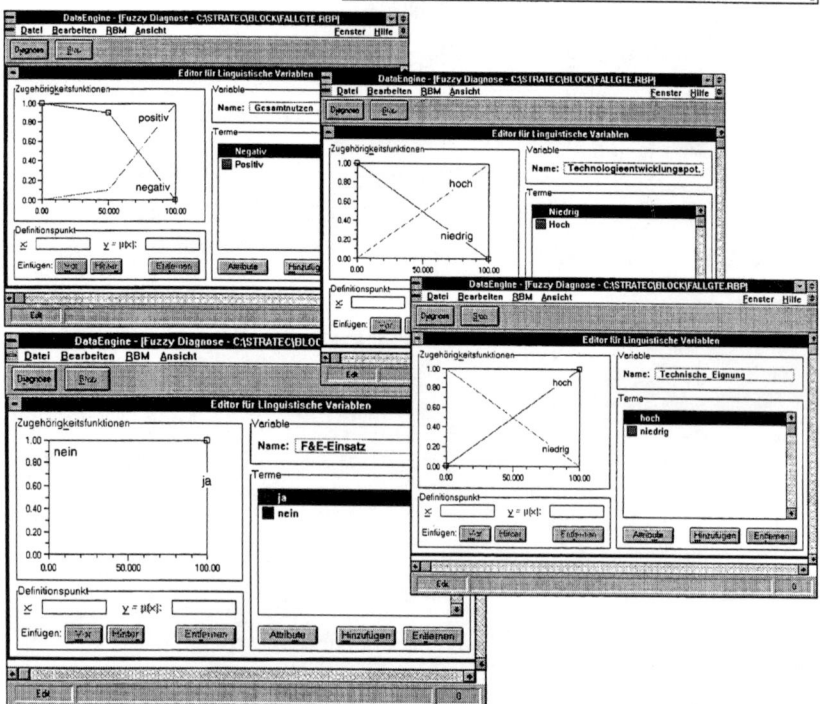

ANHANG E: REGELSCHICHT S3 UND DIE LINGUISTISCHEN VARIABLEN ZUR FESTLEGUNG EINES EIGENEN F&E-EINSATZES

Anhang   Seite A.41

Regelsystem zur Ermittlung der Fristigkeit			
Regel-Nr.	Technische Eignung	Entwicklungs-potential	Einstiegs-zeitpunkt
1	hoch	hoch	kurzfristig
2	hoch	niedrig	kurzfristig
3	niedrig	hoch	mittelfristig
4	niedrig	niedrig	langfristig

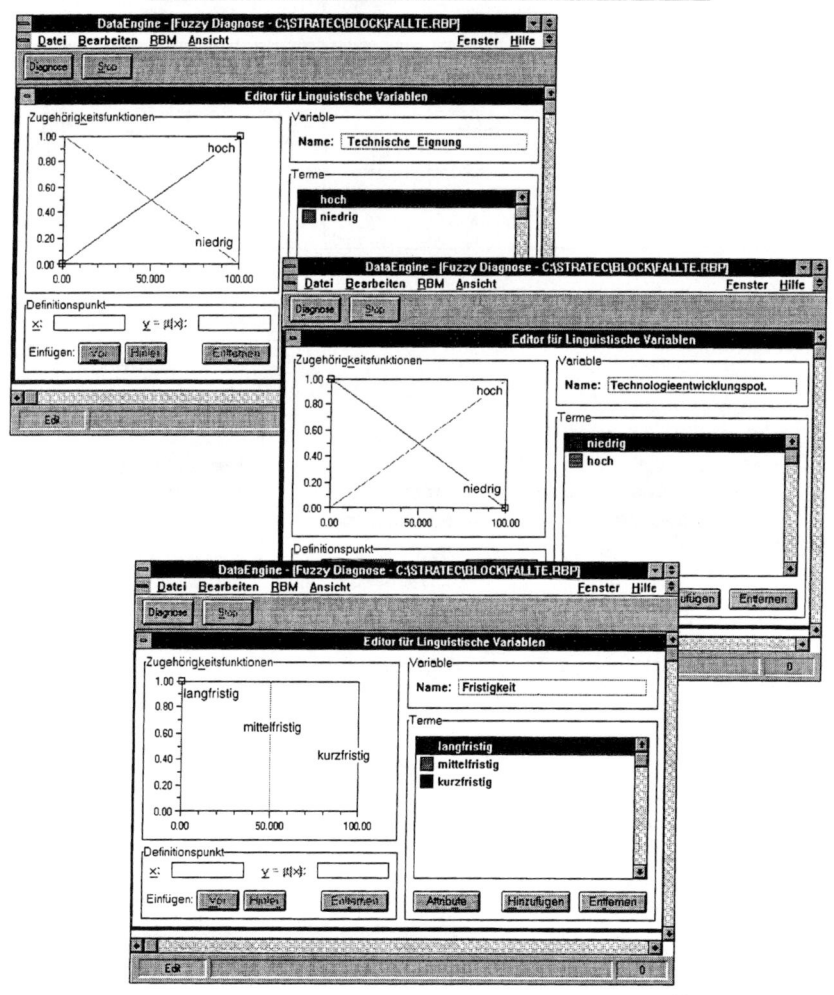

ANHANG E: REGELSCHICHT S4 UND DIE LINGUISTISCHEN VARIABLEN ZUR ERMITTLUNG DER FRISTIGKEIT

Auswertung mit "Führer-Regelbasis"

Ansatz-nummer	N	MP	RA	TE	TP	GN	Priorität	eigene F&E	Fristigkeit
I	90	60	40	80	10	91	71	82	80
II	90	30	80	80	10	89	81	78	80
III	60	90	90	30	90	81	57	63	61
IV	60	30	20	50	90	61	28	33	72
V	20	90	90	30	10	31	23	8	33
VI	90	90	80	30	10	95	73	89	33
VII	90	60	80	75	90	91	82	82	86

Auswertung mit "Folger-Regelbasis"

Ansatz-nummer	N	MP	RA	TE	TP	GN	Priorität	eigene F&E	Fristigkeit
I	90	60	40	80	10	91	51	64	80
II	90	30	80	80	10	89	74	61	80
III	60	90	90	30	90	81	55	3	61
IV	60	30	20	50	90	61	19	2	72
V	20	90	90	30	10	31	23	2	33
VI	90	90	80	30	10	95	69	28	33
VII	90	60	80	75	90	91	75	8	86

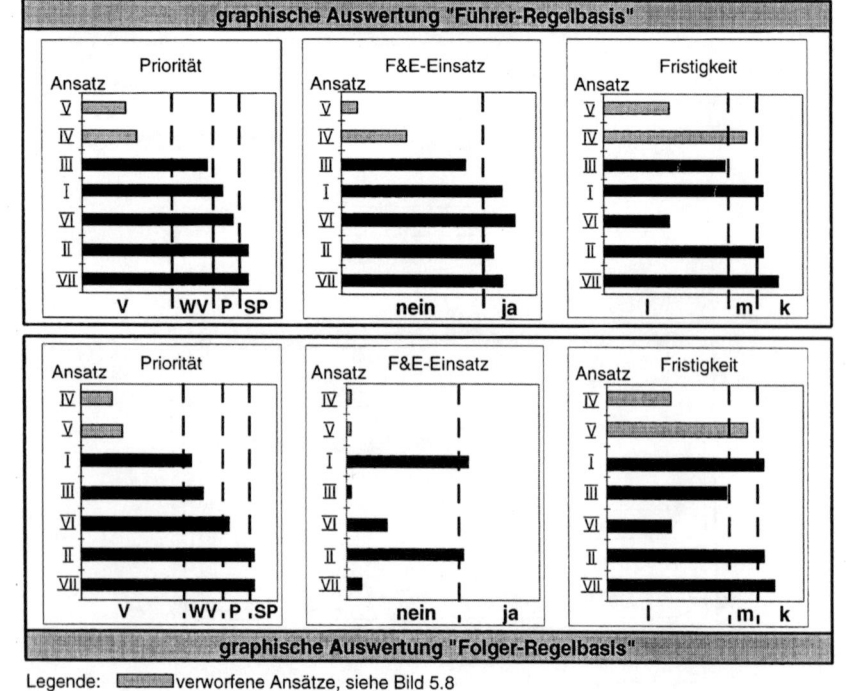

graphische Auswertung "Führer-Regelbasis"

Ansatz-Reihenfolge (Priorität): V, IV, III, I, VI, II, VII — Skala: V | WV | P | SP

Ansatz-Reihenfolge (F&E-Einsatz): V, IV, III, I, VI, II, VII — Skala: nein | ja

Ansatz-Reihenfolge (Fristigkeit): V, IV, III, I, VI, II, VII — Skala: l | m | k

graphische Auswertung "Folger-Regelbasis"

Ansatz-Reihenfolge (Priorität): IV, V, I, III, VI, II, VII — Skala: V, WV, P, SP

Ansatz-Reihenfolge (F&E-Einsatz): IV, V, I, III, VI, II, VII — Skala: nein, ja

Ansatz-Reihenfolge (Fristigkeit): IV, V, I, III, VI, II, VII — Skala: l, m, k

Legende: ▨ verworfene Ansätze, siehe Bild 5.8

ANHANG E: BEWERTUNGSERGEBNISSE FÜR DIE ANSÄTZE DES FALLBEISPIELS

Anhang   Seite A.43

		Gewichtung	Aufwandseffekte 1 — 2 — 3 — 4 — 5	Ist	Nutzeneffekte 6 — 7 — 8 — 9 — 10
N Nutzen/Aufwand	Fertigungsaufwand	61	"Negativ"-Sprung in der Kostenstruktur — verschlechterte Kostenstruktur — geringere Flexibilität	höhere Flexibilität	verbesserte Kostenstruktur — "Positiv"-Sprung in der Kostenstruktur
	Materialaufwand	12	erhöhter Materialeinsatz hinsichtlich Kosten / Menge		reduzierter Materialeinsatz hinsichtlich Menge / Kosten
	Gemeinkostenaufwand	9	"Negativ"-Sprung in der Kostenstruktur — höhere Anzahl Prozessschritte — Verschlechterung d. Prozesssicherheit	Erhöhung d. Prozesssicherheit	reduzierte Anzahl Prozessschritte — "Positiv"-Sprung in der Kostenstruktur
	Kundenwirkung	18	Gewichtserhöhung — verschlechterte funktionelle Eigenschaften — geringere Wertanmutung	höhere Wertanmutung	verbesserte funktionelle Eigenschaften — Gewichtsreduzierung
MP Multipl.-potential	Anwendung in best. Produkten	40	nicht in anderen Produkten / Komponenten verwendbar		sowohl in anderen Produkten als auch in anderen Komponenten verwendbar
	Anwendung in neuen Produkten	60	nicht in anderen Produkten / Komponenten verwendbar		sowohl in anderen Produkten als auch in anderen Komponenten verwendbar
RA Realisierungs-aufwand	technologiebez. Investition	42	1.000.000 DM	100.000 DM	10.000 DM — 1.000 DM
	Änderungsaufwand	11	Produktneuentwicklung	neue Baugruppen-Konstruktion, neue Schnittstellen	neue Teilekonstruktion — geringe Änderungen (durch Konstruktion und AV)
	Technologieanpassung	47	visionäre Idee	Technologie im Laborstadium	produktspezifische Entwicklung notwendig — Modifikation bestehender Technologien — im Unternehmen vorhanden
TE Techn. Eignung	Geometrie/Werkstoff	40	geringe Eignung		befriedigende Eignung — volle Eignung
	Qualität (Toleranzen, ...)	60	geringe Eignung		befriedigende Eignung — volle Eignung
TP Technol.-potential	derzeitiger Forschungsgegenstand	70	wird in Literatur nicht behandelt	kein aktueller Forschungsgegenstand	große Anzahl an Forschungsprojekten — erfolgsversprechende Ergebnisveröffentlichungen
	Entwicklungspot. der Technologie	30	geringe Dynamik		mittlere Dynamik — hohe Dynamik

ANHANG E: PRAXISNAHE BEURTEILUNGSMATRIX (FALLBEISPIEL)

Lebenslauf

Persönliches:	Wolfgang J. Schmitz
	geb. am 31.03.65 in Bardenberg jetzt Würselen
	Staatsangehörigkeit: deutsch
	Eltern: Josef Schmitz
	Gertrud Schmitz, geb. Freisinger
	Geschwister: Gerda Münch, geb. Schmitz
	Familienstand: ledig

Schulbildung:	08.71-01.74	Städt. Grundschule Alsdorf-Mitte, Alsdorf
	01.74-07.75	Kath. Grundschule Hanbruch, Aachen
	08.75-05.84	Privates bischöfliches Pius-Gymnasium, Aachen, Abschluß Allgemeine Hochschulreife am 25.05.84
Grundwehrdienst:	07.84-08.85	Wehrpflichtiger in der Kompanieführungsgruppe 2. Panzergrenadierbataillon 82, Lüneburg
Studium:	10.85-04.91	Maschinenbau an der RWTH Aachen, Fachrichtung: Fertigungstechnik, Diplomzeugnis vom 03.05.91
	10.91-01.93	Wirtschaftswissenschaftliches Zusatzstudium an der RWTH Aachen, Diplomarbeit an der Hochschule St. Gallen (CH), Diplomzeugnis vom 05.01.93
Berufstätigkeit:	08.85-10.91	36 Wochen Praktikum in verschiedenen Industrie- und Handelsunternehmen
		Tätigkeit am Fraunhofer-Institut für Produktionstechnologie IPT, Aachen
	05.88-04.91	Studentische Hilfskraft
	05.91-10.91	Wissenschaftliche Hilfskraft
	seit 10.91	Wissenschaftlicher Angestellter

Aachen, im Dezember 1995